高等教育制造类专业系列教材

金工实习

主　编　陈　钢　王　刚　符　雷
副主编　贺继龄　李　红　吴　灯
主　审　罗　护　丁六怀

科学出版社
北　京

内 容 简 介

本书旨在构建一个全面且系统的金属加工技术学习体系，为学生提供配套学习资源。全书内容涵盖传统机械加工与现代制造技术，特别强调操作规范和项目化训练，助力学生构建完整的工艺知识体系、提升实践操作能力。书中精心设计的项目与任务，能引导学生从基础认知逐步深入到综合应用。通过本书的学习，学生不仅能熟练掌握基础金工技能，还能紧跟最新制造技术发展，为未来职业发展筑牢根基。

本书适合作为高等院校机械类专业的核心教材，以及相关、相近专业课程的参考用书；在金工实习、工程训练等实践教学环节中，亦能提供有力支持。同时，高职高专机电类专业学生也可将其作为参考资料。

图书在版编目（CIP）数据

金工实习 / 陈钢，王刚，符雷主编. -- 北京 ：科学出版社，2025. 8.
（高等教育制造类专业系列教材）. -- ISBN 978-7-03-082654-1

Ⅰ. TG-45

中国国家版本馆 CIP 数据核字第 202527SW00 号

责任编辑：杨 昕 戴 薇 / 责任校对：王万红
责任印制：吕春珉 / 封面设计：东方人华平面设计部

科学出版社 出版
北京东黄城根北街 16 号
邮政编码：100717
http://www.sciencep.com

天津市新科印刷有限公司印刷
科学出版社发行 各地新华书店经销

*

2025 年 8 月第 一 版 开本：787×1092 1/16
2025 年10月第二次印刷 印张：16
字数：380 000

定价：59.00 元

（如有印装质量问题，我社负责调换）
销售部电话 010-62136230 编辑部电话 010-62135397-2032

前　言

在科技飞速发展的时代，金工实习作为工科教育体系的基础实践环节，不仅是锤炼专业技能的熔炉，更是传承北斗精神与工匠精神的重要载体。本书以“自主创新、团结协作、攻坚克难、追求卓越”的北斗精神为内核，以“精益求精、一丝不苟、追求极致”的工匠精神为准则，为学生提供知行合一的实践指南，助力其在深化理论认知中锻造新时代工程人才的综合素养。

本书的核心特色在于校企合作的深度创新。编写过程中紧密联动企业一线专家，案例设计充分吸收企业实践经验；通过引入零件加工等实战场景，让学生直观感受从技术应用到产业实践的完整流程，提升解决实际工程问题的能力。

本书设计严格对标工程教育认证标准，践行成果导向教育（outcome-based education，OBE）理念。采用阶梯式目标设计构建分阶能力矩阵；通过精密装配、系统调试等任务驱动，激发学生“道技合一”的探索热情，独创以“追求卓越”标准与“千万锤成一器”工匠尺度为标尺的工匠精神评价体系，赋能学生应对智能制造时代的挑战。

本书共九个项目，具体内容介绍如下。

项目一　钳工设备保养与工量具使用：是金工实习的基础，涵盖台虎钳的拆装和保养、錾口榔头和T形、燕尾组合的测量等基本技能，为后续的学习打下坚实的基础。

项目二　简单零件的制作：引导学生进入实际的金工制作过程，包括四方块、直角块和桃心件的制作，让学生在实践中熟悉金属材料的特性和加工工艺。

项目三　配合件制作：进一步挑战学生的金工技能，涉及凸凹零件的明配、暗配和嵌配，要求学生掌握更高水准的加工精度和操作技巧。

项目四　小挖机的制作：是一个综合性的项目，涵盖底盘、车身、臂架等多个零件的制作，旨在培养学生的综合设计和制造能力。

项目五　小赛车的制作：转向更为动态的机械制作，包括底盘、驾驶室和轮胎的制作，激发学生的创新思维和实践能力。

项目六～项目九分别介绍切削加工、铣削加工、数控加工以及先进制造技术，这些内容不仅涵盖传统的金属加工方法，还包括现代数控技术和智能制造领域，使学生能够紧跟工业发展的前沿。

由于编者能力有限，书中难免存在疏漏，敬请广大读者批评指正。

目 录

项目一　钳工设备保养与工量具使用

本项目通过三个典型任务以层层递进的方式培养钳工核心技能与职业素养。以台虎钳拆装为主线，学习钳工工具的使用、设备的维护及安全规程。通过掌握拆卸重组的流程（手柄→活动钳身→润滑组装），强化安全意识与保养能力。使用游标卡尺、千分尺等量具，对錾口榔头进行多维度检测，包括尺寸公差移位公差、表面粗糙度，通过数据采集与分析，培养严谨的工作作风。结合万能角度尺、塞尺，完成对T形槽/燕尾槽的角度（55°±5′）、间隙（≤0.06mm）及形位公差的测量，践行“数据即责任”的职业准则。

任务一　台虎钳的拆装和保养

任务目标

1. 知识目标

（1）明确钳工专业的特点、任务。

（2）熟悉钳工基本操作的内容。

（3）了解钳工实习场地及常用设备。

（4）了解实习场地的规章制度及安全文明生产要求。

（5）正确使用各种工具。

2. 能力目标

能够正确拆装台虎钳，并进行合理保养。

3. 思政目标

（1）融入6S管理理念［整理（seiri）、整顿（seiton）、清扫（seiso）、清洁（seiketsu）、素养（shitsuke）、安全（safety）］，养成6S的工作习惯。

（2）在拆装过程中强调零件清洁度、装配精度（如丝杠与螺母的配合间隙），强调细节是成功的关键，培养严谨的工作态度。

任务描述

教师带领学生参观钳工实训车间，了解钳工的工作内容及工作特点，认识钳工常用工具——台虎钳（图1-1），并指导学生完成台虎钳的拆装和保养。

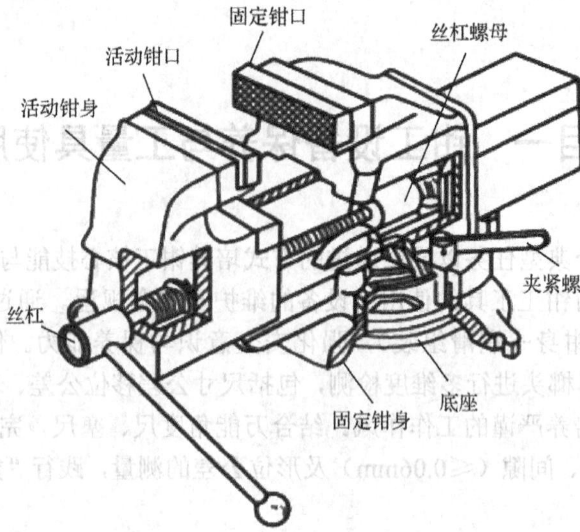

图 1-1 台虎钳结构示意图

任务分析

钳工工作具有技术性强、灵活性大、手工操作多、应用范围大等特点。其加工质量的优劣直接取决于钳工技术水平的高低。台虎钳是钳工常用设备之一，钳工大部分的操作是在台虎钳上完成的。本任务首先了解台虎钳的结构，熟悉其操作方法和日常保养要点，这些内容是学习钳工技能的基础。

相关知识

一、钳工概述

钳工是以手工操作为主，利用手动工具和手工工具进行金属切削加工、产品组装、设备修理的工种。其中，手动工具主要指虎钳（台虎钳、平口虎钳、手虎钳）等工具；手工工具主要指手锯、锉刀、錾子、手锤等工具。

1. 钳工的特点

（1）实践性强。钳工主要通过手工操作完成切削加工，与机械加工不同。

（2）操作灵活。钳工的工作不完全受场地限制，只要有工具，就可以解决问题。不同于机械加工，离开机床就不能工作。尤其是在修理性的工作中，其操作灵活性体现得更明显。

（3）设备简便。钳工使用的工具相对简单，制造、刃磨方便，材料来源充足，且成本低。

2. 钳工的应用范围

（1）加工零件。一些采用机械方法不适宜或不能解决的加工任务，都可由钳工来完成。例如，零件加工过程中的划线，精密加工（如刮削、研磨、锉削样板和制作模具等），以及零部件的检验和修配等。

（2）装配。将零件按机械设备的各项技术要求进行组件、部件装配和总装配，在装配过程中还包括调整、检验和试车等环节，最终使其成为合格的机械设备。

（3）设备维修。当机械设备在使用过程中出现故障、损坏或长期使用导致精度降低而影响正常运行时，钳工可对其进行维护和修理。

（4）工具的制造和修理。钳工还可负责制造和修理各种工具、夹具、量具、模具及专用设备。

3. 钳工工种的分类

根据加工范围和专业分工，钳工可以分为以下几种类型：①普通钳工，主要从事一般的切削加工工作。②工具钳工，专注于模具、夹具、工具、量具及样板的制作与修理。③装配钳工，负责将零部件组装成完整的产品。④机修钳工，主要负责机械设备的维护与修理。

4. 钳工基本操作内容

钳工基本操作内容包括划线、錾切、锯削、锉削、钻孔、扩孔、锪孔、铰孔、攻螺纹和套螺纹，矫正和弯曲，铆接和焊接，刮削、研磨、装配和调试，测量和简单的热处理等。

二、钳工常用设备

1. 台虎钳

台虎钳是用来夹持工件的通用夹具，有固定式和回转式两种结构类型，图 1-2 所示为回转式台虎钳，其构造和工作原理如下：

图 1-2　台虎钳

活动钳身通过导轨与固定钳身的导轨孔做滑动配合。丝杠装在活动钳身上，可以旋转，但不能轴向移动，且与安装在固定钳身内的丝杠螺母配合。当摇动手柄使丝杠旋转时，就可带动活动钳身相对于固定钳身做轴向移动，起夹紧或放松工件的作用。弹簧借助挡圈和销固定在丝杠上，其作用是当放松丝杠时，可使活动钳身自动复位。在固定钳身和活动钳身上，各装有钢质钳口，并用螺钉固定。钳口的工作面上制有交叉的网纹，使工件夹紧后不易产生滑动。钳口经过热处理淬硬，具有较好的耐磨性。固定钳身装在转座上，并能绕转座的轴线转动，当转到要求的方向时，扳动手柄使夹紧螺钉旋紧，便可在夹紧盘的作用下将固定钳身夹紧。转座上有三个螺纹孔，用以与钳台固定。

台虎钳的规格用钳口的宽度表示，有 100mm、125mm、150mm 等。

台虎钳在钳台上安装时，必须使固定钳身的工作面处于钳台边缘以外，以保证夹持长条形工件时，工件的下端不受钳台边缘的阻碍。

台虎钳中有两种作用的螺纹：①连接螺纹，螺钉用于将钳口固定在钳身上，夹紧螺钉旋紧将固定钳身紧固，起到连接作用；②传动螺纹，旋转丝杠，带动活动钳身相对固定钳身移动，将丝杠的转动转变为活动钳身的直线运动，起到传动作用，起传动作用的螺纹是传动螺纹。

2. 钳台

钳台用于安装台虎钳、放置工具和工件等，如图 1-3 所示。台虎钳的安装高度一般为 800～900mm。安装完成后，钳口高度应与使用者的手肘齐平，以适配操作姿势，如图 1-4 所示。台虎钳的长度和宽度可根据实际工作需要确定。

图 1-3 钳台

图 1-4 台虎钳的安装高度

3. 砂轮机

砂轮机用于刃磨钻头、錾子等刀具，以及其他工具等，主要由电动机、砂轮、机体（机座）、托架和防护罩组成，如图 1-5 所示。

图 1-5 砂轮机

使用砂轮机工作时一般应注意以下几点。

（1）确保砂轮转动平稳。砂轮质地较脆，工作时转速很高，使用时若用力不当，可能导致砂轮碎裂，从而引发人身事故。因此，安装砂轮时必须保持砂轮平衡，装好后应先试转 3～4min，检查砂轮转动是否平稳，有无振动或其他异常现象。砂轮机启动后，先观察运转情况，待转速正常后方可进行磨削。使用时，应严格遵守安全操作规程。

（2）正确设置砂轮旋转方向。砂轮的旋转方向应能够使磨屑向下飞向地面，避免磨屑飞向操作者。使用时，必须佩戴防护眼镜。

（3）避免站在砂轮正面。磨削时，操作者应站立在砂轮的侧面或斜侧位置，不要站在砂轮的正面。

（4）避免过度施力或撞击砂轮。磨削时不要对砂轮施加过大的压力或进行撞击，以免砂轮碎裂。

（5）保持砂轮表面平整。定期检查砂轮表面，发现严重跳动或不平整时，应及时修整。

（6）控制托架与砂轮的距离。砂轮机的托架与砂轮间的距离应保持在 3mm 以内，避免磨削件轧入导致砂轮碎裂。

（7）定期检查砂轮。定期检查砂轮有无裂纹，确保两端螺母锁紧。

4. 钻床

钻床用于加工工件上的各类圆孔，常见的类型有台式钻床、立式钻床和摇臂钻床等。钳工常用的台式钻床如图 1-6 所示。

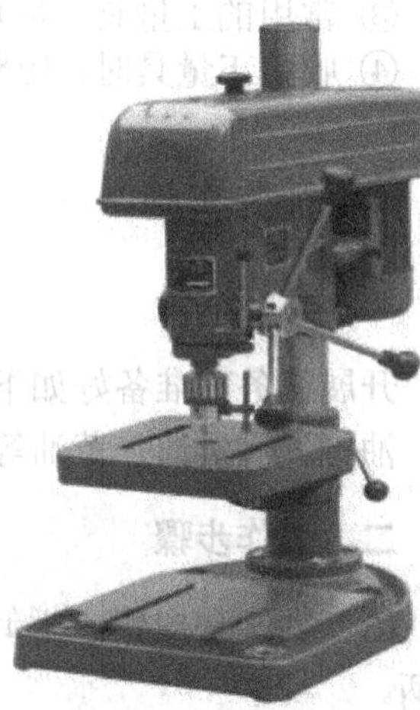

图 1-6　台式钻床

三、钳工工作场地规章制度

（1）热爱集体，尊师守纪；团结同学，互帮互学；听从指挥，勤学苦练。

（2）不迟到、不早退，不无故缺席，不擅自离开实训岗位，不擅自开动与自己实习工作无关的机床设备。

（3）进入实习场地必须穿好工作服和工作鞋，长发者要戴好防护帽；操作机床时严禁戴手套。

（4）离开使用的机床前应关车、关灯、切断电源；电器设备损坏应由专职电工进行维修，其他人员不得擅自拆装。

（5）爱护设备及工具、量具、刃具，工作场地保持清洁整齐，每天工作结束后，应整理个人使用的工具，并打扫工作场地。

四、安全文明生产要求

（1）钳工设备的布局：钳台放在便于工作且光线充足的位置；钻床和砂轮机一般应安装在场地的边缘，以保证安全。

（2）使用的机床、工具（如钻床、砂轮机、手电钻等）要经常检查，发现损坏应立即上报，不得使用损坏的设备或工具。

（3）使用电动工具时，必须采取绝缘防护和安全接地措施。使用砂轮时，必须佩戴防护眼镜。在钳台上进行錾削时，应设置防护网。清除切屑时应使用刷子，避免直接用手清除或用嘴吹。

（4）毛坯和加工零件应放置在规定位置，排列整齐，便于取放。存放时应避免碰伤已加工表面。

（5）工量具的安放，应按下列要求布置。

① 在钳台上工作时，工量具应按使用习惯摆放，右手取用的工量具放在右边，左手取用的工量具放在左边，各自排列整齐，且不能伸出钳台边缘。

② 量具应单独存放，不得与工具或工件混放，应放置于量具盒内或专用架上。

③ 常用的工量具，应放置在工作位置附近。

④ 收藏工量具时，应整齐地放入工具箱内，避免随意堆放，以防损坏和取用不便。

任务实施

一、工作准备

开展任务前准备好如下工具、设备：钳台、台虎钳、螺丝刀、活扳手、钢丝刷、毛刷、油枪、润滑油、黄油等。

二、工作步骤

（1）拆卸台虎钳。拆卸顺序：转动手柄→活动钳身→销钉→挡圈→弹簧→钳口→手柄。

（2）清理部件。将拆下的零件清洗干净，对丝杠、螺母等活动表面进行润滑。

（3）安装台虎钳。按照与拆卸相反的顺序安装台虎钳。

（4）清理工作现场。

三、注意事项

（1）活动钳身将要卸下时，用左手托住，以免钳身掉落到地面，扎伤操作人员的脚。

（2）安装钳口板时，用螺钉旋具拧紧螺钉。若螺钉拧不紧，台虎钳在使用时则易损坏钳口板，也会夹不稳工件。

（3）安装丝杠螺母时，用扳手拧紧，如果拧不紧，在用力夹工件时，易使丝杠螺母损坏。

任务二　錾口锤子的测量

任务目标

1. 知识目标

（1）掌握量具的分类和基本操作要领。

（2）明确各种量具的作用，并熟练掌握其读数方法。

2. 能力目标

(1) 了解钳工测量的方法。

(2) 掌握钢直尺、游标卡尺和千分尺测量工件的操作步骤及方法。

3. 思政目标

(1) 培养严谨的工作作风和科学态度。

(2) 培养吃苦耐劳、不怕脏的精神。

任务描述

根据图1-7所示的錾口锤子零件图样的尺寸要求，完成所有相关尺寸的测量，并根据测量结果判断工件是否符合质量标准。

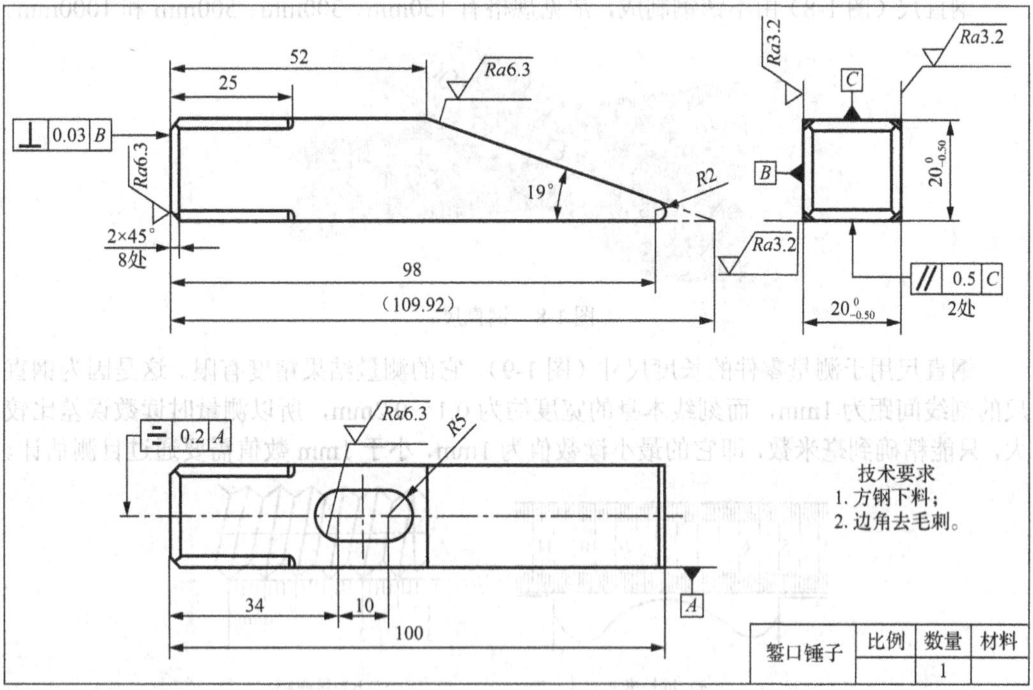

图1-7　錾口锤子零件图样

任务分析

由图1-7可知，该零件上有内孔、圆弧等关键尺寸，以及形位公差等精度要求。为了完成此零件的测量任务，必须熟练掌握钳工常用量具（如游标卡尺、千分尺、百分表、半径规、直角尺等）的结构特点和使用方法，还要了解量具的保养要点，最终能够通过测量结果判断零件是否合格，并分析产生误差的原因。

相关知识

一、量具类型

量具是用来测量零件尺寸、零件形状、零件安装位置的工具。量具的使用是保证零件加工精度和产品质量的重要因素。根据其用途和特点，量具可分为以下三种类型：①标准量具，如量块；②专用量具，如卡规、塞规等；③万能量具，如游标卡尺、千分尺、百分表等。

在实际工作中，还会遇到英制尺寸。在机械制造中，英制尺寸以英寸为主要计量单位，1in=25.4mm。

二、常用的钳工测量工具及使用方法

1. 钢直尺

钢直尺（图 1-8）由不锈钢制成，常见规格有 150mm、300mm、500mm 和 1000mm。

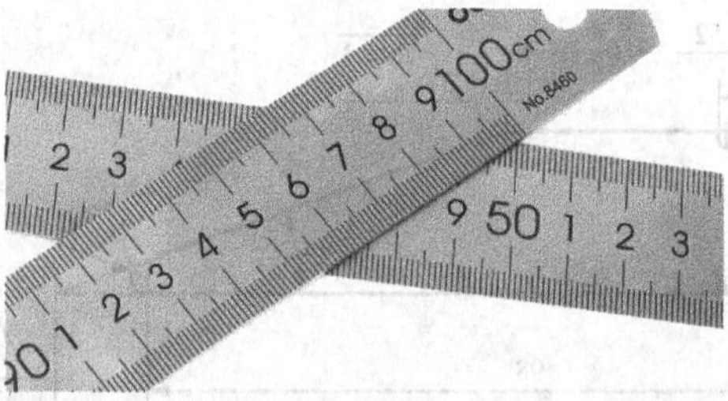

图 1-8 钢直尺

钢直尺用于测量零件的长度尺寸（图 1-9），它的测量结果精度有限。这是因为钢直尺的刻线间距为 1mm，而刻线本身的宽度约为 0.1～0.2mm，所以测量时读数误差比较大，只能精确到毫米数，即它的最小读数值为 1mm，小于 1mm 数值需要通过目测估计。

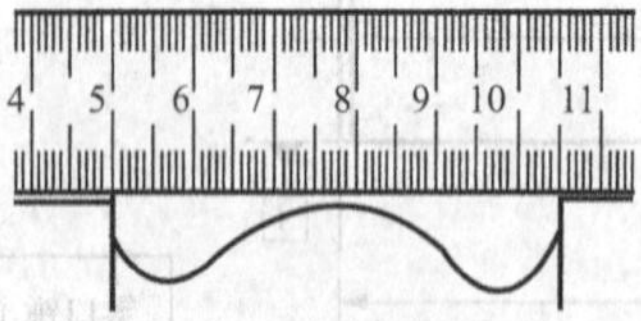

（a）量长度

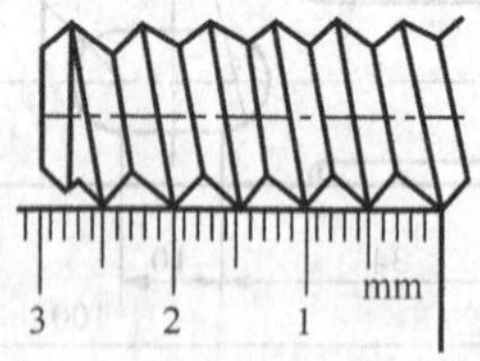

（b）量螺距

（c）量内径

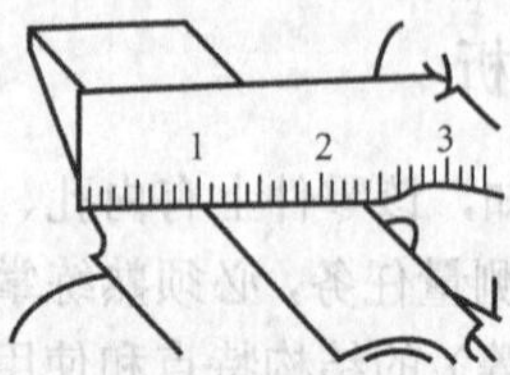

（d）量宽度

图 1-9 钢直尺的使用方法

如果用钢直尺直接测量零件的直径尺寸（如轴径或孔径），则测量精度会更低。其原因是：除了钢直尺本身的读数误差较大外，还因为钢直尺无法准确地放置在零件直径的正确位置。所以，测量零件直径尺寸时，可以结合使用钢直尺和内外卡钳。

2. 游标卡尺

游标卡尺（图 1-10～图 1-12）是一种常用的量具，具有结构简单、使用方便、精度适中以及测量范围广等特点，可以用它来测量零件的外径、内径、长度、宽度、厚度、深度和孔距等。

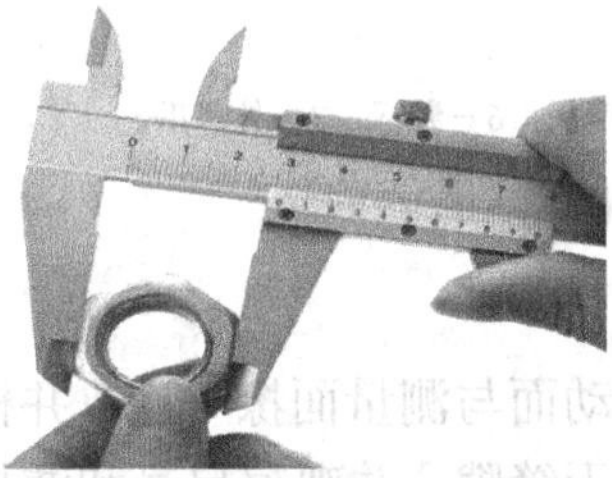

图 1-10　普通游标卡尺

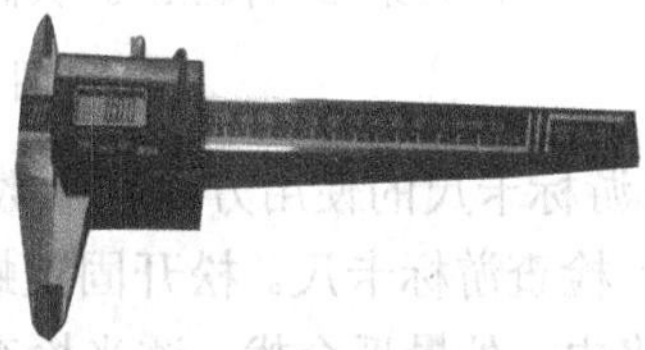

图 1-11　数显游标卡尺

图 1-12　带刻度盘游标卡尺

1）游标卡尺的结构形式

如图 1-13 所示，游标卡尺主要由以下几部分组成。

（1）尺身。具有固定量爪的尺身，尺身上有类似钢直尺一样的尺身刻度，尺身上的刻线间距为 1mm。尺身的长度决定了游标卡尺的测量范围。

（2）尺框与游标。尺框带有活动量爪和游标。游标卡尺的游标读数值通常有 0.1mm、0.05mm 和 0.02mm 三种精度。游标读数值是指使用游标卡尺测量零件尺寸时，卡尺上能够读出的最小数值。

（3）深度尺。在量程为 0～125mm 的游标卡尺上，还配有测量深度的深度尺。深度尺固定在尺框的背面，可随尺框在尺身的导向凹槽中移动。测量深度时，应将尺身尾部的端面紧靠在零件的测量基准平面上。

游标卡尺根据测量范围的不同，有四种结构形式：①测量范围为 0～125mm 的游标卡尺，配备刀口形的上下量爪和深度尺；②测量范围为 0～200mm 和 0～300mm 的游标卡尺，配备内外测量面的下量爪和刀口形的上量爪；③测量范围为 0～200mm 和 0～300mm 的游标卡尺，只配备内外测量面的下量爪；④测量范围大于 300mm 的游标卡尺，仅配备内外测量面的下量爪。

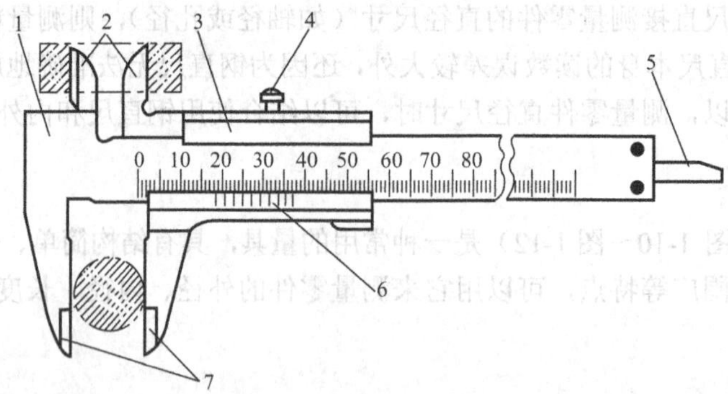

1—尺身；2—内量爪；3—尺框；4—紧固螺钉；5—深度尺；6—游标；7—外量爪。

图 1-13 游标卡尺的结构

2）游标卡尺的使用方法与读数

（1）检查游标卡尺。松开固定螺钉，用棉纱将移动面与测量面擦干净，并检查有无缺陷；将内、外量爪合拢，透光检查两测量面之间有无缝隙，并观察尺身和游标的零位刻度线是否对齐。

（2）夹住工件。将工件放置于稳定状态。左手握住尺身的量爪，右手的大拇指和食指握住游标的量爪。先将游标的量爪向外移动，使两测量面张开至略大于被测工件的尺寸。然后，将尺身的测量面靠在被测工件上，并用右手大拇指推动游标的量爪，使两测量面与被测工件紧密贴合。对于小型工件，可以用左手拿着工件，右手操作游标的量爪，如图 1-14 所示。

（3）读数。测量时，夹住被测工件，从刻度线的正面正视刻度读取数值；如果正视位置读数不便，可旋紧固定螺钉后，将卡尺从工件上轻轻取下，再读取刻度值。读数方法如下：如图 1-15 所示，先读出尺身上的整数，图示尺寸为 123mm；再读出游标与尺身对齐刻线处的小数，图示读数为 0.22mm；最后将 123mm 与 0.22mm 相加得 123.22mm。

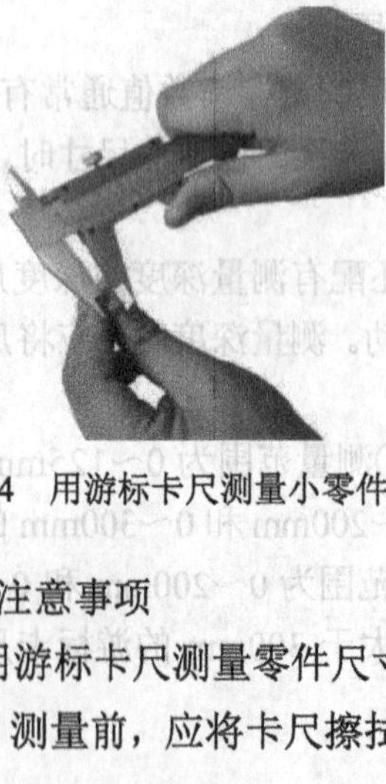

图 1-14 用游标卡尺测量小零件

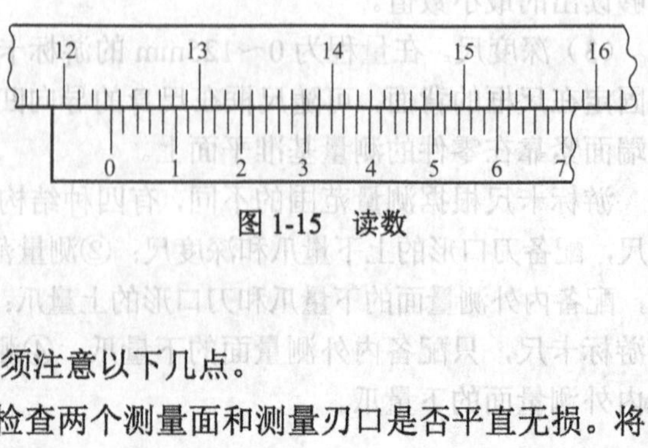

图 1-15 读数

3）注意事项

使用游标卡尺测量零件尺寸时，必须注意以下几点。

（1）测量前，应将卡尺擦拭干净，检查两个测量面和测量刃口是否平直无损。将两个量爪紧密贴合时，应无明显间隙，同时游标和尺身的零位刻度线要对齐。这一过程称为校对游标卡尺的零位。

（2）移动尺框时，应确保活动自如，既不过松也不过紧，更不能有晃动现象。用固定螺钉固定尺框时，卡尺的读数不应改变。移动尺框前，须松开固定螺钉，但不宜过松，以免尺框脱落。

（3）当测量零件的外尺寸时，卡尺的两测量面连线应垂直于被测表面，避免歪斜。测量时，可以轻轻摇动卡尺以确保垂直位置正确，量爪位置错误，如与被测物不平行，会导致测量结果偏大，如图 1-16 所示。

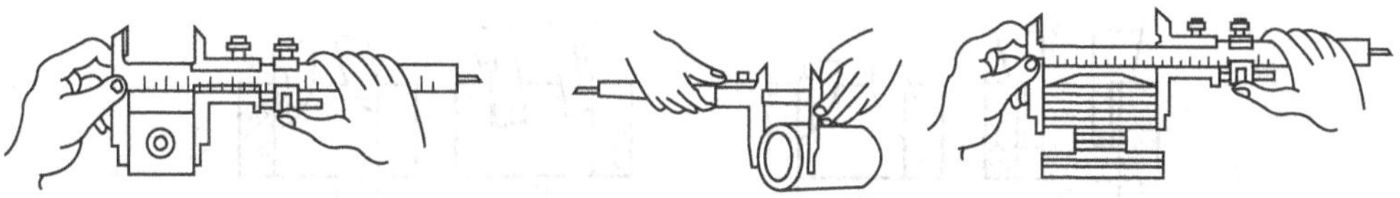

（a）正确　　（b）错误

图 1-16　测量外尺寸时正确与错误的位置

测量沟槽时，应使用量爪的平面测量刃进行测量，尽量避免使用端部测量刃和刀口形量爪。对于圆弧形沟槽尺寸的测量，应使用刃口形量爪，不应使用平面测量刃，如图 1-17 所示。

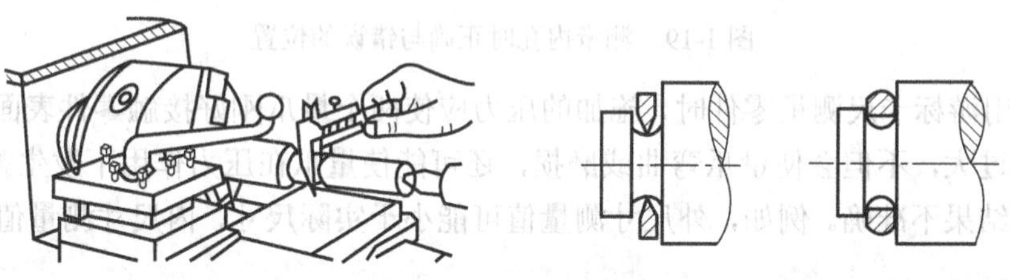

（a）正确　　（b）错误

图 1-17　测量沟槽时正确与错误的位置

测量沟槽宽度时，必须确保游标卡尺的位置正确，使卡尺两测量刃的连线垂直于沟槽，避免歪斜，如图 1-18（a）所示。量爪若处于图 1-18（b）所示的错误位置上，将导致测量结果不准确（偏大或偏小）。

（4）当测量零件的内尺寸时，应先将量爪分开的距离调整为小于所测内尺寸，然后将卡尺轻轻插入零件内孔。进入内孔后，缓慢张开量爪，使其轻轻接触零件内表面。用固定螺钉固定尺框后，轻轻取出卡尺进行读数。取出卡尺时，用力要均匀，并确保卡尺沿着孔的中心线方向滑出，避免歪斜，以免量爪扭伤、变形或受到不必要的磨损，同时防止尺框移动，影响测量精度，如图 1-19 所示。

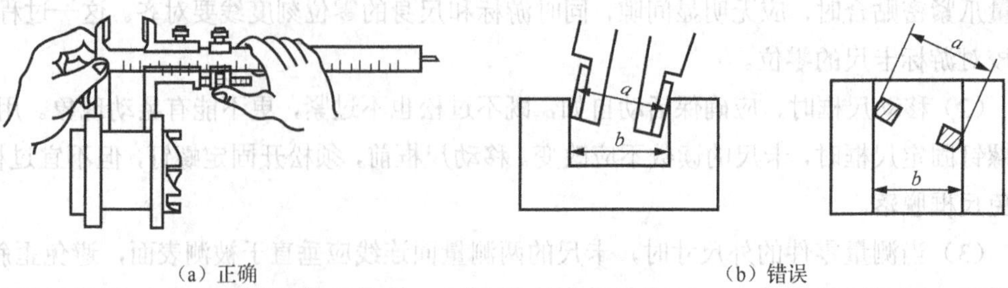

（a）正确　　（b）错误

图 1-18 测量沟槽宽度时正确与错误的位置

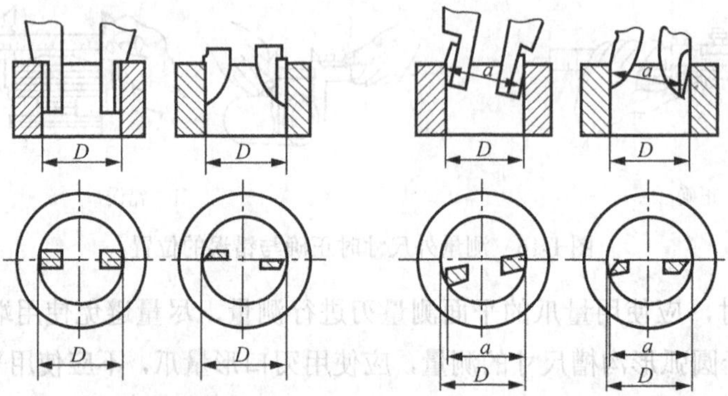

（a）正确　　（b）错误

图 1-19 测量内孔时正确与错误的位置

（5）用游标卡尺测量零件时，施加的压力应使两个量爪刚好接触零件表面。如果施加的压力过大，不但会使量爪弯曲或磨损，还可能使量爪在压力作用下发生弹性变形，导致测量结果不准确。例如，外尺寸测量值可能小于实际尺寸，内尺寸测量值可能大于实际尺寸。

（6）读取游标卡尺的数值时，应将卡尺水平持握，并面向光源，确保视线尽可能垂直于卡尺的刻线表面，以避免因视线歪斜导致的读数误差。

（7）为了获得更准确的测量结果，应在零件同一截面的不同方向上进行多次测量。对于较长的零件，还需在全长的不同部位进行测量，以确保测量结果的准确性。

3. 千分尺

千分尺的种类很多，机械加工常用的有外径千分尺、内径千分尺、深度千分尺、螺纹千分尺和公法线千分尺等，可分别测量或检验零件的外径、内径、深度、厚度、螺纹的中径和齿轮的公法线长度等。

1）千分尺的结构组成

各种千分尺的结构基本相同。常用的外径千分尺用于测量零件的外径、凸肩厚度、板厚或壁厚等（测量孔壁厚度的千分尺，其测量面通常呈球弧形）。外径千分尺的测量精度可达 0.01nm。

千分尺主要由尺架、测微头、测力装置和制动器等组成。尺架的一端装有固定测砧，另一端装有测微旋杆。固定测砧和测微旋杆的测量面上都镶有硬质合金，以延长使用寿命。尺架两侧面覆盖绝热板，使用时手应握住绝热板，避免人体的热量影响测量精度。

外径千分尺的结构如图1-20所示。

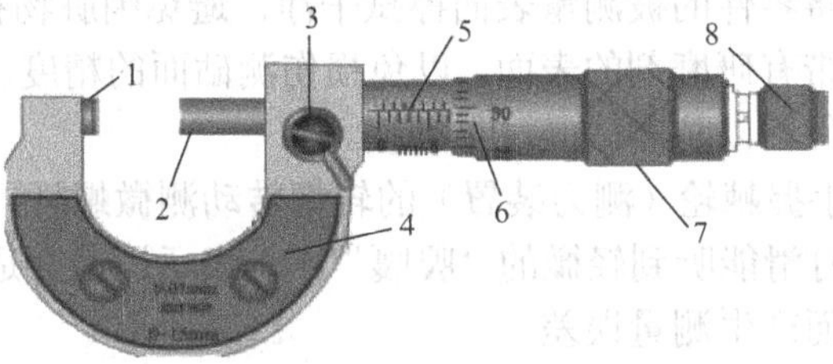

1—测砧；2—测微螺杆；3—锁紧装置；4—尺架；5—固定套筒；6—微分筒刻度；7—微分筒；8—棘轮（测力装置）。

图1-20　千分尺结构

2）千分尺的使用方法与读数

（1）检查千分尺。检查千分尺时，应先松开锁紧装置，用棉纱将测砧面及移动面擦干净，并检查有无缺陷；接着，转动微分筒，检查测微螺杆的转动是否正常；继续转动棘轮直至打滑，使两测砧面贴合，此时检查零线位置是否准确。

（2）夹住工件。将工件置于稳定状态，左手握住尺架，右手转动微分筒，使测量头的开度略大于被测工件的尺寸；将工件置于两测砧面之间，并确保其与测砧面紧密贴合；转动棘轮直至打滑，如图1-21所示。

（3）读数。夹住被测工件，从刻度线的正面正视刻度读取数值；如果不能直接读数，可固定锁紧装置，使测微螺杆固定后，再轻轻取下千分尺，然后读取刻度值。

读数方法：如图1-22所示，观察微分筒边缘在固定套筒上的哪一条刻度线后面，读取该刻度线对应的整数值，固定刻度读数为5mm；查看微分筒刻度上哪一格与固定套筒上的基准线对齐，读取该格对应的小数值，微分筒上为0.034mm；最后将两个读数相加，即得到实测尺寸为5.034mm。

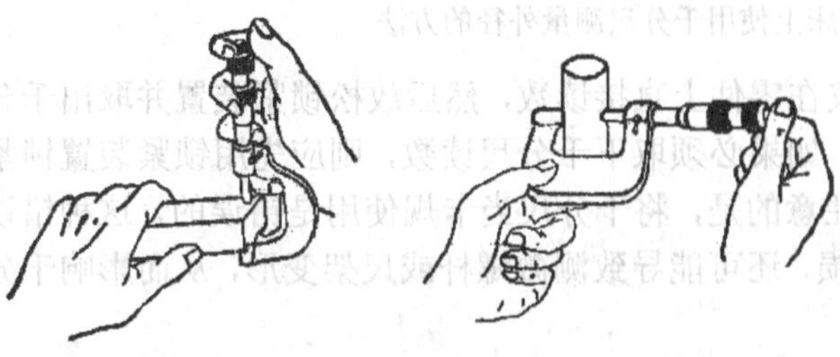

（a）单手使用　　（b）双手使用

图1-21　千分尺使用

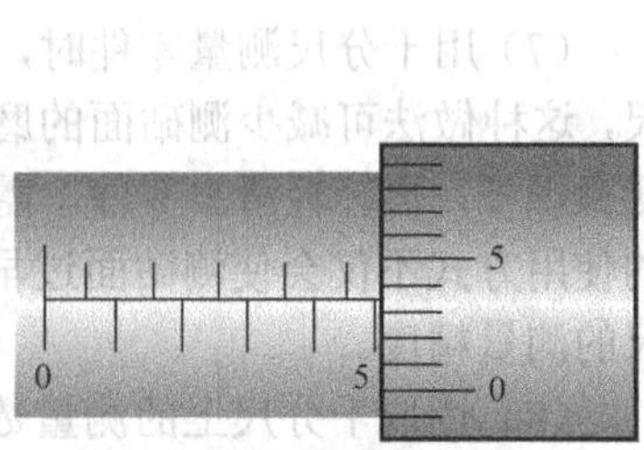

图1-22　千分尺的读数

3）注意事项

使用千分尺测量零件尺寸时，注意以下几点。

（1）使用前，应将千分尺的两个测砧面擦拭干净，转动棘轮（即测力装置），使两个测砧面接触（若测量上限大于25mm，则在两个测砧面之间放入校对量杆或相应尺寸的量块），接触面应没有间隙和漏光现象，同时微分筒和固定套筒的零位要对齐。

（2）转动棘轮（测力装置）时，与之联动的微分筒应能沿着固定套筒自由灵活地移动，无卡滞和不灵活的现象。如果有异常，则应及时送计量站检修。

（3）测量前，应将零件的被测量表面擦拭干净，避免因脏物存在而影响测量精度。禁止使用千分尺测量带有研磨剂的表面，以免损伤测砧面的精度。同样，不应使用千分尺测量表面粗糙的零件，以防测砧面过早磨损。

（4）测量时，应手握棘轮（测力装置）的转帽转动测微螺杆，使测砧面保持标准的测量压力，即转动至打滑能听到轻微的“嘎嘎”声，表示压力合适，然后开始读数。避免因测量压力不一致而产生测量误差。

（5）不允许用力旋转微分筒来增加测量压力，以免测微螺杆过分压紧零件表面，导致精密螺纹因受力过大而变形，损坏千分尺的精度。即使微分筒与测微螺杆之间的连接不牢固，对精密螺纹的损坏不严重，但是微分筒打滑后，千分尺的零位可能移动，导致测量错误。

（6）使用千分尺测量零件时，测微螺杆应与被测零件的尺寸方向一致。例如，如图1-23所示，在车床上使用千分尺测量外径时，测微螺杆应与零件的轴线垂直，不能歪斜。在测量过程中，可在旋转测力装置的同时轻轻晃动尺架，使测砧面与零件表面紧密贴合。

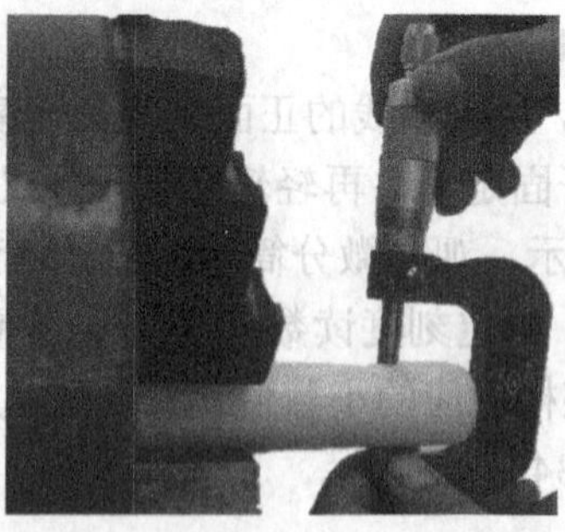

图1-23　在车床上使用千分尺测量外径的方法

（7）用千分尺测量零件时，建议在零件上直接读数，然后放松锁紧装置并取出千分尺，这种做法可减少测砧面的磨损。如果必须取下千分尺读数，则应先用锁紧装置锁紧测微螺杆，再轻轻滑出零件。需要注意的是，将千分尺当卡规使用是错误的，这种错误的使用方式不仅会使测砧面过早磨损，还可能导致测微螺杆或尺架变形，从而影响千分尺的测量精度。

（8）读取千分尺上的测量数值时，要特别注意不要读错0.5mm的刻度。

4. *百分表*

百分表（图1-24）用于检验零件加工、机器装配或修理时的尺寸精度和形状精度。使用时，可将百分表安装在磁性表架上。表架的接头和伸缩杆可调节百分表的上下、前后及左右位置，确保测量的准确性。表架应放置在平板或其他平整表面上。

使用百分表时应注意以下几点。

（1）使用前，应检查测量杆的活动是否灵活。即轻轻推动测量杆时，测量杆在套筒内的移动顺畅，无卡滞现象，且每次放松后，指针能返回到原刻度位置。

（2）使用时，必须将百分表固定在稳定的夹持架上（如万能表架或磁性表架，见图 1-25）。夹持架应放置平稳，避免测量结果不准确或摔坏百分表。

图 1-24　百分表

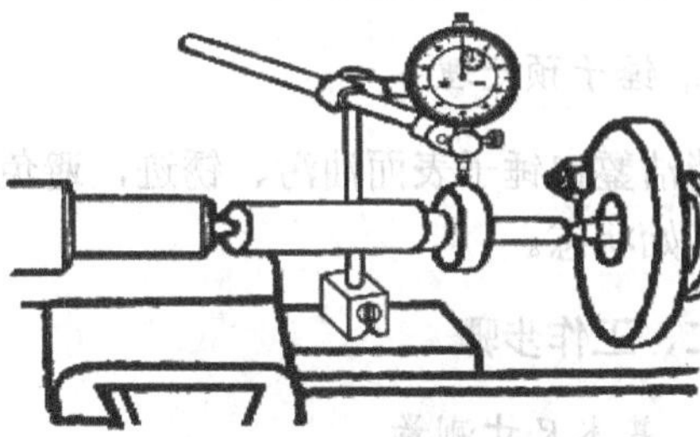

图 1-25　用百分表测量

（3）测量平面或圆柱形工件时，百分表的测量头应与平面垂直，或者与圆柱工件的中心轴线垂直。

（4）齿杆的升降范围不宜太大。

5. 高度游标卡尺

高度游标卡尺（又称高度规，见图 1-26）主要用于测量工件的高度和进行精密划线，但一般限于半成品加工阶段。其读数原理与游标卡尺相同。

高度游标卡尺的结构特点是用质量较大的基座 4 代替游标卡尺的固定量爪，以提供稳定的测量基准。可移动的尺框 3 通过横臂装有测量高度和划线用的量爪 5，量爪的测量面镶有硬质合金，可延长量爪的使用寿命。高度游标卡尺的测量工作应在平台上进行，确保量爪的测量面与基座的底平面共面时，尺身 1 与游标 6 的零线对齐。测量时，量爪测量面的高度就是被测量零件的高度，其具体数值可在尺身（整数部分）和游标（小数部分）上读出。应用高度游标卡尺划线时，调整划线高度，用紧固螺钉 2 锁紧尺框，确保在平台上操作。注意：在划线时，应使划刀垂直于工件表面，一次划出。

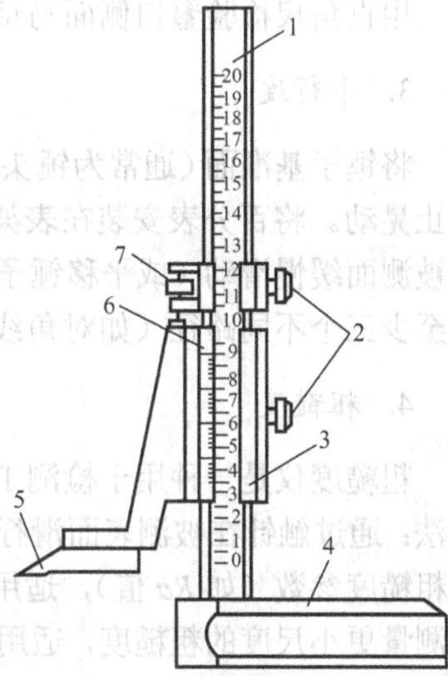

1—尺身；2—紧固螺钉；3—尺框；
4—基座；5—量爪；6—游标；7—微动装置。

图 1-26　高度游标卡尺

任务实施

一、工作准备

1. 工具与仪器

游标卡尺（精度 0.02mm）或千分尺（精密测量时使用）、百分表、直角尺、半径规（测量圆弧部分）、粗糙度仪。

2. 锤子预处理

清洁錾口锤子表面油污、锈迹，避免测量误差。检查锤子是否有明显缺损或变形，记录初始状态。

二、工作步骤

1. 基本尺寸测量

总长度：用游标卡尺测量锤子两端最大距离。

錾口宽度与厚度：在錾口部位选取三个不同位置进行测量，取平均值。

圆弧：在半径规中找到与工件圆弧表面紧密贴合的一个圆弧片，记录该圆弧片上的半径值。

2. 垂直度

用直角尺检验錾口侧面与锤子中心线的垂直度。

3. 平行度

将锤子基准面（通常为锤头较大平面）平稳放置在平板上，用支撑块固定非测量端，防止晃动。将百分表安装在表架上，测头垂直接触被测面（如錾口端面）。移动百分表沿被测面缓慢滑动（或平移锤子），记录表针最大与最小读数差值（即平行度偏差）。测量至少三个不同路径（如对角线、边缘），取最大值作为最终平行度误差。

4. 粗糙度

粗糙度仪是一种用于检测工件表面微观几何形状误差的精密测量仪器，其功能为针描法：通过触针在被测表面滑行，记录轮廓峰谷起伏的位移信号，经放大处理后计算表面粗糙度参数（如 *Ra* 值），适用于 0.02～10μm 的测量范围。干涉法：利用光波干涉原理测量更小尺度的粗糙度，适用于纳米级精度检测。光切法：通过光学切片技术获取表面轮廓数据，适用于复杂几何形状的工件，如曲面深槽等。

将粗糙度仪的测针垂直轻触被测表面，设定评价长度（通常为 5 倍取样长度）。启动测量，仪器将自动计算 *Ra*（算术平均粗糙度）、*Rz*（最大高度）等参数。每处测点重复测量三次，取平均值作为最终结果。

三、注意事项

（1）不可敲击量具。
（2）尽量不要用手指接触量具的测量面。
（3）不要将量具和工具混放在一起。
（4）测量完毕后，将量具擦拭干净。

任务评价

以锤子的右端面为基准，逐个尺寸测量，并按评分表（表 1-1）给出得分。

表 1-1 錾口锤子尺寸测量评分表

考核项目	考核内容	考核要求	配分	评分标准	得分
主要项目	尺寸精度	$20^{0}_{-0.5}$	20	每超差 0.01 扣 3 分，超差 0.03 不得分	
	垂直度	0.03 (4 处)	20	每超差 0.01 扣 0.5 分，超差 0.02 不得分	
	平行度	0.05 (2 处)	10	每超差 0.01 扣 0.5 分，超差 0.03 不得分	
	对称度	0.2	10	每超差 0.05 扣 0.5 分，超差 0.03 不得分	
	表面粗糙度	*Ra*3.2	10	大于 *Ra*1.6 不得分	
		*Ra*6.3	10	大于 *Ra*6.3 不得分	
一般项目	圆弧形状	*R*2 圆弧面圆滑	10	圆弧不光滑不得分	
		*R*5 内圆弧连接	10	圆弧连接不光滑不得分	

任务三 T形、燕尾组合件的测量

任务目标

1. 知识目标

（1）掌握万能角度尺的基本结构和使用范围。
（2）掌握量具的操作要领并能正确读数。
（3）掌握塞尺的用途及使用方法。

2. 能力目标

（1）能使用万能角度尺对零件的角度进行正确测量。
（2）能正确使用塞尺检查间隙是否合格。

3. 思政目标

（1）培养严谨的工作作风和科学态度。

（2）树立诚信与规范意识，坚守“数据即责任”的职业道德。

任务描述

根据图 1-27 所示的 T 形和燕尾组合件零件图样的尺寸要求，完成所有相关尺寸的测量，并根据测量结果判断工件是否符合质量标准。

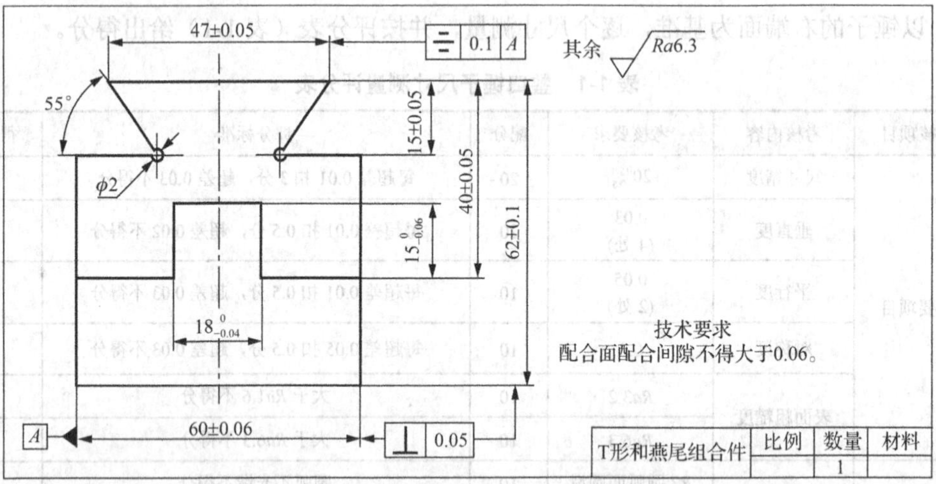

图 1-27　T 形和燕尾组合件零件图样

任务分析

由图 1-27 可知，该零件有角度、配合间隙等关键尺寸，以及形位公差等精度要求。为了完成此零件的测量任务，必须熟练掌握钳工常用量具（如游标卡尺、万能角度尺、塞尺等）的结构特点和使用方法，还要了解量具的保养要点，最终能够通过测量结果判断零件是否合格，并分析产生误差的原因。

相关知识

一、塞尺

塞尺（图 1-28）又称厚薄规或间隙片，是一种用于测量两个结合面之间间隙大小的工具，主要用于检验机床特别紧固面和紧固面、活塞与气缸、活塞环槽和活塞环、十字头滑板和导板、进排气阀顶端和摇臂、齿轮啮合间隙等部位的间隙。塞尺由多层厚薄不一的薄钢片组成，每片钢片具有两个平行的测量平面，并有厚度标记。塞尺通常按组别制成一套，每套包含不同厚度的钢片，以供组合使用。

图 1-28　塞尺

测量时，根据结合面间隙的大小，将一片或多片塞尺重叠在一起塞进间隙内。例如，如果 0.03mm 厚的塞尺能插入间隙，而 0.04mm 厚的塞尺不能插入，则说明间隙在 0.03～0.04mm 之间。因此，塞尺也是一种界限量规。

使用塞尺时必须注意以下几点。

（1）根据结合面的间隙大小选用塞尺片数，尽量选择较少的片数。

（2）测量时用力要适中，避免用力过大导致塞尺弯曲和折断。

（3）不要用塞尺测量温度较高的工件。

二、万能角度尺

万能角度尺是一种用于测量精密零件内外角度或进行角度划线的角度量具。

如图 1-29 所示，万能角度尺的读数机构由刻有基本角度刻线的尺座 1 和固定在扇形板 6 上的游标 3 组成。扇形板可在尺座上回转移动，通过制动器 5 固定位置，形成与游标卡尺相似的游标读数机构。万能角度尺尺座上的刻度线每格代表 1°。由于游标上刻有 30 格，所占的总角度为 29°，因此每两格刻线的度数差为

$$1^\circ-\frac{29^\circ}{30}=\frac{1^\circ}{30}=2'$$

即万能角度尺的精度为 2′。

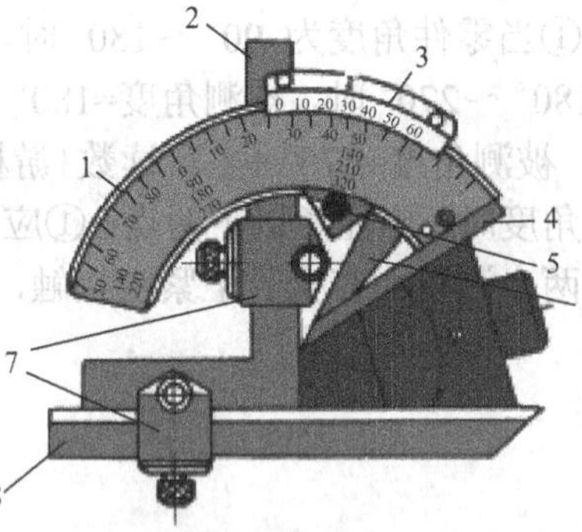

1—尺座；2—角尺；3—游标；4—基尺；5—制动器；6—扇形板；7—卡块；8—直尺。

图 1-29　万能角度尺

万能角度尺的读数方法与游标卡尺类似。首先读出游标零线前的尺身角度值，然后从游标上读出角度的“分”数值，两者相加就是被测零件的角度值。

在万能角度尺上，基尺 4 固定在尺座上，角尺 2 用卡块 7 固定在扇形板上，可移动直尺 8 用卡块固定在角尺上。若将角尺 2 拆下，也可将直尺 8 固定在扇形板上。由于角尺 2 和直尺 8 可以移动和拆换，使万能角度尺可以测量 0°～320° 的任何角度，如图 1-30 所示。

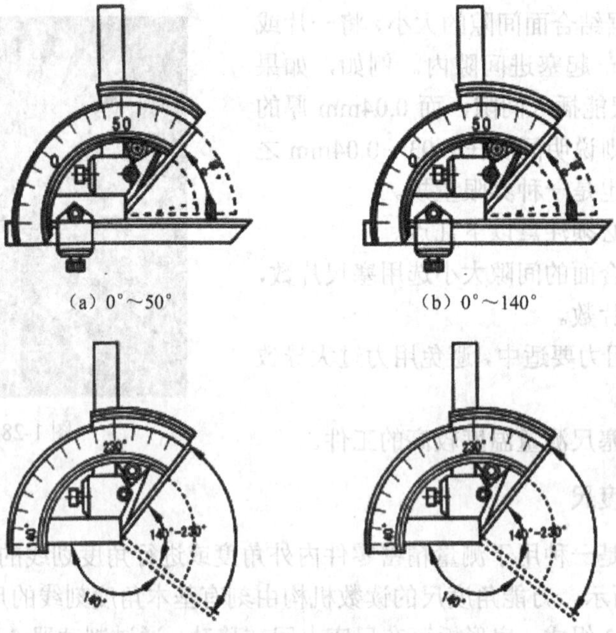

（a）0°～50°　（b）0°～140°　（c）140°～230°　（d）230°～320°

图 1-30　万能角度尺的应用

由图 1-30 可见，角尺和直尺都安装时，可测量 0°～50° 的外角度；仅安装直尺时，可测量 50°～140° 的角度；仅安装角尺时，可测量 140°～230° 的角度；将角尺和直尺全拆下时，可测量 230°～320° 的角度（即可测量 40°～130° 的内角度）。

万能角度尺的尺座上，基本角度的刻线为 0°～90°，当测量的零件角度大于 90° 时，应根据以下规则读数：①当零件角度为 90°～180° 时，被测角度=90°+主尺读数+游标读数；②当零件角度为 180°～270° 时，被测角度=180°+主尺读数+游标读数；③当零件角度为 270°～320° 时，被测角度=270°+主尺读数+游标读数。

用万能角度尺测量零件角度时，应注意以下两点：①应使基尺与零件角度的母线方向一致；②零件应与角尺的两个测量面在全长上紧密接触，避免产生测量误差。

任务实施

一、工作准备

游标卡尺（精度 0.02mm）、千分尺（0.01mm）、高度游标卡尺、直角尺、塞尺、万能角度尺、标准燕尾块、粗糙度仪。

二、工作步骤

1. 基本尺寸测量

T 形槽测量内容如下。

（1）槽宽：用游标卡尺测量 T 形槽上、中、下三处宽度，取平均值作为测量结果。

（2）槽深：用高度游标卡尺测量槽的垂直深度。

燕尾槽测量内容如下。

（1）燕尾角度：用万能角度尺测量燕尾斜面的倾斜角。

（2）上口宽度与下口宽度：用游标卡尺测量两端宽度，计算配合间隙。

（3）配合间隙：将标准燕尾块插入槽内，用塞尺检测间隙是否合格。

2. 形位公差测量

测量垂直度：用直角尺紧贴 T 形槽侧面，观察缝隙大小。用塞尺测量缝隙值（如≤0.02mm 为合格）。

测量对称度（针对 T 形槽）：以槽中心线为基准，用高度游标卡尺测量两侧对称距离是否一致。

3. 表面粗糙度检测

用粗糙度仪测量 T 形槽和燕尾槽配合面的 *Ra* 值。

三、注意事项

（1）不可敲击量具。

（2）尽量不要用手指接触量具的测量面。

（3）不要将量具和工具混放在一起。

（4）测量完毕后，将量具擦拭干净。

任务评价

以下端面为基准，逐个尺寸测量，并按评分表（表 1-2）给出得分。

表 1-2　T 形和燕尾组合件评分表

考核项目	考核内容	考核要求	配分	评分标准	得分
主要项目	配合间隙	不大于 0.06	10	每超差 0.01 扣 2 分，超差 0.04 不得分	
	尺寸精度	47 ± 0.05	10	每超差 0.01 扣 3 分，超差 0.03 不得分	
		62 ± 0.1	10	每超差 0.01 扣 3 分，超差 0.15 不得分	
		55° ± 5′	10	每超差 1′ 扣 2 分，超差 3′ 不得分	
		$18^{0}_{-0.04}$	10	每超差 0.01 扣 3 分，超差 0.03 不得分	
		$15^{0}_{-0.06}$	10	每超差 0.01 扣 3 分，超差 0.03 不得分	
一般项目	表面粗糙度	*Ra*6.3	10	大于 *Ra*6.3 不得分	
	尺寸精度	60 ± 0.06	10	超差无分	
		40 ± 0.05	10	超差无分	
	垂直度	0.05	5	每超差 0.01 扣 2 分，超差 0.03 不得分	
	对称度	0.1	5	每超差 0.01 扣 2 分，超差 0.06 不得分	

项目二　简单零件的制作

本项目通过制作四方块、直角块、桃心件三类典型零件，系统训练钳工核心技能与综合素养。四方块的制作：聚焦锉削规范与精准划线，以基准面加工为核心，掌握平面锉削技术（达到±0.1mm 精度）、控制垂直度（误差不超过 0.04mm），并满足 *Ra*6.3 表面粗糙度要求，奠定钳工基本功。直角块的制作：强化锯削工艺与余量管理，通过锯条选型、余量预留（≥0.2mm）与锉削工艺协同，实现直角尺寸（30±0.1mm）的精准加工，培养工序衔接能力。桃心件的制作：突破曲面锉削与圆弧控制技术，结合划规进行圆弧定位（*R*15±0.05mm），并通过曲面精修，实现复杂几何精度（15±0.05mm）的加工，激发创新思维。

项目全程贯穿安全规范（软钳口防护、工量具保养）、数据意识（评分表量化考核）与团队协作，实现从平面到曲面、从基础到综合的递进式技能提升。

任务一　四方块的制作

任务目标

1. 知识目标

（1）掌握锉削的操作要领，确保动作规范化、标准化。

（2）明确划线的作用，熟悉平面划线工具的使用，并掌握基本划线方法。

2. 能力目标

（1）能够按照图样要求正确划线，掌握划线技能。

（2）能够按照图样尺寸加工零件，满足加工精度和质量要求。

3. 思政目标

（1）培养耐心与毅力，注重精度与细致，提升问题解决能力。

（2）增强团队协作精神，强化安全意识，激发创新思维等。

任务描述

根据图 2-1 所示的四方块零件图样的要求，完成零件制作。

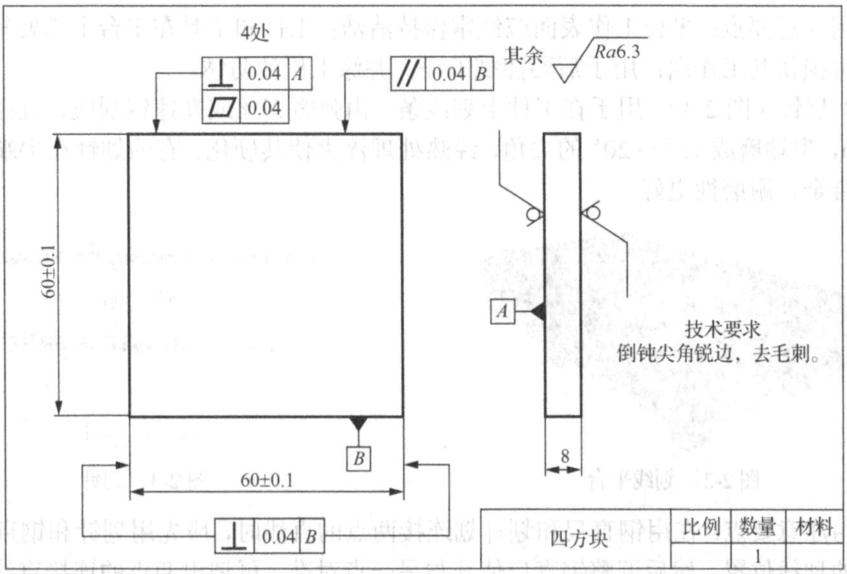

图 2-1　四方块零件图样

任务分析

四方块的制作涉及钳工基本工艺和操作技能，包括划线、锯削、锉削等，同时涵盖钳工常用工具、量具的使用与保养方法，以及工件的检测方法。

相关知识

一、划线工艺知识

在毛坯或工件上，用划线工具划出待加工部位的轮廓线，或作为基准的点和线，这种操作称为划线。仅在一个平面上划线即能满足加工要求的，称为平面划线。同时在工件的几个不同方向的表面上划线才能满足加工要求的，称为立体划线。

1. 划线的作用

划线的作用具体如下：

（1）确定工件上各加工面的加工位置和加工余量。

（2）可全面检查毛坯的形状和尺寸是否符合图样要求，判断其是否满足加工条件。

（3）当坯料上出现某些缺陷时，可通过划线时的"借料"方法进行补救。

（4）在板料上按划线下料，可做到正确排料，合理使用材料。

2. 划线工具及其使用方法

划线工具主要包括划线平台、划针、划线盘、高度游标卡尺、划规、样冲和直角尺。

（1）划线平台（图 2-2）：由铸铁制成，工作表面经过精刨或刮削加工，作为划线时的基准平面。划线平台一般用木架搁置，放置时应使平台工作表面处于水平状态。

使用注意要点：平台工作表面应经常保持清洁；工件和工具在平台上都要轻拿、轻放，不可损伤其工作面；用于后要擦拭干净，并涂上机油防锈。

（2）划针（图 2-3）：用于在工件上划线条，由弹簧钢丝或高速钢制成，直径一般为 3～5mm，尖端磨成 15°～20° 的尖角，经热处理淬火使其硬化。有的划针在尖端部位焊有硬质合金，耐磨性更好。

图 2-2 划线平台

（a）直划针

（b）弯头划针

图 2-3 划针

使用注意要点：在用钢直尺和划针划连接两点的直线时，应先用划针和钢直尺确定后一点的划线位置，然后调整钢直尺使其与另一点对准，再划出两点的连接直线；划线时针尖要紧靠导向工具的边缘，上部向外侧倾斜 15°～20°，向划线移动方向倾斜 45°～75°；针尖要保持尖锐，划线要尽量一次划成，确保线条既清晰又准确。

（3）划线盘（图 2-4）：用于在划线平台上对工件进行划线，或找正工件在平台上的正确安放位置。划针的直头端用于划线，弯头端用于找正工件的安放位置。

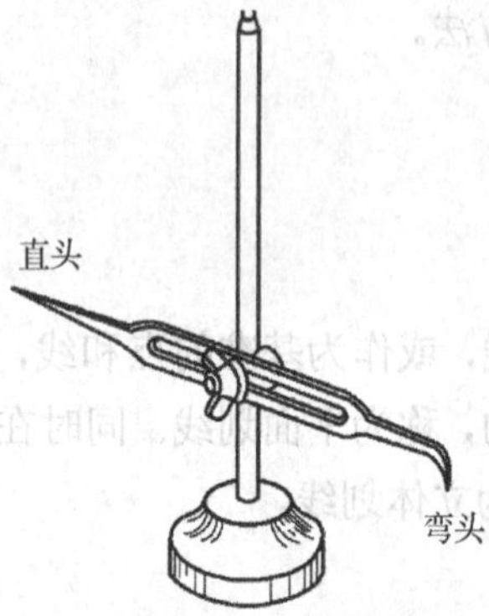

图 2-4 划线盘

使用注意要点：用划线盘进行划线时，划针应尽量处于水平位置，不要倾斜太大，划针伸出部分应尽量短，并要牢固地夹紧，避免划线时产生振动和尺寸变动；划线盘移动时，底座底面始终要与划线平台平面贴紧，无摇晃或跳动；划针与工件表面之间保持 40°～60° 的夹角（沿划线方向），以减小划线阻力并防止针尖扎入工件表面；划较长直线时，应采用分段连接划法，这样可对各段的首尾作校正检查，避免划针的弹性变形和划线盘移动造成的误差；使用完毕后，划针应直立放置，保证安全并节省空间。

（4）划规（图 2-5）：用来划圆和圆弧、等分线段、等分角度以及量取尺寸等。

使用注意要点：划规两脚的长短要磨得稍有不同，且两脚合拢时脚尖能靠紧，这样才能划出尺寸较小的圆弧；划规的脚尖应保持尖锐，以确保划出的线条清晰；划圆时，旋转中心的一脚应施加较大压力，另一脚则以较轻压力在工件表面划出圆或圆弧，避免中心滑动（图 2-6）。

（5）样冲：用于在工件划线处打样冲眼（冲点），作为加强界限标志（称检验样冲眼）或划圆弧、钻孔时的定位中心（称中心样冲眼）。样冲一般用工具钢制成，尖端淬硬，其顶尖角度根据用途不同而有所变化：用于加强界限标记时约为 40°，用于钻孔定位中心时约为 60°。

图 2-5　划规

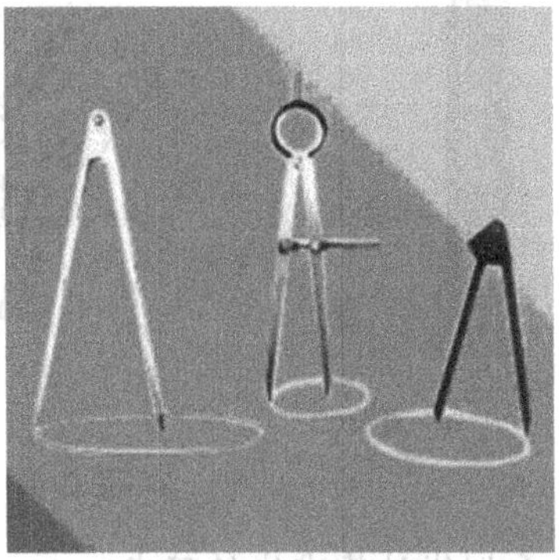

图 2-6　划规划圆

冲点方法：先将样冲外倾，使尖端对准线条的正中，然后再将样冲立直进行冲点，如图 2-7 所示。

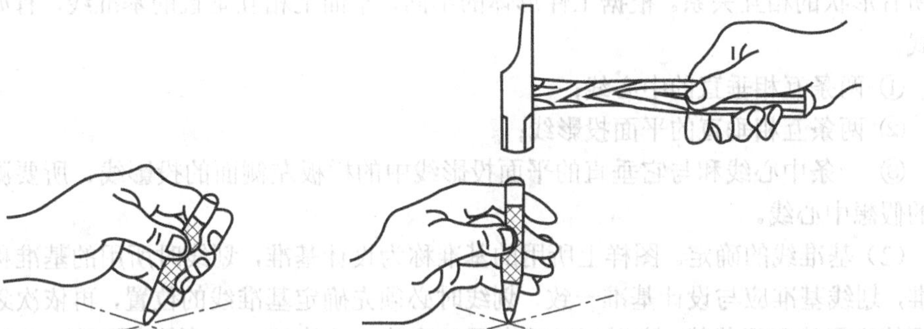

（a）步骤（一）　（b）步骤（二）

图 2-7　样冲的使用

冲点要求：位置要准确，冲点不可偏离线条（图 2-8）；在曲线上冲点间距要小些，如直径小于 20mm 的圆周线上应有 4 个冲点，直径大于 20mm 的圆周线上应有 8 个以上冲点；在直线上冲点间距可大些，但短直线至少有 3 个冲点；在线条的交叉或转折处必须冲点；冲点的深浅要适当，在薄壁上或光滑表面上冲点要浅，粗糙表面上冲点要深些。

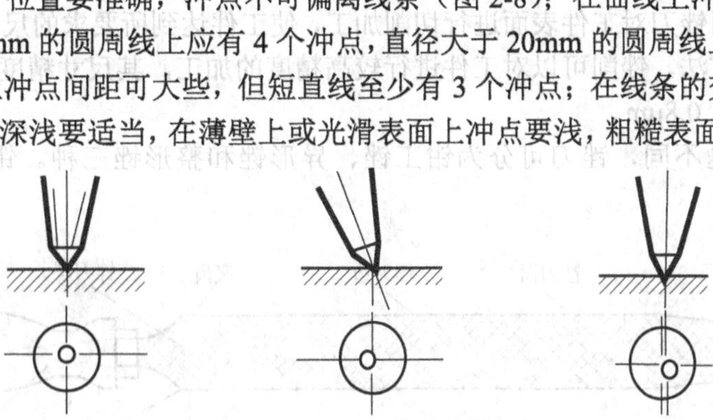

（a）正确　（b）不正确　（c）偏心

图 2-8　冲点位置

（6）直角尺：在划线时常用作划平行线、垂直线的导向工具，也可用来找正工件平面在划线平台上的垂直位置，如图 2-9 所示。

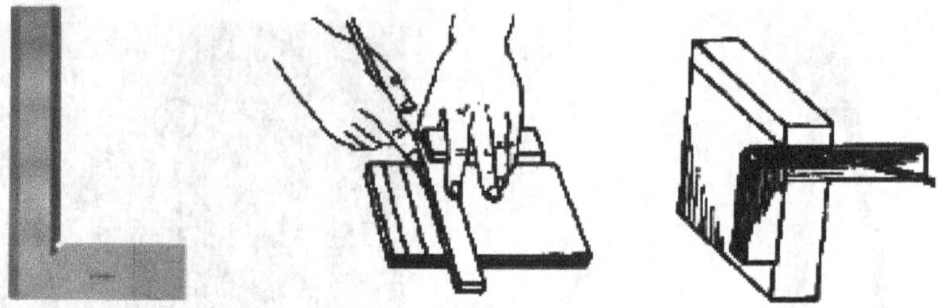

（a）直角尺　　（b）划平行线　　（c）划垂直线

图 2-9　直角尺及其使用

3. 平面划线时基准线的确定

（1）平面划线时的基准形式。基准是工件上用来确定其他点、线、面的位置的参考点、线、面。在平面上划线时，通常只需确定两条相互垂直的基准线，即可确定平面上所有形状的相互关系。根据工件形体的不同，平面上相互垂直的基准线，有如下三种形式。

① 两条互相垂直的中心线；

② 两条互相垂直的平面投影线；

③ 一条中心线和与它垂直的平面投影线中的样板左侧面的投影线、所要测量的工件的假想中心线。

（2）基准线的确定。图样上所用的基准称为设计基准，划线时所用的基准称为划线基准，划线基准应与设计基准一致，划线时必须先确定基准线的位置，再依次划出其他形面的位置线和形状线，这样可以减少不必要的尺寸换算，使划线过程更加方便、准确。

二、锉削工艺知识

1. 锉削概述

锉削是使用锉刀对工件表面进行切削加工，使工件达到所要求的尺寸、形状和表面粗糙度的加工方法。锉削可以对工件进行较高精度的加工，其尺寸精度可达 0.01mm，表面粗糙度可达 0.8μm。

（1）按用途不同，锉刀可分为钳工锉、异形锉和整形锉三种。钳工锉的结构如图 2-10 所示。

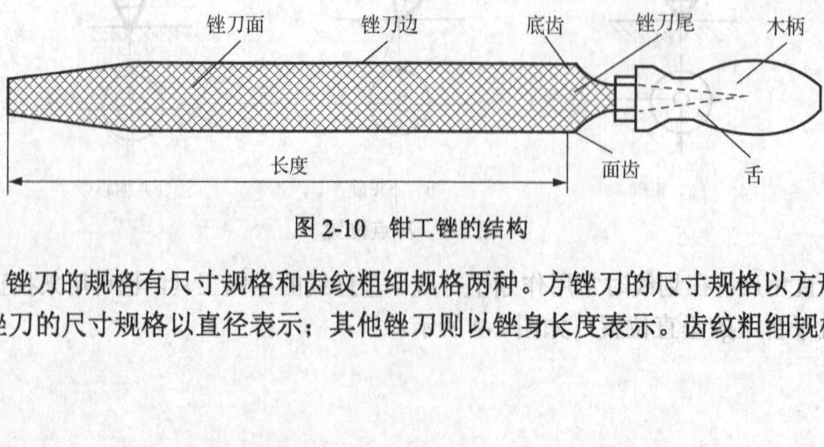

图 2-10　钳工锉的结构

（2）锉刀的规格有尺寸规格和齿纹粗细规格两种。方锉刀的尺寸规格以方形尺寸表示；圆锉刀的尺寸规格以直径表示；其他锉刀则以锉身长度表示。齿纹粗细规格，以锉刀每 10mm 轴向长度内主锉纹的条数表示。主锉纹是指锉刀上起主要切削作用的齿纹，另一个方向上起分屑作用的齿纹，称为辅助齿纹。

2. 锉刀的选择

（1）锉刀类型的选择。钳工一般选用钳工锉；异形锉用来锉削工件上的特殊表面；整形锉主要用来修整工件上的细小部分。

（2）锉刀断面的选择，如图 2-11 所示。

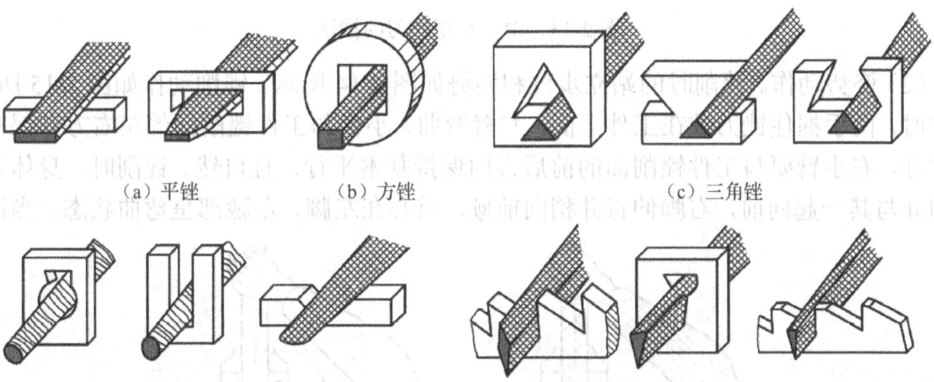

（a）平锉 （b）方锉 （c）三角锉

（d）圆锉 （e）半圆锉 （f）菱形锉 （g）刀口锉

图 2-11 锉刀断面的选择

3. 平面锉削的姿势

锉削姿势正确与否，对锉削质量、锉削力的运用和发挥以及操作者的疲劳程度有决定性影响。

（1）锉刀握法。锉身长度大于 250mm 平锉的握法如图 2-12（a）所示。右手紧握锉刀柄，柄端抵在拇指根部的手掌上，大拇指放在锉刀柄上部，其余手指由下而上地握着锉刀柄；左手的基本握法是将拇指根部的肌肉压在锉刀头上，拇指自然伸直，其余四指弯向手心，用中指、无名指捏住锉刀前端。另外，交叉握法如图 2-12（b）所示。锉削时右手推动锉刀并决定推动方向，左手协同右手使锉刀保持平衡。

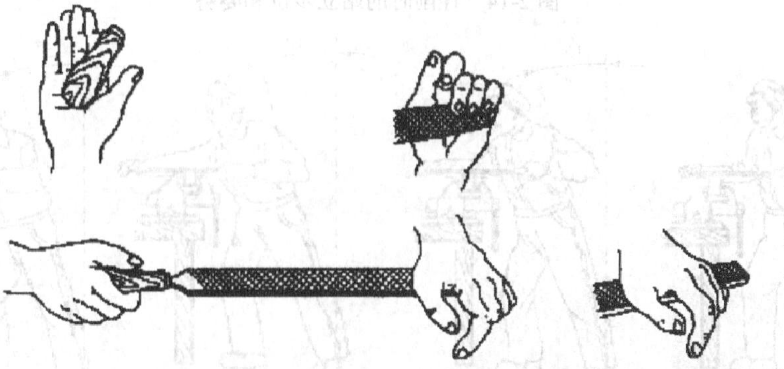

（a）顺向握法 （b）交叉握法

图 2-12 大平锉的握法

中、小型锉刀的握法如图 2-13 所示。

（a）小型锉刀握法　　（b）中型锉刀握法

图 2-13　中、小型锉刀的握法

（2）姿势动作。锉削时的站立步位和姿势如图 2-14 所示，锉削动作如图 2-15 所示。锉削时，两手握住锉刀放在工件上面，左臂弯曲，小臂与工件锉削面的左右方向保持基本平行，右小臂要与工件锉削面的前后方向保持基本平行，且自然。锉削时，身体先于锉刀并与其一起向前，右脚伸直并稍向前倾，重心在左脚，左膝部呈弯曲状态。当锉刀

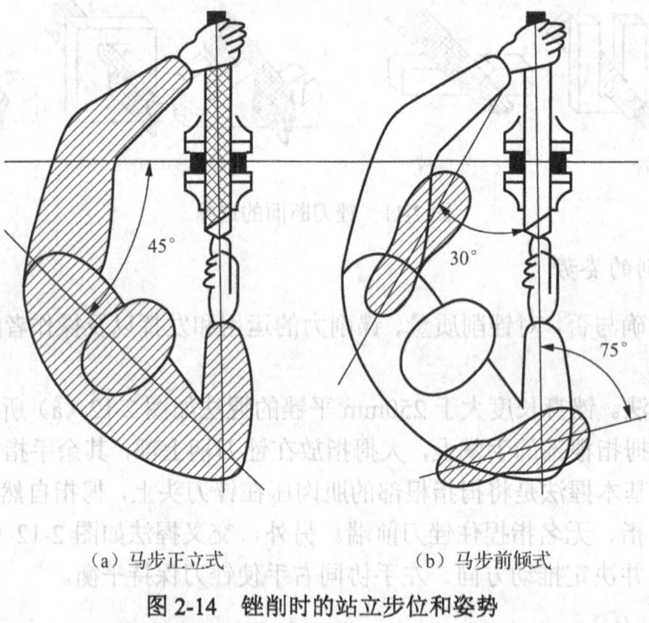

（a）马步正立式　　（b）马步前倾式

图 2-14　锉削时的站立步位和姿势

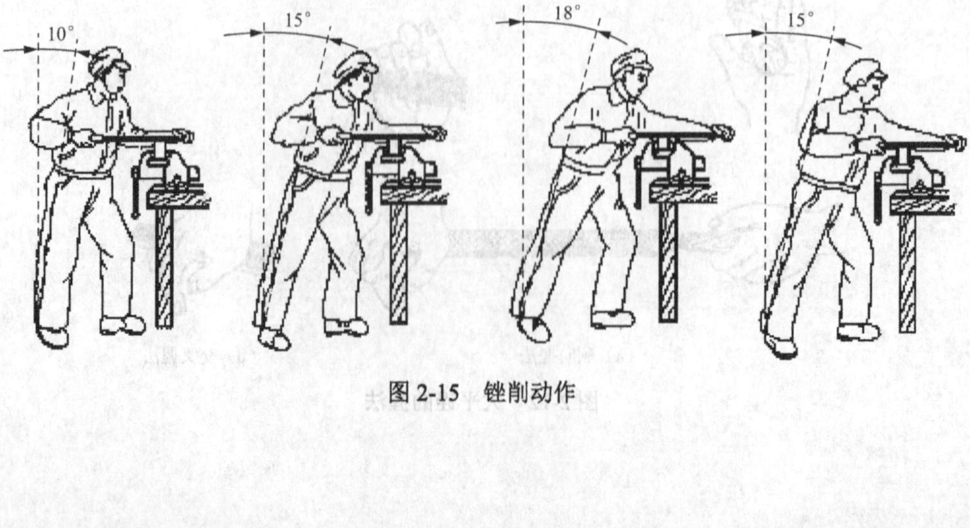

图 2-15　锉削动作

锉至约 3/4 行程时，身体停止前进，两臂则继续将锉刀向前锉到头，同时，左脚自然伸直并随着锉削时的反作用力，将身体重心后移，使身体恢复原位，并顺势将锉刀收回。当锉刀收回将近结束，身体又开始先于锉刀前倾，作第二次锉削的向前运动。

（3）锉削时两手的用力和锉削速度。要锉出平直的平面，必须使锉刀保持直线锉削运动。因此，锉削时右手的压力要随锉刀推动而逐渐增加，左手的压力要随锉刀推动而逐渐减小。回程时不加压力，以减少锉齿的磨损。锉削速度一般应在 40 次/min 左右，推出时稍慢，回程时稍快，动作要自然协调。

4. 锉削方法

锉削方法主要有三种，分别是顺向锉、交叉锉和推锉，如图 2-16 所示。

（1）顺向锉。顺向锉是锉刀顺一个方向锉削的运动方法。它具有锉纹清晰、美观和表面粗糙度较小的特点，适用于小平面和粗锉后的场合，是最基本的一种锉削方法。

（2）交叉锉。交叉锉是从两个以上不同方向交替交叉锉削的方法，锉刀运动方向与工件夹持方向成 30°～40°。它具有锉削平面度好的特点，但表面粗糙度稍差，且锉纹交叉。

（3）推锉。推锉是双手横握锉刀往复锉削的方法。其锉纹特点同顺向锉，适用于狭长平面和修整时余量较小的场合。

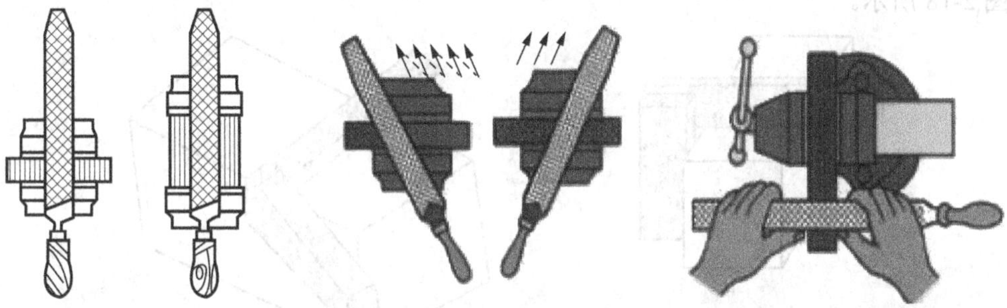

（a）顺向锉　（b）交叉锉　（c）推锉

图 2-16 锉削方法

5. 锉平面的练习要领

锉平面的练习要领具体如下：

（1）掌握正确的姿势和动作。

（2）做到锉削力的正确运用和熟练掌握，确保锉削时锉刀保持直线平衡运动。因此，在锉削时注意力要集中，要用心研究操作技巧。

（3）熟练选用锉削方法，保证加工表面的美观。

6. 检查平面度与垂直度的方法

锉削工件时，由于锉削平面较小，其平面度通常采用刀口形直尺（或钢直尺）通过透光法来检查。检查时，刀口形直尺应垂直放在工件表面［图 2-17（a）］，并在加工面的纵向、横向、对角方向逐一进行检查［图 2-17（b）］，以确定各方向的直线度误差。

如果刀口形直尺与工件平面间透光微弱且均匀，说明该方向是直的；如果透光强弱不一，说明该方向是不直的，存在平面度误差。平面度误差值的确定，可用塞尺检查。对于中凹平面，其平面度误差可取各检查部位中的最大直线度误差值计；对于中凸平面，则应在两边用同样厚度的塞尺检查，其平面度误差可取各检查部位中的最大直线度误差值计［图 2-17（c）］。

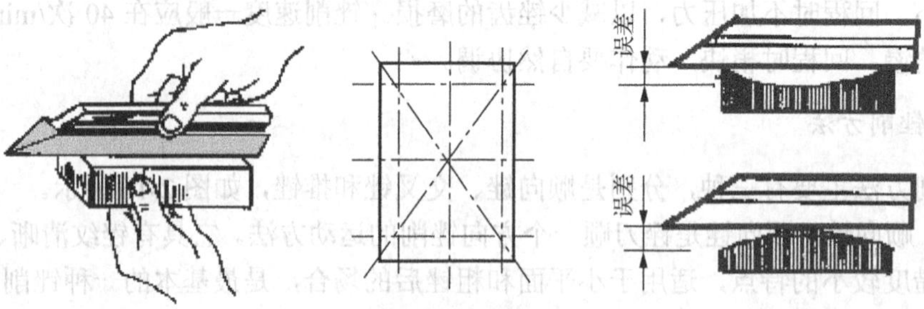

（a）垂直放置　（b）多方向检查　（c）塞尺检查

图 2-17　用刀口形直尺检查平面图

需要注意的是，直角尺主要用于测量 90° 角和垂直度，也可以辅助检查平面度。当使用直角尺测量时，直角尺必须保持垂直或水平，不能歪斜，否则测量结果将不准确，如图 2-18 所示。

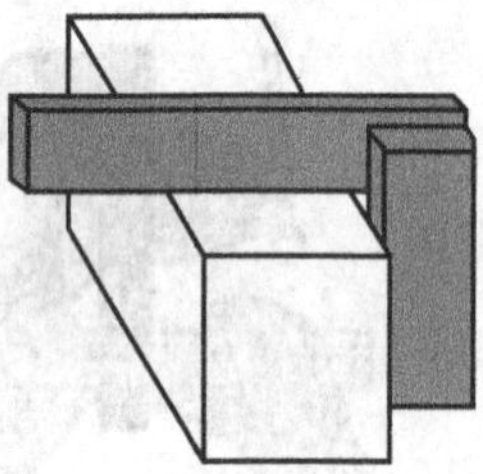

（a）正确

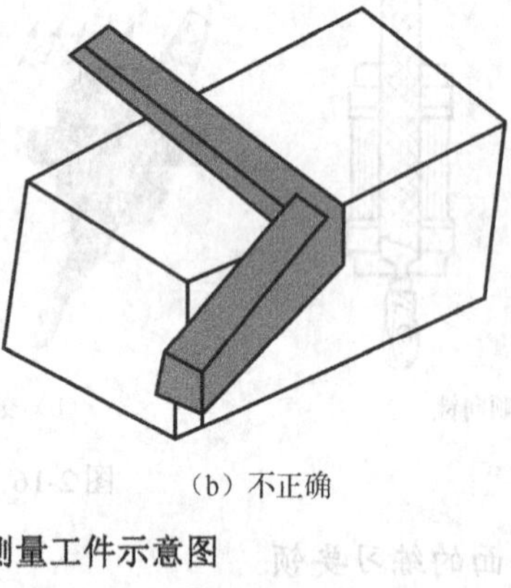

（b）不正确

图 2-18　直角尺测量工件示意图

7. 锉削时的文明生产和安全生产知识

（1）锉刀是右手工具，应放在台虎钳的右侧；放在钳台上时锉刀柄不能露在钳桌外面，以免掉落砸伤脚或损坏锉刀。

（2）没有装柄的锉刀、锉刀柄已裂开或没有锉刀柄箍的锉刀不可使用。

（3）锉削时锉刀柄不能撞击到工件，以免锉刀柄脱落。

（4）清除铁屑时，不允许用嘴吹，防止铁屑飞入眼内。

（5）锉削时，锉削表面不能沾有油污，也不能用手触摸，防止锉刀打滑，造成安全事故。

（6）锉刀不可作撬棒或手锤使用。

任务实施

一、工作准备

1. 材料准备

制作四方块的材料清单见表2-1。

表2-1　制作四方块的材料清单

序号	材料名称	规格	数量	备注
1	Q235	62mm×62mm×8mm	1件	1件/人

2. 设备准备

制作四方块的设备清单见表2-2。

表2-2　制作四方块的设备清单

序号	名称	规格	数量	序号	名称	规格	数量
1	划线（测量）平板	500mm×400mm	8人共用一块平板	3	台虎钳	200mm	1个/人
2	方箱（靠铁）	100mm×100mm	与平板配套	4	钳台	800mm	1工位/人

3. 工具、量具、刃具准备

制作四方块的工具、量具、刃具清单见表2-3。

表2-3　制作四方块的工具、量具、刃具清单

序号	名称	规格	精度	数量	序号	名称	规格	精度	数量
1	高度游标卡尺	0～200mm	0.02mm	1	9	锯条	齿距		2
2	游标卡尺	0～150mm	0.02mm	1	10	划针			1
3	直角尺	100mm×63mm	一级	1	11	钢直尺	200mm		1
4	刀口形直尺	100mm	一级	1	12	样冲			1
5	扁锉	300mm	一号纹	1	13	手锤	0.5kg		1
6	扁锉	250mm	三号纹	1	14	软钳口			1副
7	扁锉	100mm	五号纹	1	15	锉刀刷			1
8	锯弓	300mm		1	16	油漆刷	1～2in		1

二、工作步骤

制作四方块的操作步骤见表2-4。

表 2-4 制作四方块的操作步骤

序号	步骤	图示	操作内容及注意事项
1	检查毛坯	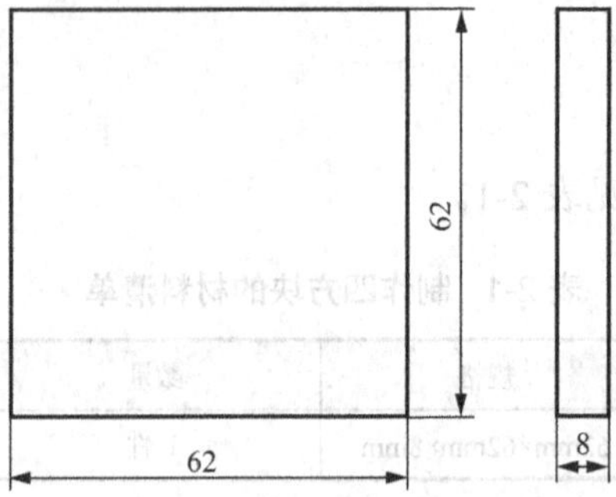	1）按图示检查毛坯 2）清理毛坯 3）检查毛坯尺寸
2	加工第一基准面	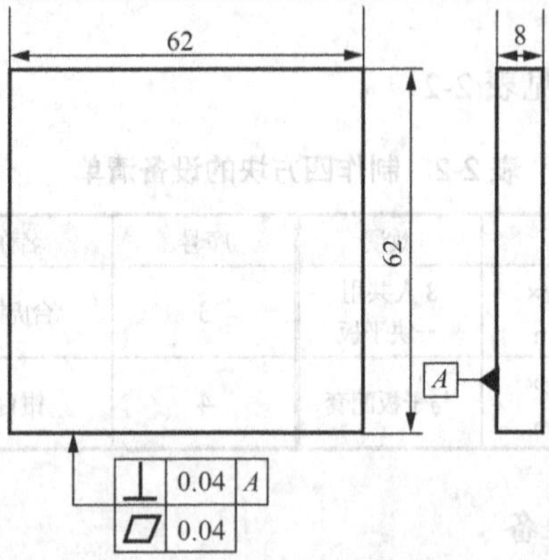	1）在平口虎钳上找正并夹紧毛坯 2）用精铣刀以小切削量加工第一基准面，保证平面度≤0.04mm，同时建立垂直基准 3）清理并测量加工面，确认平面度符合要求
3	加工相邻基准面	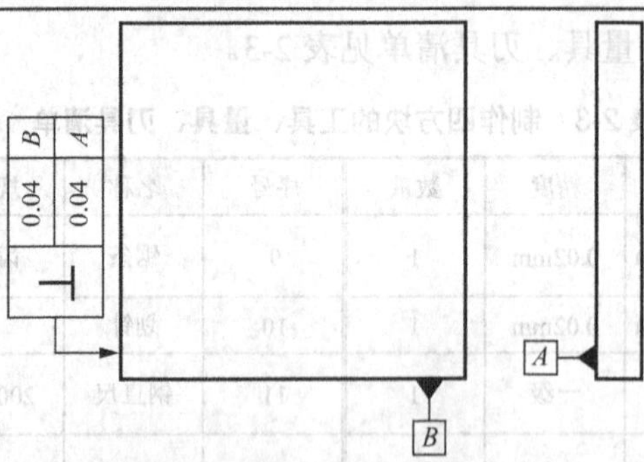	1）保证与第一基准面和大平面的垂直度要求 2）保证加工面的直线度与平面度要求
4	划出加工线	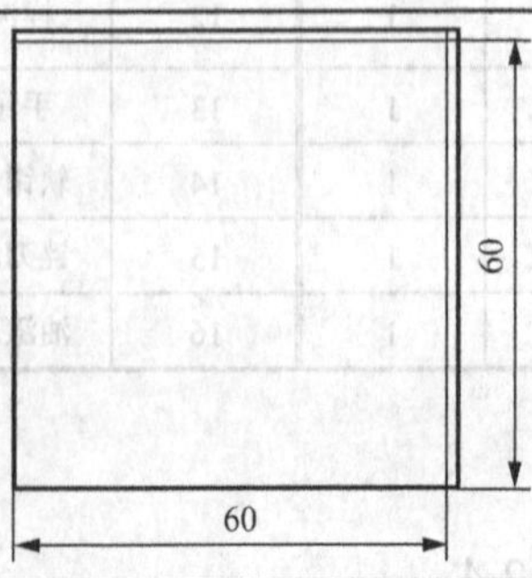	以两基准面为基准划出加工线

续表

序号	步骤	图示	操作内容及注意事项
5	锉削	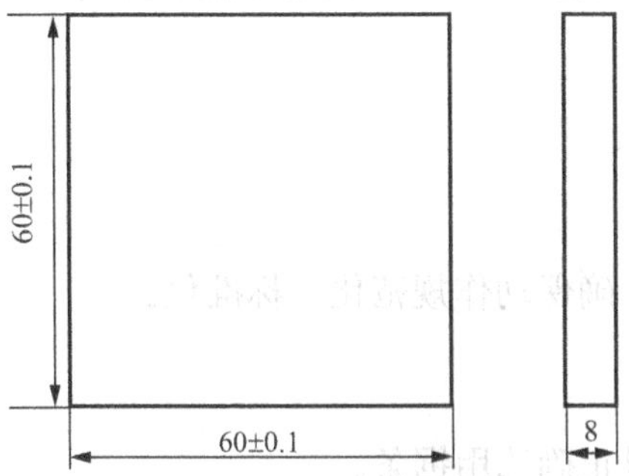	1）粗加工至加工线 2）精加工至图样尺寸
6	修整		倒棱，去毛刺
7	交检		根据评分标准进行检查评分

任务评价

制作四方块评分表见表 2-5。

表 2-5　制作四方块评分表

考核项目	考核内容	考核要求	配分	评分标准	得分
主要项目	尺寸精度	60 ± 0.1（两处）	25	每超差 0.01 扣 3 分，超差 0.03 不得分	
	垂直度	⊥ 0.04 *A*	10	每超差 0.01 扣 0.5 分，超差 0.05 不得分	
		⊥ 0.04 *B*	10	每超差 0.01 扣 0.2 分，超差 0.15 不得分	
一般项目	平行度	0.04	10	每超差 0.01 扣 0.5 分	
	表面粗糙度	*Ra*6.3	15	超差不得分	
	平面度	0.04	5	每超差 0.01 扣 0.2 分	
其他项目	安全	安全文明 生产	5	不符合要求，从总分中扣 1～10 分，发生较大事故者不得分	
	工具设备使用	正确、规范使用工具、量具、刃具及设备，并做到合理保养	5	不符合要求，从总分中扣 1～5 分	
	其他	操作姿势	5	不符合要求，从总分中扣 1～5 分	
		工艺正确	5	不符合要求，从总分中扣 1～5 分	
工时定额	6h		5	超 1h 以上不得分	

任务二　直角块的制作

任务目标

1. 知识目标

掌握锯削的操作要领，确保动作规范化、标准化。

2. 能力目标

（1）能够根据不同材料正确选用锯条。

（2）熟练掌握锯削的姿势和方法。

（3）能够按照图样要求加工零件，满足加工精度和质量要求。

3. 思政目标

（1）培养耐心与毅力，注重精度与细致的执业素养。

（2）提升问题解决能力，增强团队协作精神，激发创造性解决问题的思维方式。

任务描述

根据图 2-19 所示的直角块零件图样的要求，完成零件制作。

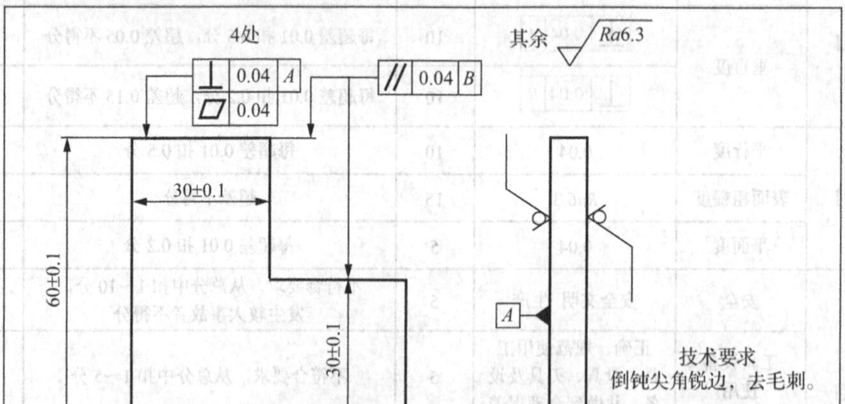

图 2-19　直角块零件图样

任务分析

直角块的制作涉及钳工基本加工方法（划线、锯削、锉削等），同时涵盖钳工常用工具与量具的使用与保养方法，以及工件的检测方法。

相关知识

一、锯削工具

1. 锯削概述

用手锯对材料或工件进行分割或开槽的操作称为锯削。锯削加工是一种粗加工，一般平面度可控制在 0.2mm 范围内。锯削具有操作方便、简单、灵活的特点，适合对较小材料或工件进行单件小批量加工。

2. 锯弓

锯弓又称锯架，其作用是张紧锯条，有固定式和可调式两种，如图 2-20 所示。

（a）固定式　　（b）可调式

图 2-20　锯弓

3. 锯条

锯条一般用碳素工具钢 T10、T10A 或高速钢制成，并经热处理淬硬。

（1）锯条的规格。锯条的规格以两端安装孔的中心距来表示，如图 2-21 所示。钳工常用的锯条规格是 300mm。

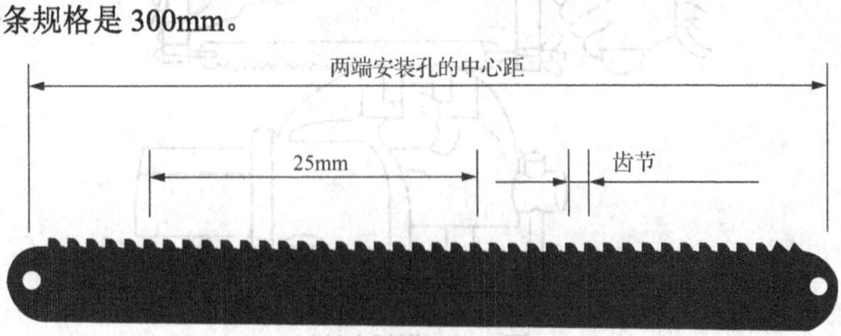

图 2-21　锯条

（2）锯齿的粗细及其选择。锯齿粗细通常以锯条每 25mm 长度内的齿数来表示，常见齿数有 14、18、24、32 等。齿数越多，表示锯齿越细。

① 粗齿锯条适合用于锯切软材料以及较大表面、较厚的材料。

② 细齿锯条适合用于锯切硬材料、管子及薄材料。

二、锯削加工

1. 锯条安装

（1）安装时要使齿尖的方向朝前。手锯在前推时起切削作用，因此安装时，要使齿尖的方向朝前，如图 2-22 所示。

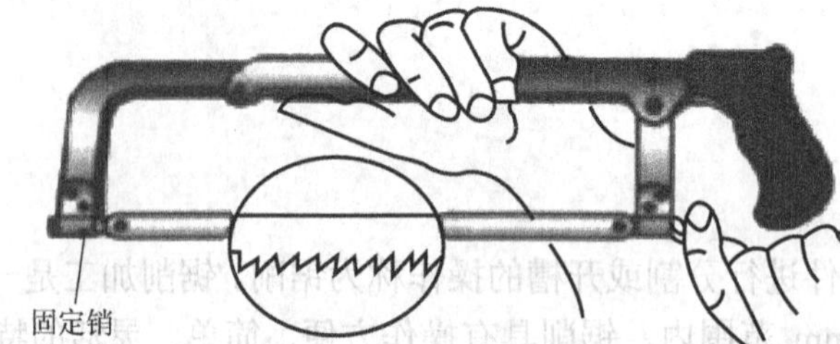

图 2-22 锯条安装

（2）锯条的松紧度应适中。安装时，先用扳手拧紧翼形螺母，再用手扳动锯条，感觉适度紧绷即可。锯条过松或过紧都容易导致锯条折断。

（3）检查锯条与锯弓是否在同一中心平面内。锯条安装后，还应检查铝条与锯弓是否在同一中心平面内，如果出现歪斜或扭曲，应及时调正，否则锯缝容易歪斜，影响锯削的质量。

2. 握锯方法

右手握住锯柄，左手轻扶在锯弓前端，如图 2-23 所示。锯削时的压力和推力主要由右手控制，左手主要是协助右手扶正锯弓。

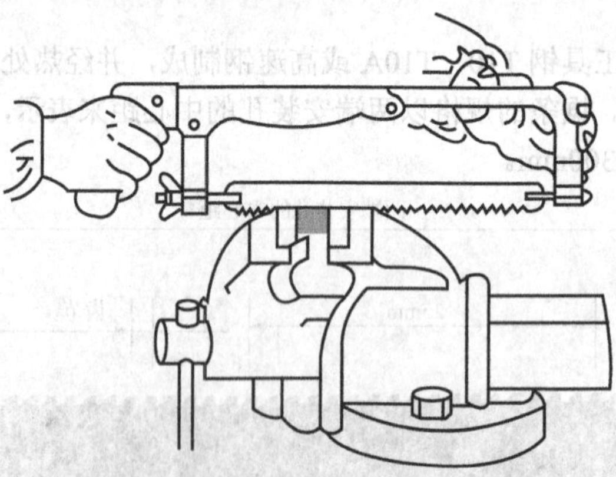

图 2-23 握锯方法

3. 锯削姿势

（1）锯削站姿。锯削时的站立姿势与锉削基本相似，如图 2-24 所示。推锯时，重心从右脚转移至左脚，借助身体的力量进行锯削。这样既能提高锯削的工作效率，又能减轻操作者的疲劳。

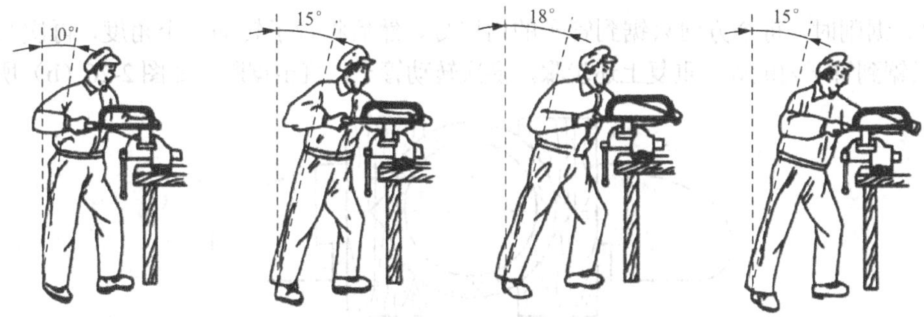

图 2-24 锯削站姿

（2）锯削速度。锯削速度以 20～40 次/min 为宜。速度过快，易使锯条发热，加快锯条的磨损。速度过慢，直接影响锯削的效率。一般锯软材料时，可以锯快些；锯硬材料时，应慢些。如果锯条发热，可使用切削液进行冷却。

（3）锯条的行程。锯削时，为了避免局部磨损，应尽量使锯条在全长范围内使用，以延长锯条的使用寿命。一般应使锯条的行程不小于锯条长度的 2/3。

4. 起锯方法

锯削工作从起锯开始，起锯质量直接影响锯削的效果。起锯有远起锯和近起锯两种方法，如图 2-25（a）、（b）所示。一般采用远起锯方法。

无论哪种起锯方法，起锯角度应不大于 5°。为确保起锯平稳且位置准确，可用左手大拇指挡住锯条来导向，如图 2-25（c）所示。起锯时，要求压力小、行程短。

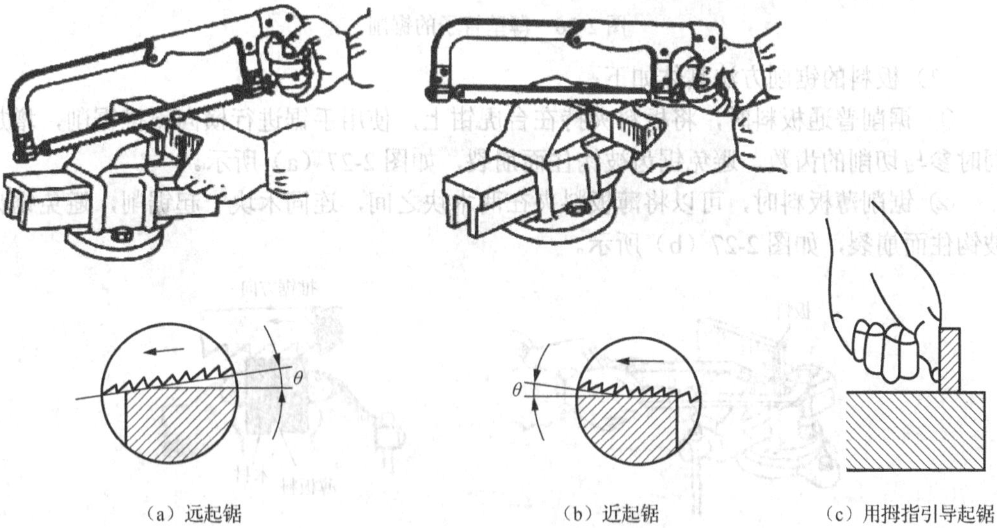

（a）远起锯　（b）近起锯　（c）用拇指引导起锯

图 2-25 起锯方法

5. 锯削方法

（1）薄壁管子的锯削方法具体如下：

① 使用两块木制 V 形或弧形槽垫块夹持薄壁管子，防止夹扁管子或损坏表面，如图 2-26（a）所示。

② 锯削时，每个方向只锯到管子的内壁处，然后将管子转动一个角度，再次起锯，且仍只锯到管子内壁处。重复上述步骤，多次转动管子，直至锯断，如图 2-26（b）所示。

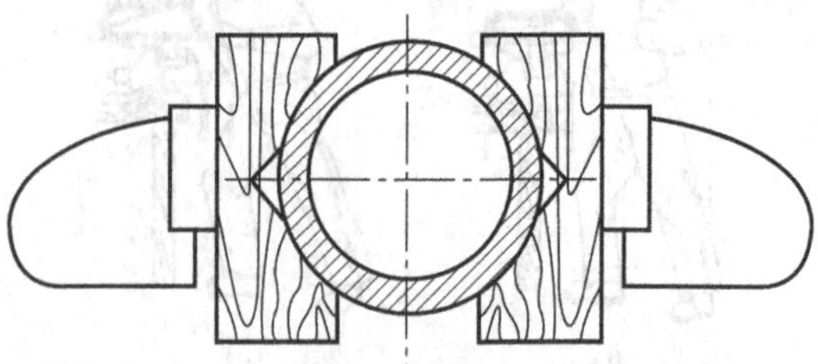

（a）管子的夹持

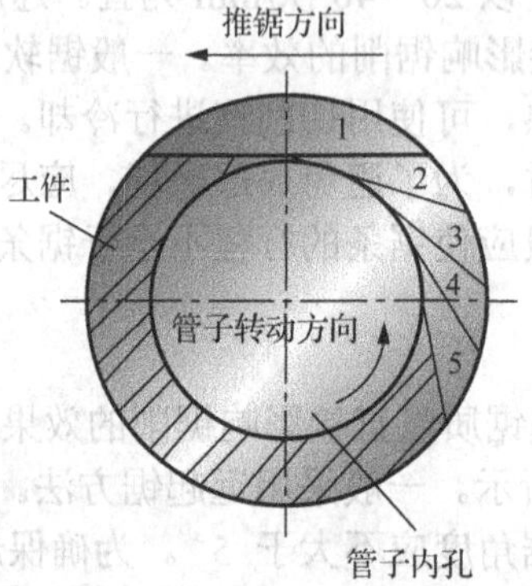

（b）管子的锯削顺序

图 2-26　薄壁管子的锯削

（2）板料的锯削方法具体如下：

① 锯削普通板料时，将板料夹持在台虎钳上，使用手锯进行横向斜推锯削，增加同时参与切削的齿数，避免锯齿被钩住而崩裂，如图 2-27（a）所示。

② 锯削薄板料时，可以将薄板料夹在两木块之间，连同木块一起锯削，避免锯齿被钩住而崩裂，如图 2-27（b）所示。

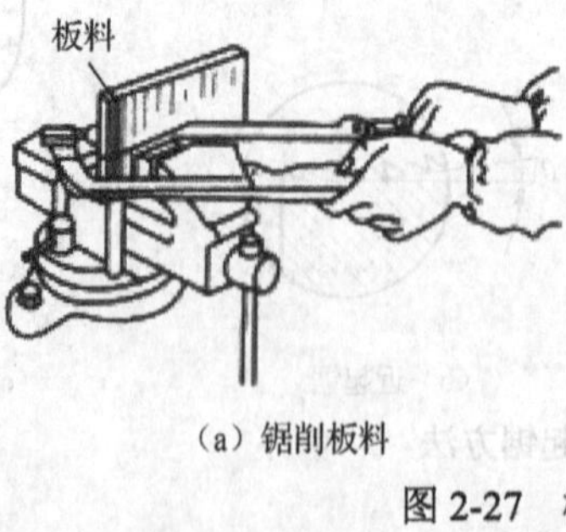

（a）锯削板料

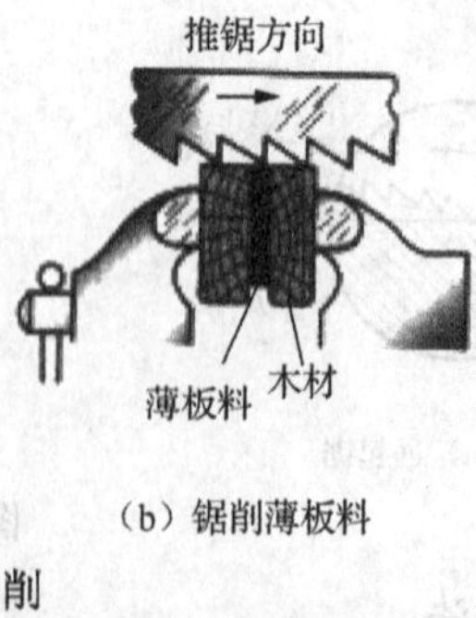

（b）锯削薄板料

图 2-27　板料的锯削

（3）深缝的锯削方法：当锯缝的深度超过锯弓高度时，为防止锯弓与工件相撞，可在锯弓快要碰到工件时，将锯条拆出，转动 90° 后重新安装，或将锯条的锯齿朝向锯弓背，继续进行锯削，如图 2-28 所示。

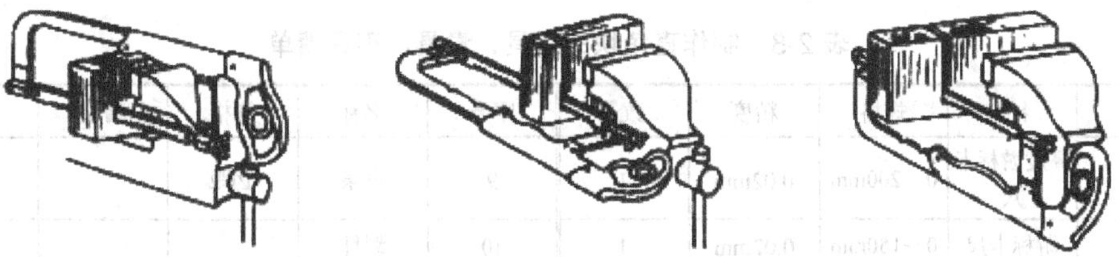

（a）垂直锯　　（b）水平锯　　（c）倒立锯

图 2-28　锯削深缝

6. 锯削的安全文明生产

（1）安装锯条时，松紧适中，避免过松或过紧，以免锯条折断伤人。

（2）工件一般应夹持在台虎钳中间，便于操作。

（3）工件夹持在台虎钳上时，应使工件的锯削线尽量靠近钳口，且伸出端尽量短，减少振动。

（4）锯削时工件应夹紧，避免松动，防止锯缝歪斜和锯条折断。

（5）锯削过程中，压力适当，推锯平稳，避免锯条摆动。

（6）工件将锯断时，推锯压力小，及时扶持锯断部分，避免落下砸脚。

（7）锯削完成后，应将锯弓上的翼形螺母旋松，放松锯条，防止锯弓变形。

任务实施

一、工作准备

1. 材料准备

制作直角块的材料清单见表 2-6。

表 2-6　制作直角块的材料清单

序号	材料名称	规格	数量	备注
1	Q235	62mm×62mm×8mm	1 件	1 件/人

2. 设备准备

制作直角块的设备清单见表 2-7。

表 2-7　制作直角块的设备清单

序号	名称	规格	数量	序号	名称	规格	数量
1	划线（测量）平板	500mm×400mm	8 人共用一块平板	3	台虎钳	200mm	1 个/人
2	方箱（靠铁）	100mm×100mm	与平板配套	4	钳台	800mm	1 工位/人

3. 工具、量具、刃具准备

制作直角块的工具、量具、刃具清单见表 2-8。

表 2-8 制作直角块的工具、量具、刃具清单

序号	名称	规格	精度	数量	序号	名称	规格	精度	数量
1	高度游标卡尺	0～200mm	0.02mm	1	9	锯条	齿距		2
2	游标卡尺	0～150mm	0.02mm	1	10	划针			1
3	直角尺	100mm×63mm	一级	1	11	钢直尺	200mm		1
4	刀口形直尺	100mm	一级	1	12	样冲			1
5	扁锉	300mm	一号纹	1	13	手锤	0.5kg		1
6	扁锉	250mm	三号纹	1	14	软钳口			1副
7	扁锉	100mm	五号纹	1	15	锉刀刷			1
8	锯弓	300mm		1	16	油漆刷	1～2in		1

二、工作步骤

制作直角块的操作步骤见表 2-9。

表 2-9 制作直角块的操作步骤

序号	步骤	图示	操作内容及注意事项
1	检查毛坯	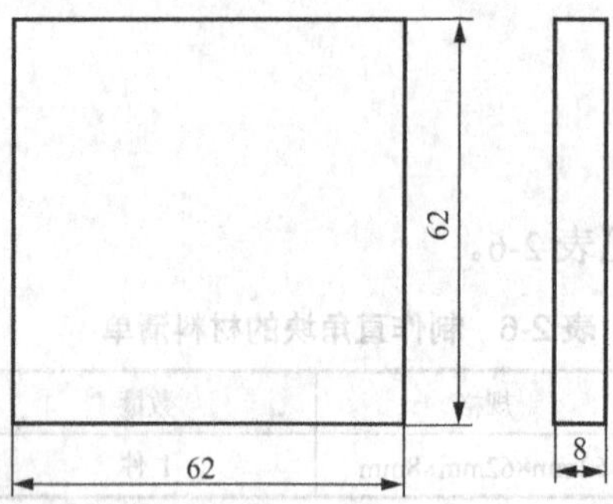 	1）按图示检查毛坯 2）清理毛坯 3）检查毛坯尺寸
2	加工第一基准面	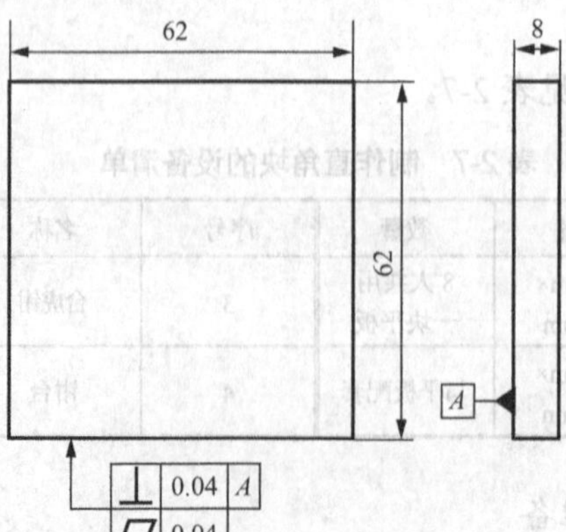 	1）在平口虎钳上找正并夹紧毛坯 2）用精铣刀以小切削量加工第一基准面，保证平面度≤0.04mm，同时建立垂直基准 3）清理并测量加工面，确认平面度符合要求

续表

序号	步骤	图示	操作内容及注意事项
3	加工相邻基准面	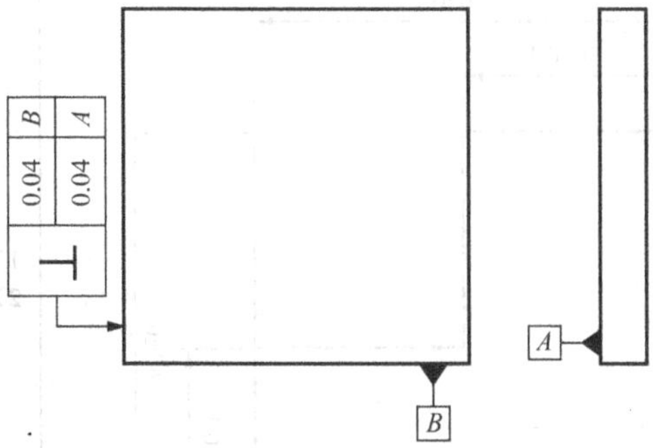	1）保证与第一基准面和大平面的垂直度要求 2）保证加工面的直线度与平面度要求
4	划出加工线	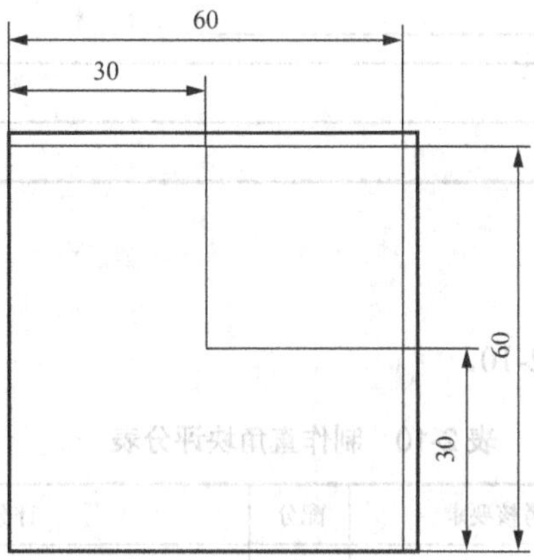	分别以两基准面为基准划出加工线 60mm、30mm
5	锯削	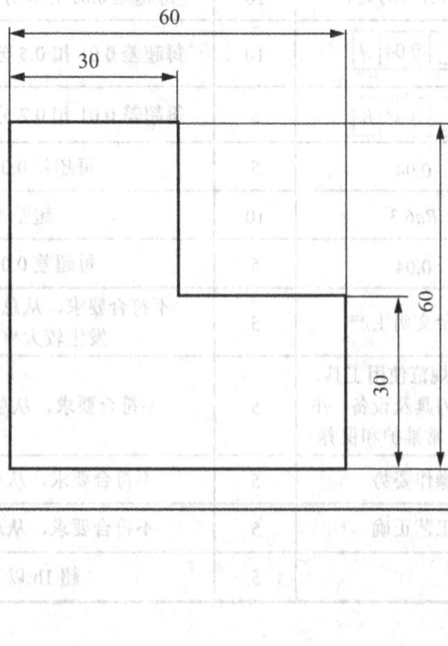	削去除多余材料，并为锉削留 0.2mm 以上的余量

续表

序号	步骤	图示	操作内容及注意事项
6	锉削	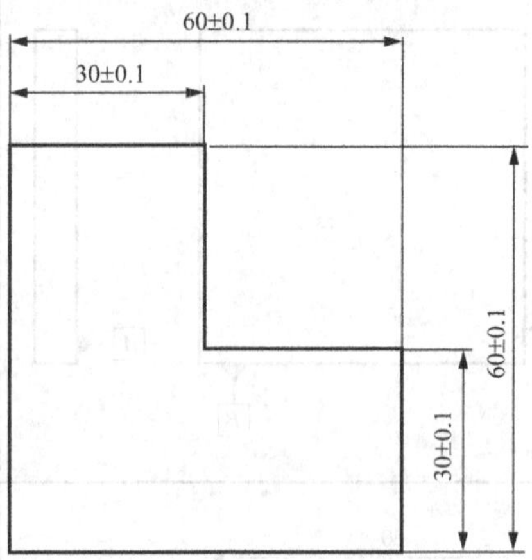	1）粗加工至加工线 2）精加工至图样尺寸
7	修整		倒棱，去毛刺
8	交检		根据评分标准进行检查评分

任务评价

制作直角块评分表见表2-10。

表2-10 制作直角块评分表

考核项目	考核内容	考核要求	配分	评分标准	得分
主要项目	尺寸精度	60±0.1（两处）	20	每超差0.01扣3分，超差0.03不得分	
		30±0.1（两处）	20	每超差0.01扣3分，超差0.03不得分	
	垂直度	⊥ 0.04 *A*	10	每超差0.01扣0.5分，超差0.05不得分	
		⊥ 0.04 *B*	5	每超差0.01扣0.2分，超差0.15不得分	
一般项目	平行度	0.04	5	每超差0.01扣0.5分	
	表面粗糙度	*Ra*6.3	10	超差不得分	
	平面度	0.04	5	每超差0.01扣0.2分	
其他项目	安全	安全文明生产	5	不符合要求，从总分中扣1～50分，发生较大事故者不得分	
	工具设备使用	正确、规范使用工具、量具、刃具及设备，并做好日常维护和保养	5	不符合要求，从总分中扣1～10分	
	其他	操作姿势	5	不符合要求，从总分中扣1～5分	
		工艺正确	5	不符合要求，从总分中扣1～5分	
工时定额	6h		5	超1h以上不得分	

任务三　桃心件的制作

任务目标

1. 知识目标

掌握曲面锉削的操作要领。

2. 能力目标

（1）熟练掌握曲面锉削的姿势和方法。

（2）能够按图样要求正确加工零件，满足加工精度和质量要求。

3. 思政目标

（1）培养耐心与毅力，注重精度与细致，提升问题解决能力。

（2）增强团队协作精神，强化安全意识，激发创新思维等。

任务描述

根据图 2-29 所示的桃心件零件图样的要求，完成零件制作。

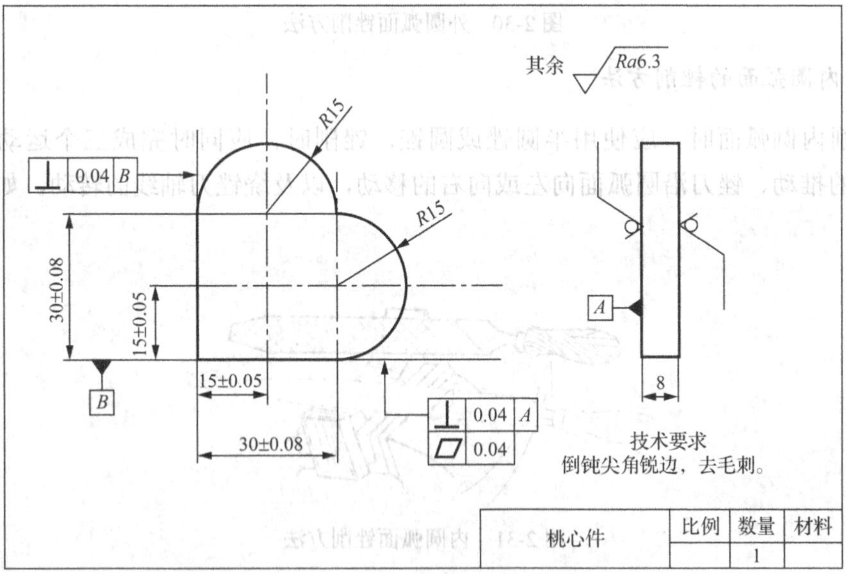

图 2-29　桃心件零件图样

任务分析

桃心件的制作涉及钳工基本加工方法（划线、锯削、锉削等），涵盖常用工具与量具的使用及保养，以及工件检测方法。制作难点在于曲面的加工。

相关知识

一、曲面锉削

1. 外圆弧面的锉削方法

（1）横向锉法。锉刀主要沿圆弧轴线方向推动，同时不断地沿圆弧面摆动，如图 2-30（a）所示。横向锉法的锉削效率高，但锉削后的圆弧面不够圆滑，一般适用于圆弧面的粗加工。

（2）顺向滚锉法。锉削时，右手在推锉时下压，左手自然上抬，如图 2-30（b）所示。顺向滚锉法锉削后的圆弧面光洁圆滑，适用于圆弧面的精加工。

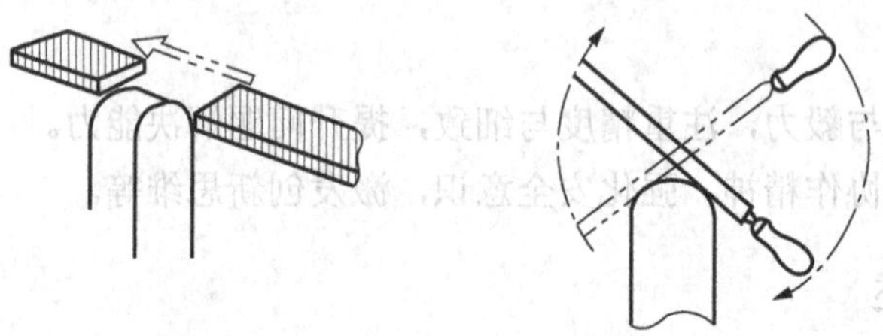

（a）横向锉法　　（b）顺向滚锉法

图 2-30　外圆弧面锉削方法

2. 内圆弧面的锉削方法

锉削内圆弧面时，应使用半圆锉或圆锉。锉削时，应同时完成三个运动，即锉刀向前的推动、锉刀沿圆弧面向左或向右的移动，以及绕锉刀轴线的转动，如图 2-31 所示。

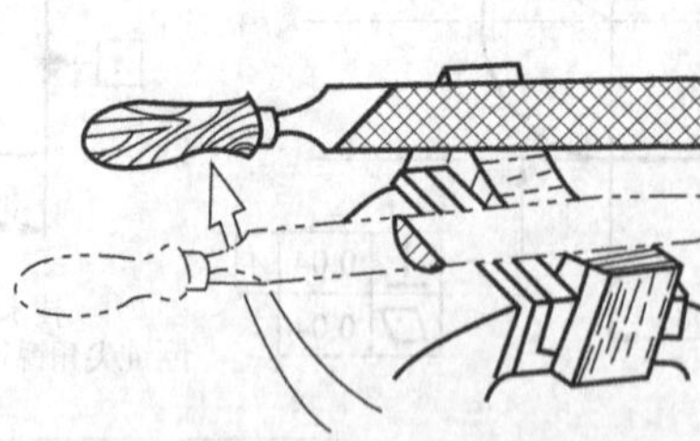

图 2-31　内圆弧面锉削方法

3. 球面的锉削方法

锉刀在完成外圆弧锉削的复合运动的同时，还应绕球心作周向摆动。这种复合运动可以确保锉刀均匀地接触球面，从而锉出光滑的球面，如图 2-32 所示。

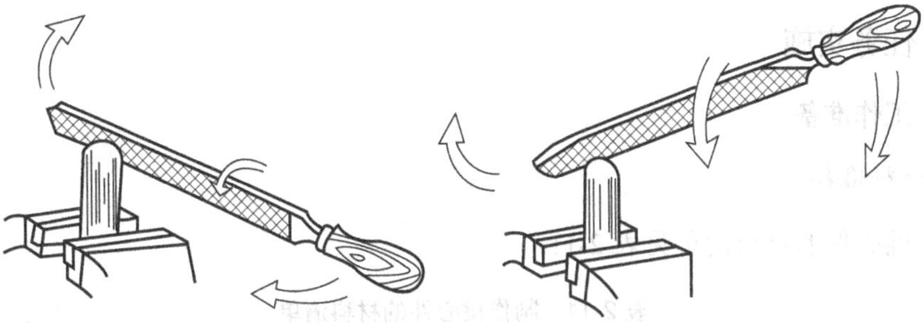

图 2-32　球面锉削方法

二、锉削曲面的检查方法

使用半径规［图 2-33（a)］或自制样板［图 2-33（b)］检查曲面的轮廓精度。使用直角尺检查曲面与相邻面的垂直度，如图 2-33（c）所示。

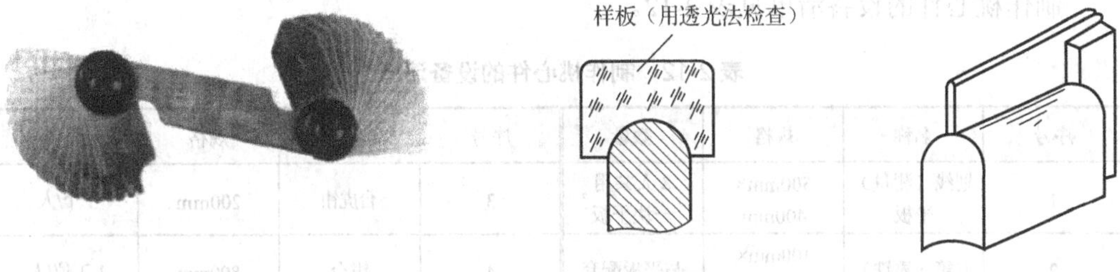

（a）半径视　（b）用样板检查曲面　（c）检查曲面垂直度

图 2-33　曲面的检查方法

三、锉削顺序

1. 选择锉削的基准面

（1）当工件上有多个表面需要锉削时，一般应选择较大的或精度要求较高的表面作为基准面。因为较大的表面易于锉削平整，便于工件的测量，且便于后道工序放置平稳。

（2）当工件需要锉削内外表面时，应选择外表面作为基准面，因为外表面便于加工和测量。

2. 其他面的锉削顺序

基准面锉削后，一般应先锉削平行面，再锉削垂直面，最后锉削斜面和曲面。

3. 平面与曲面连接时的锉削顺序

工件上存在平面与曲面的连接，粗锉时，应先锉削平面，后锉削曲面；精锉时，平面、曲面应配合进行锉削。

任务实施

一、工作准备

1. 材料准备

制作桃心件的材料清单见表2-11。

表2-11 制作桃心件的材料清单

序号	材料名称	规格	数量	备注
1	Q235	62mm×62mm×8mm	1件	1件/人

2. 设备准备

制作桃心件的设备清单见表2-12。

表2-12 制作桃心件的设备清单

序号	名称	规格	数量	序号	名称	规格	数量
1	划线（测量）平板	500mm×400mm	8人共用一块平板	3	台虎钳	200mm	1个/人
2	方箱（靠铁）	100mm×100mm	与平板配套	4	钳台	800mm	1工位/人

3. 工具、量具、刃具准备

制作桃心件的工具、量具、刃具清单见表2-13。

表2-13 制作桃心件的工具、量具、刃具清单

序号	名称	规格	精度	数量	序号	名称	规格	精度	数量
1	高度游标卡尺	0～200mm	0.02mm	1	9	锯条	齿距		2
2	游标卡尺	0～150mm	0.02mm	1	10	划针			1
3	直角尺	100mm×63mm	一级	1	11	钢直尺	200mm		1
4	刀口形直尺	100mm	一级	1	12	样冲			1
5	扁锉	300mm	一号纹	1	13	手锤	0.5kg		1
6	扁锉	250mm	三号纹	1	14	软钳口			1副
7	扁锉	100mm	五号纹	1	15	锉刀刷			1
8	锯弓	300mm		1	16	油漆刷	1～2in		1

二、工作步骤

制作桃心件的操作步骤见表 2-14。

表 2-14　制作桃心件的操作步骤

序号	步骤	图示	操作内容及注意事项
1	检查毛坯	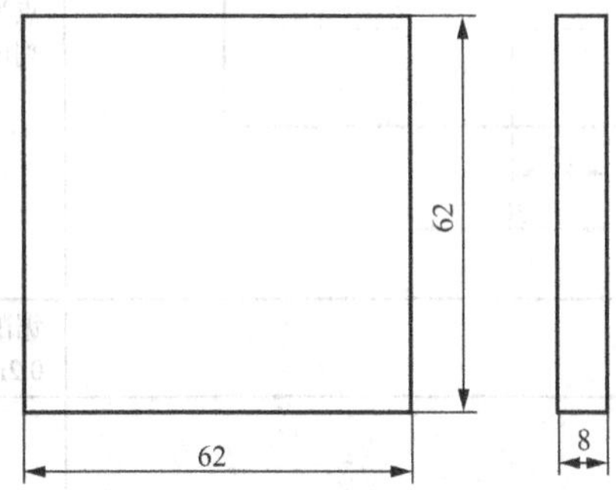	1）按图示检查毛坯 2）清理毛坯 3）检查毛坯尺寸
2	加工第一基准面	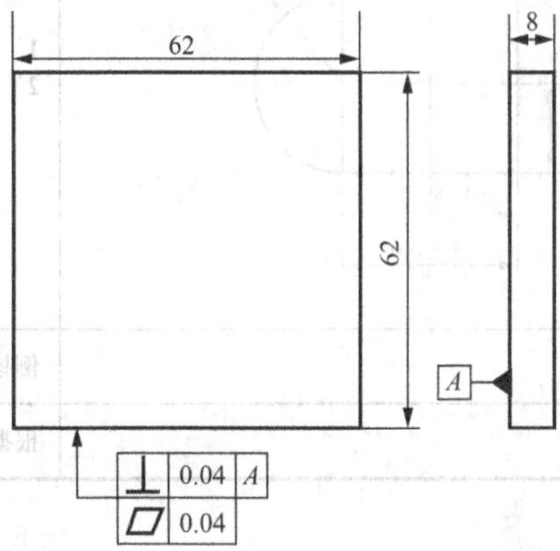	1）在平口虎钳上找正并夹紧毛坯 2）用精铣刀以小切削量加工第一基准面，保证平面度≤0.04mm，同时建立垂直基准 3）清理并测量加工面，确认平面度符合要求
3	加工相邻基准面	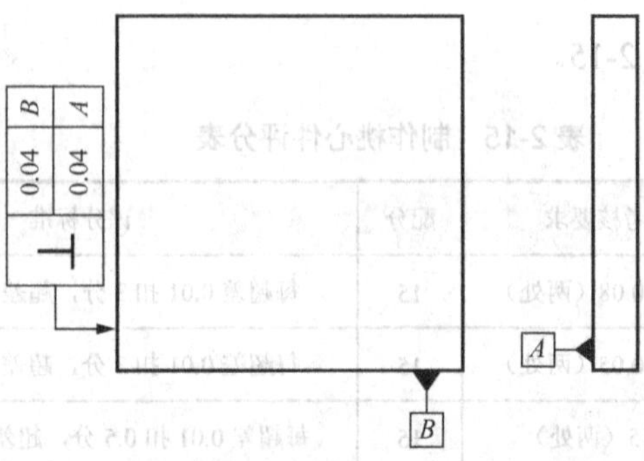	1）保证与第一基准面和大平面的垂直度要求 2）保证加工面的直线度与平面度要求

续表

序号	步骤	图示	操作内容及注意事项
4	划出加工线	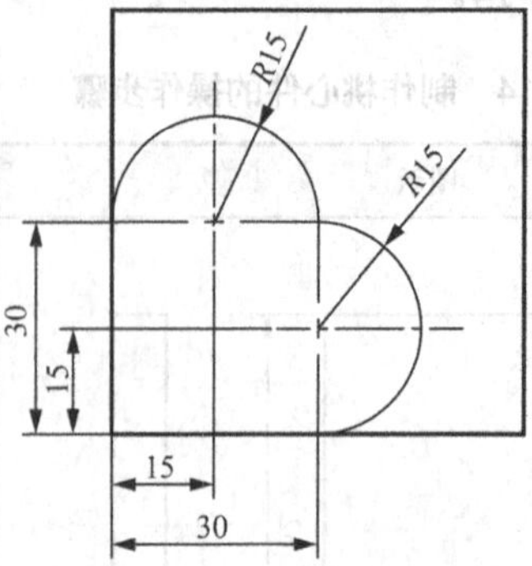	分别以两基准面为基准划出加工线 30mm、15mm，以两线交点为中心，打上样冲眼，用划规划出 *R*15mm 圆弧
5	锯削		锯削去除多余材料，并为锉削留 0.2mm 以上的余量
6	锉削	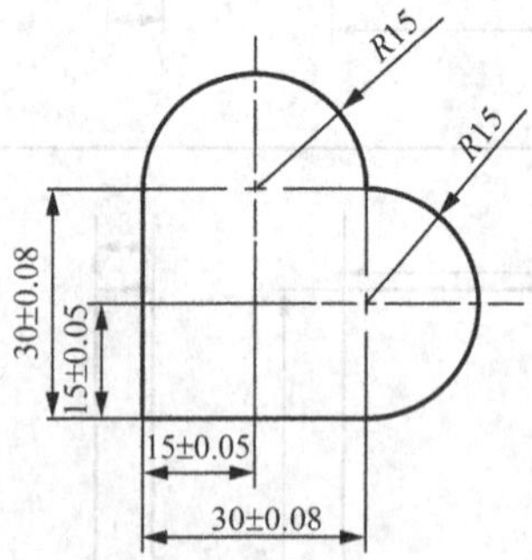	1）粗加工至加工线 2）精加工至图样尺寸
7	修整		倒棱，去毛刺
8	交检		根据评分标准进行检查评分

任务评价

制作桃心件评分表见表 2-15。

表 2-15　制作桃心件评分表

考核项目	考核内容	考核要求	配分	评分标准	得分
主要项目	尺寸精度	30 ± 0.08（两处）	15	每超差 0.01 扣 3 分，超差 0.03 不得分	
		15 ± 0.05（两处）	15	每超差 0.01 扣 3 分，超差 0.03 不得分	
	圆弧	*R*15（两处）	15	每超差 0.01 扣 0.5 分，超差 0.05 不得分	

续表

考核项目	考核内容	考核要求	配分	评分标准	得分
一般项目	垂直度	⊥ 0.04 *A*	10	每超差 0.1 扣 1 分	
		⊥ 0.04 *B*	10	每超差 0.1 扣 1 分	
	表面粗糙度	*Ra*6.3	5	超差不得分	
	平面度	0.04	5	每超差 0.1 扣 1 分	
其他项目	安全	安全文明生产	5	不符合要求，从总分中扣 1～50 分，发生较大事故者不得分	
	工具设备使用	正确、规范使用工具、量具、刃具及设备，并做好日常维护和保养	5	不符合要求，从总分中扣 1～10 分	
	其他	操作姿势	5	不符合要求，从总分中扣 1～5 分	
		工艺正确	5	不符合要求，从总分中扣 1～5 分	
工时定额	6h		5	超 1h 以上不得分	

项目三　配合件制作

本项目为配合件制作，通过三个递进任务（明配、暗配、嵌配），系统训练钳工核心技能，包括錾削、锉配、钻孔及综合加工能力。学生须按图样要求完成凸凹配合件制作，掌握基准面加工、排孔錾削等关键技术，并且能够达到精度要求。要求学生熟练使用游标卡尺、钻床等工具设备。设置的任务从简单到复杂，逐步强化工艺规范、问题解决及团队协作能力，培养细致严谨的职业素养和安全意识，最终实现零件互换性与装配精度要求。

任务一　凸凹件明配

任务目标

1. 知识目标

了解錾子的结构、錾削适应的场合。

2. 能力目标

熟练掌握錾削的姿势和方法，能正确使用錾削工具进行加工。

3. 思政目标

（1）培养耐心与毅力、精度与细致的职业素养。

（2）提升问题解决能力，增强团队协作精神，激发创造性解决问题的思维方式。

任务描述

根据图 3-1 所示的凸凹件明配图样的要求，完成零件制作。

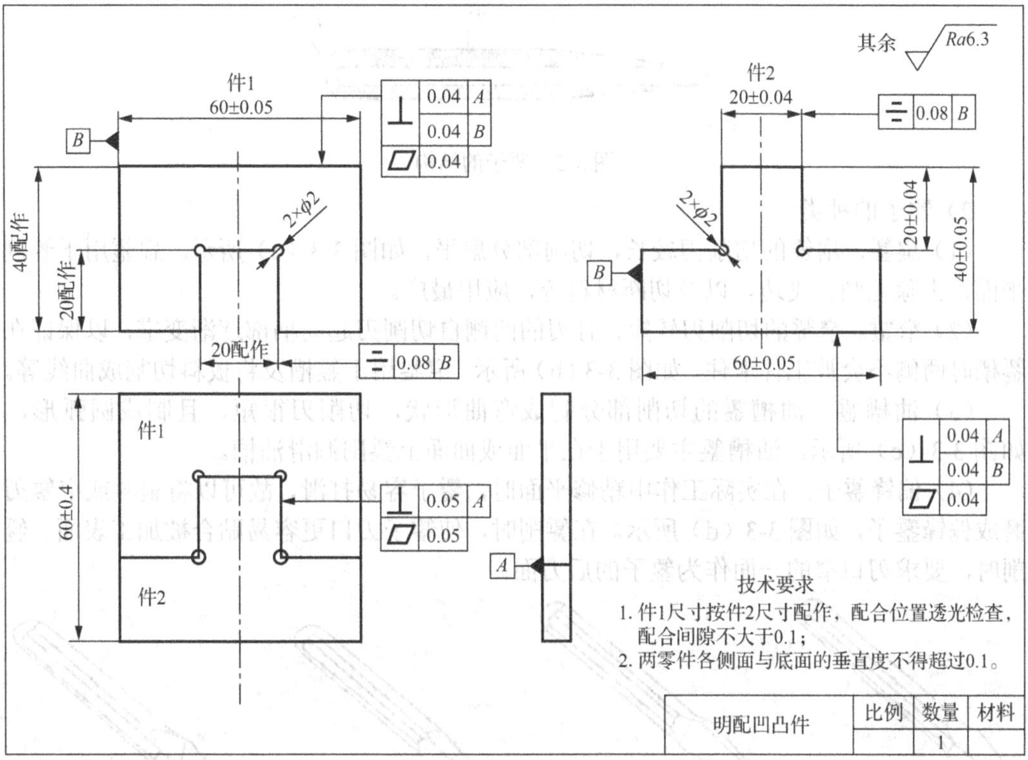

图 3-1　凸凹件明配图样

任务分析

凸凹件明配是比较简单的配合件，主要涉及钳工基本加工方法和操作技能。本任务重点考核钳工锉配的操作技能，以及錾削加工的操作方法与技能。

相关知识

一、錾削工具

1. 錾削概述

錾削是利用手锤击打錾子，实现对工件切削加工的一种方法适用于不便于机械加工的场合。工作内容包括去除毛坯的飞边、毛刺、浇冒口，也可以切割板料、条料，开槽以及对金属表面进行粗加工。尽管錾削工作效率低，劳动强度大，但是由于它所使用的工具简单，操作方便，因此仍起到重要的作用。

2. 錾子

1）錾子的结构

錾子一般由碳素工具钢制成。它由切削部分、錾身和头部组成，如图 3-2 所示。

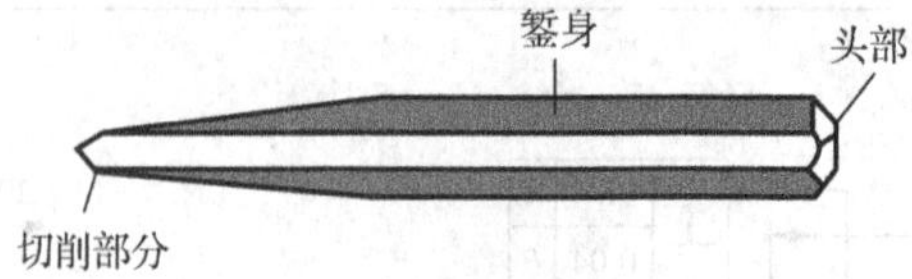

图 3-2 錾子的结构

2）錾子的种类

（1）扁錾。扁錾的切削刃较长，切削部分扁平，如图 3-3（a）所示。扁錾用于錾削平面，去除毛刺、飞边，以及切断材料等，应用最广。

（2）窄錾。窄錾的切削刃较短，且刃的两侧自切削刃起向柄部逐渐变窄，以保证在錾槽时两侧不会被工件卡住，如图 3-3（b）所示。窄錾用于錾槽及将板料切割成曲线等。

（3）油槽錾。油槽錾的切削部分制成弯曲形状，切削刃很短，且制成圆弧形，如图 3-3（c）所示。油槽錾主要用于在平面或曲面上錾削润滑油槽。

（4）偏锋錾子。在实际工作中精修平面时，錾子容易打滑，故可以将扁錾或窄錾刃磨成偏锋錾子，如图 3-3（d）所示。在錾削时，使錾子刃口更容易贴合被加工表面。錾削时，要求刃口窄的一面作为錾子的后刀面。

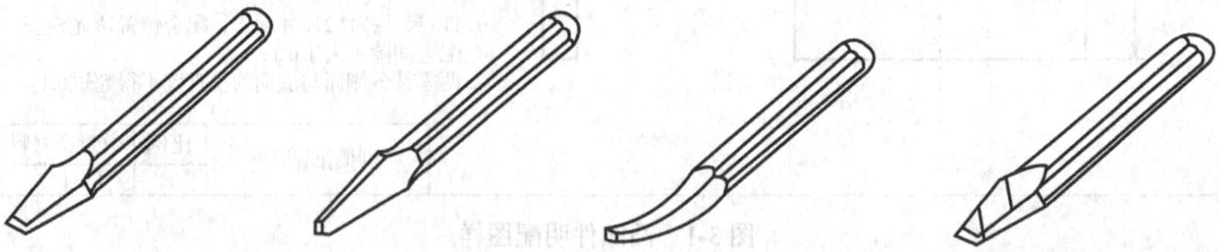

（a）扁錾　（b）窄錾　（c）油槽錾　（d）偏锋錾子

图 3-3 錾子的种类

3）錾子的刃磨

（1）刃磨錾子的原因。錾子刃部在使用过程中容易磨损变钝，会直接影响加工表面的质量和工作效率，故须经常刃磨，以保证刃口锋利。另外，錾子的头部在长时间敲击后会产生毛刺，也应及时磨掉，否则容易在敲击过程中打崩伤手。

（2）錾子刃部的刃磨方法。双手握持錾子，将錾子的切削刃置于砂轮水平中心线以上的轮缘处进行刃磨，如图 3-4（a）所示。

刃磨时，用力不能太大，錾子左右移动要平稳、均匀。当錾削面要求较高时，錾子还应在油石上精磨，如图 3-4（b）所示。錾子楔角的两面应交替进行刃磨，直至錾刃平直。錾子楔角刃磨后，可用样板检查，如图 3-4（c）所示。

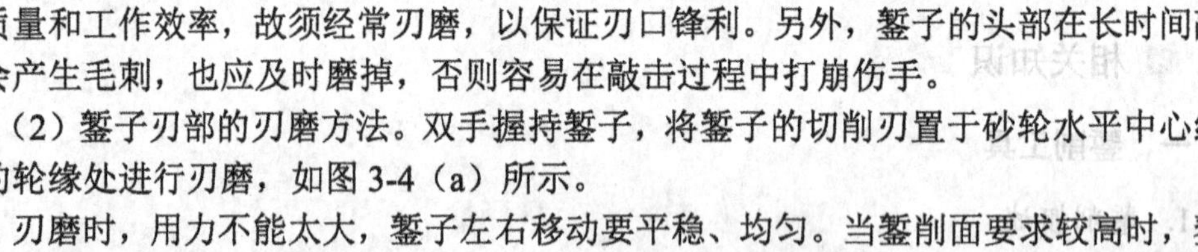

（a）刃磨錾子　（b）在油石上精磨錾子　（c）用样板检查錾子楔角

图 3-4 錾子的刃磨

錾子在刃磨时，应经常浸水冷却，以免过热出现退火现象。

3. 手锤

手锤又称榔头，是钳工常用的敲击工具。手锤的结构如图 3-5 所示。

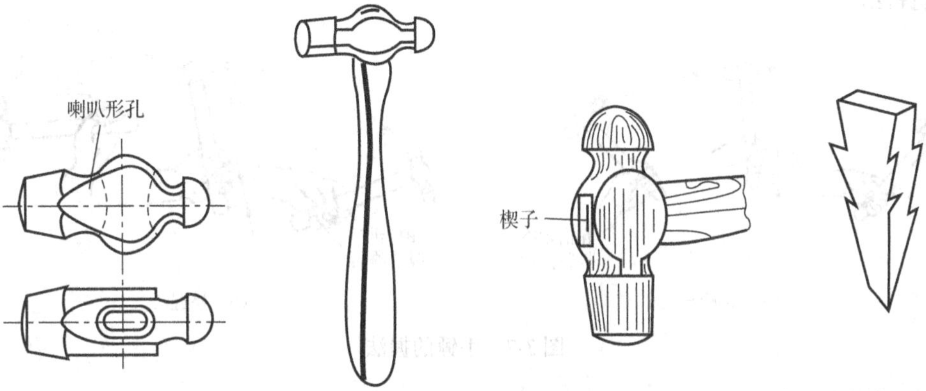

（a）锤头 （b）竖立手锤 （c）横立手锤 （d）楔子

图 3-5 手锤的结构

手锤由锤头和木柄两部分组成。锤头的重量通常以千克（kg）表示，常用规格有 0.25kg、0.5kg、0.75kg、1kg 等几种（工厂常按磅来分，1lb≈0.45kg）。锤头用碳素工具钢制成并经淬硬处理。木柄选用硬木制成，长度应根据操作者的肘长来确定。确定方法为手握锤头，木柄应与手肘对齐，常用的手锤柄长约为 350mm。

木柄应安装可靠，确保锤头不会脱落，防止事故发生。锤头的孔应做成喇叭形，即孔的中间小、两端大，这种设计便于木柄装入后，再敲入楔子进行固定。为了防止楔子松脱，楔子通常制有倒刺。

二、錾削加工

1. 錾子和手锤握法

1）錾子的握法

一般分为正握法和反握法两种，如图 3-6 所示。操作熟练后，可根据生产过程中的实际需要握持。

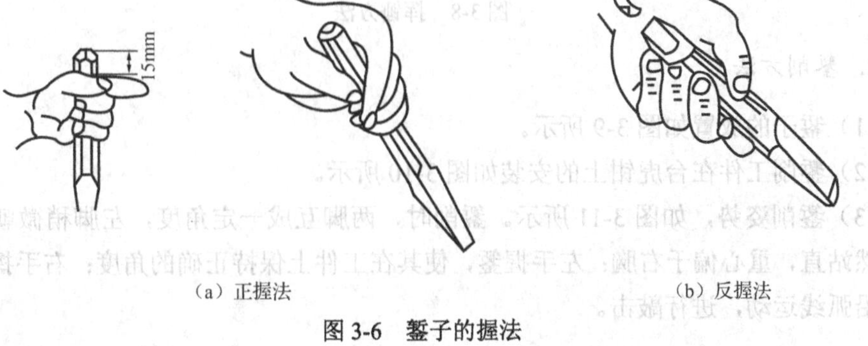

（a）正握法 （b）反握法

图 3-6 錾子的握法

2）手锤的握法

一般分为紧握法和松握法两种，如图 3-7 所示。紧握法虽然握持牢固，但容易导致手心出汗，使手锤打滑，增加事故风险，且容易造成操作疲劳。因此，不建议初学者使用紧握法。

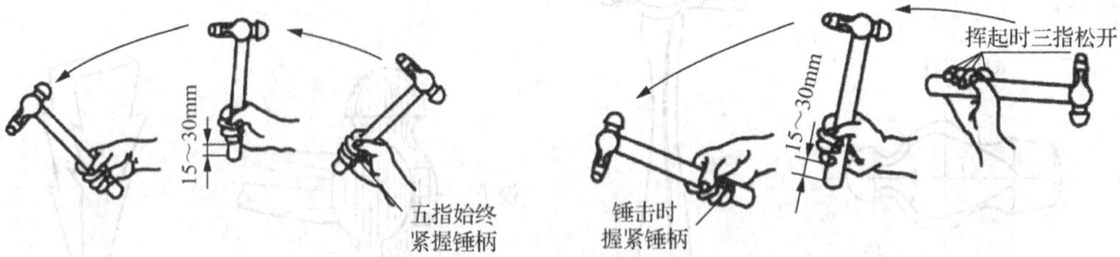

（a）紧握法　（b）松握法

图 3-7　手锤的握法

3）挥捶方法

挥锤的方法有腕挥、肘挥和臂挥三种。

（1）腕挥：只依靠手腕的运动来挥锤，如图 3-8（a）所示。此方法捶击力较小，一般适用于起复、收尾、修整或錾油槽等场合。

（2）肘挥：利用手腕和手肘一起运动来挥锤，如图 3-8（b）所示。肘挥的敲击力较大，应用最广。

（3）臂挥：利用手腕、手肘和手臂一起来挥锤，如图 3-8（c）所示。臂挥的敲击力最大，用于需要大量錾削的场合，在装配工作中应用较多。

（a）腕挥　（b）肘挥　（c）臂挥

图 3-8　挥锤方法

2. 錾削方法

（1）錾子的放置如图 3-9 所示。

（2）錾削工件在台虎钳上的安装如图 3-10 所示。

（3）錾削姿势，如图 3-11 所示。錾削时，两脚互成一定角度，左脚稍微朝后；身体自然站直，重心偏于右胸；左手握錾，使其在工件上保持正确的角度；右手挥锤，使锤头沿弧线运动，进行敲击。

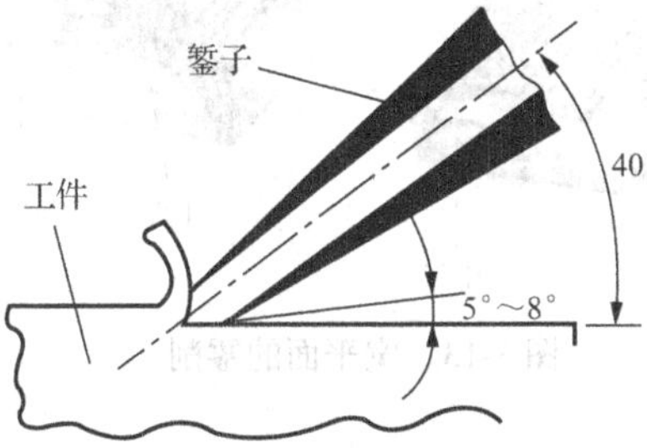

图 3-9 錾子的放置

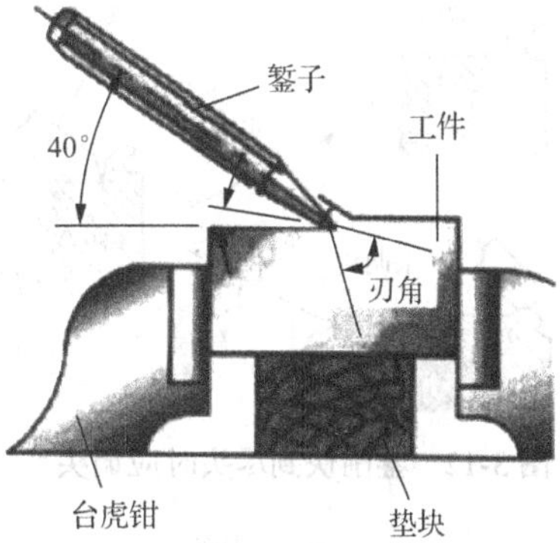

图 3-10 錾削工件在台虎钳上的安装

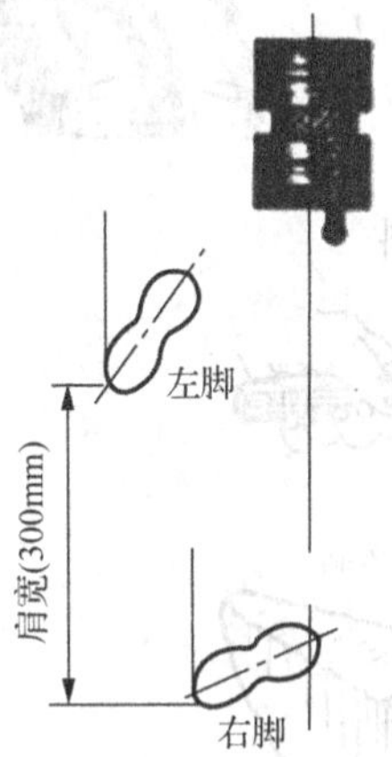

（a）錾削时双脚位置

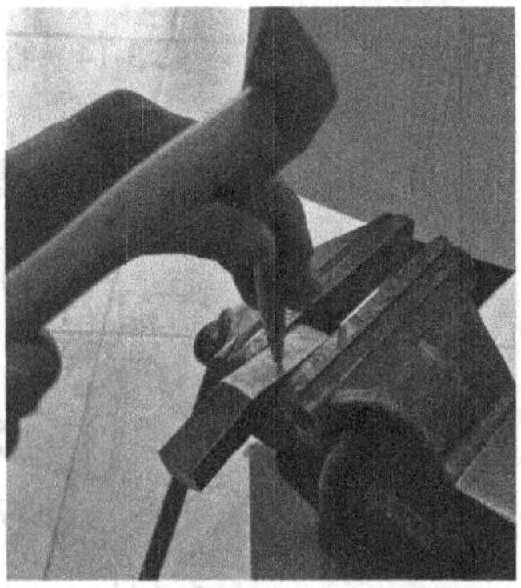
（b）錾削姿势示意图

图 3-11 錾削姿势

注意：敲击时，眼睛应注视錾削处，以便观察錾削的情况，不要注视锤击处。

（4）錾削平面时，主要用扁錾，每次錾削余量控制在 0.5～2mm。开始錾削时，应从工件侧面的尖角处轻轻起錾，利用尖角处与切削刃接触面小、阻力小的特点，容易切入并能较好地控制加工余量，避免滑移和弹跳。起錾后，逐渐将錾子移向中间，使切削刃的全宽参与切削。当錾削到与尽头相距约 10mm 时，应掉头錾削，防止尽头的材料崩裂，如图 3-12 所示。对铸铁、青铜等脆性材料进行錾削时应特别注意。

宽平面的錾削方法如图 3-13 所示。应先用窄錾錾出若干条平行槽，再用扁錾将剩余部分錾去，这样能避免錾子的切削部分两侧受工件的卡阻，使錾削过程更省力。

（5）錾切板料。在台虎钳上錾切，夹紧工件时，工件的切断线要与钳台平齐，用扁錾沿着钳口并斜对着板料，自右向左錾切，如图 3-14 所示。

錾切尺寸较大的薄板料，应在铁砧（或平板）上切断，錾切时应在板料下面衬以软材料，以免损坏錾子刃口，如图 3-15 所示。

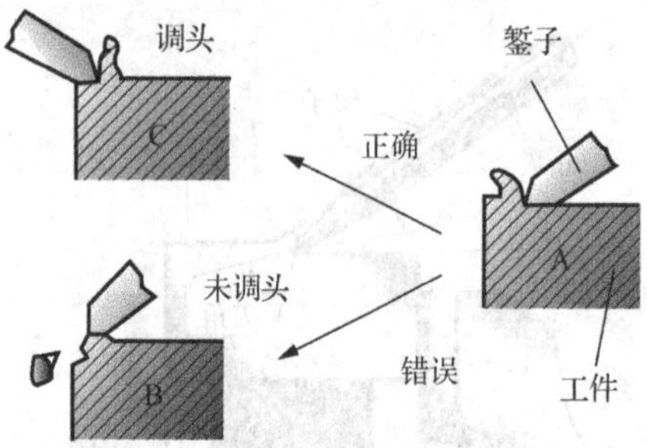

图 3-12 錾削快到尽头时应调头

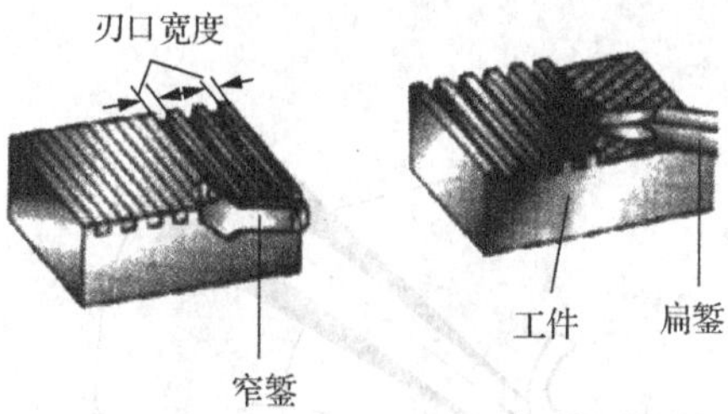

图 3-13 宽平面的錾削

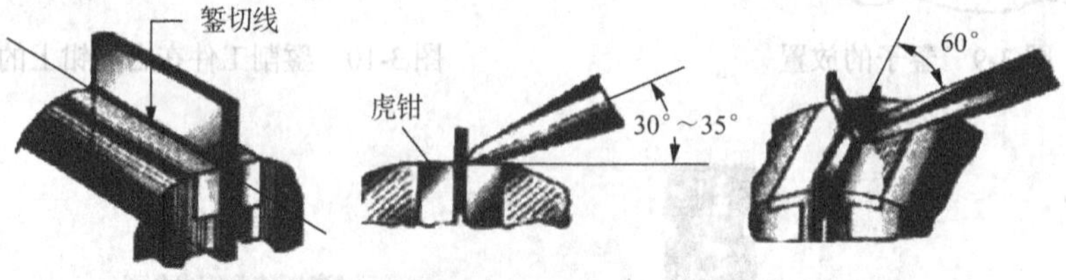

图 3-14 錾切板料

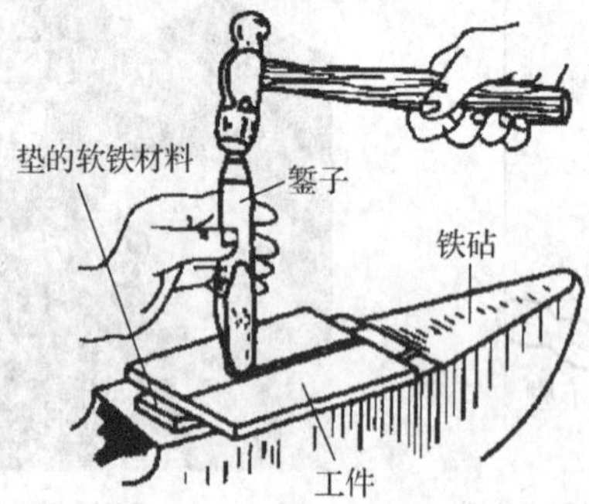

图 3-15 在铁砧上錾切板料

3. 錾削时的安全文明生产

（1）錾削前，应认真检查锤头有无松动，锤柄有无裂纹，避免操作时锤头飞出伤人。

（2）錾削前，应观察四周环境，錾削者前方不能站人，避免铁屑飞溅伤人；挥锤时，应注意背后是否有人。

（3）錾削时，工件必须夹持正确，且夹持力应适当。夹持太紧，会夹伤工件表面；夹持太松，会造成工件夹持不稳而影响加工精度，甚至工件掉落伤人。

（4）錾削时的受力方向应朝向固定钳身，避免损坏台虎钳。

（5）錾削时，操作者应佩戴防护眼镜。

（6）清除铁屑时，应使用刷子清除，不能用嘴吹，避免铁屑入眼。

（7）錾削时，操作者不能戴手套操作，且操作者手上不能沾有油污，避免錾削时手锤滑出伤人。

（8）錾削过程中，应及时磨掉錾子头部的毛刺，防止毛刺扎手。

（9）合理安排操作时间，严禁疲劳作业。

任务实施

一、工作准备

1. 材料准备

制作凸凹件明配的材料清单见表3-1。

表3-1 制作凸凹件明配的材料清单

序号	材料名称	规格	数量	备注
1	Q235	62mm×42mm×6mm	2件	2件/人

2. 设备准备

制作凸凹件明配的设备清单见表3-2。

表3-2 制作凸凹件明配的设备清单

序号	名称	规格	数量	序号	名称	规格	数量
1	划线（测量）平板	500mm×400mm	8人共用一块平板	5	台虎钳	200mm	1个/人
2	方箱（靠铁）)	100mm×100mm	与平板配套	6	钳台		1工位/人
3	台式钻床	Z512	8人共用一台	7	砂轮机		1
4	平口虎钳（带平行垫铁）	100mm	与台钻配套				

3. 工具、量具、刃具准备

制作凸凹件明配的工具、量具、刃具清单见表3-3。

表3-3 制作凸凹件明配的工具、量具、刃具清单

序号	名称	规格	精度	数量	序号	名称	规格	精度	数量
1	高度游标卡尺	0～200mm	0.02mm	1	13	锯条	齿距		2
2	游标卡尺	0～150mm	0.02mm	1	14	划规	150mm		1
3	直角尺	100mm×63mm	一级	1	15	划针			1
4	刀口形直尺	100mm	一级	1	16	钢直尺	200mm		1
5	钻夹头	ϕ12mm		1	17	样冲			1
6	钻花	ϕ2mm		1	18	手锤	0.5kg		1
7	塞尺	0.02～0.5mm		1组	19	软钳口			1副
8	扁锉	300mm	一号纹	1	20	锉刀刷			1
9	扁锉	250mm	三号纹	1	21	油漆刷	1～2in		1
10	扁锉	100mm	五号纹	1	22	油石	自定截面		1～2
11	三角锉	150mm	四号纹	1	23	机油煤油			适量
12	锯弓	300mm		1	24	抹布棉纱			适量

二、工作步骤

制作凸凹件明配的操作步骤见表 3-4。

表 3-4　制作凸凹件明配的操作步骤

序号	步骤	图示	操作内容及注意事项
1	检查毛坯	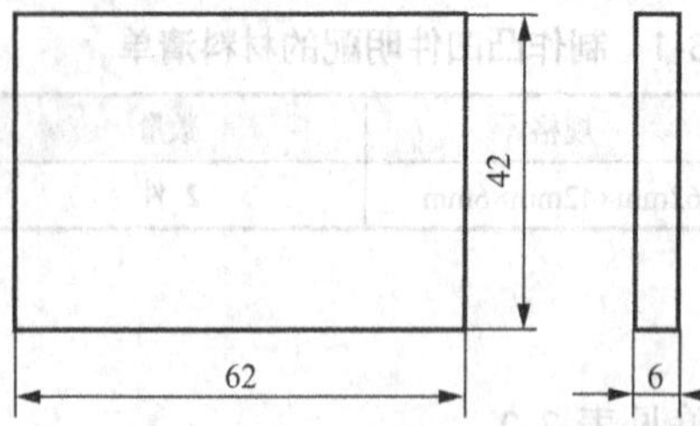	1）按图示检查毛坯 2）清理毛坯 3）检查毛坯尺寸
2	加工凸件相邻两基准面		1）在平口虎钳上找正并夹紧毛坯 2）用精铣刀以小切削量加工第一基准面，保证平面度≤0.04mm，同时建立垂直基准 3）清理并测量加工面，确认平面度符合要求
3	划出加工线	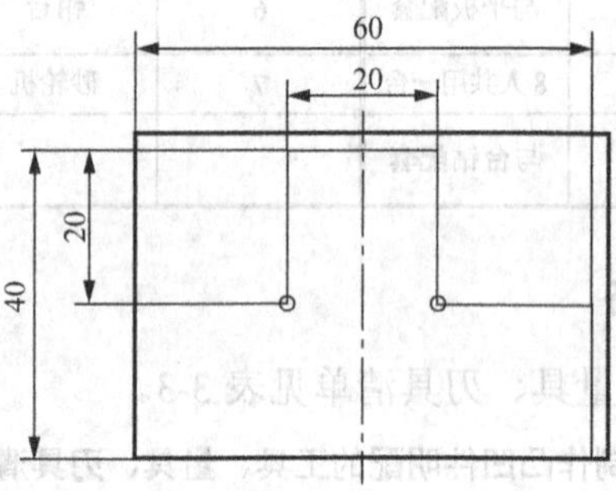	分别以两基准面为基准划出加工轮廓线，以两线交点为中心，打上样冲眼
4	锯削		锯削去除距基准面远端的材料，并保留锉削余量
5	锉削	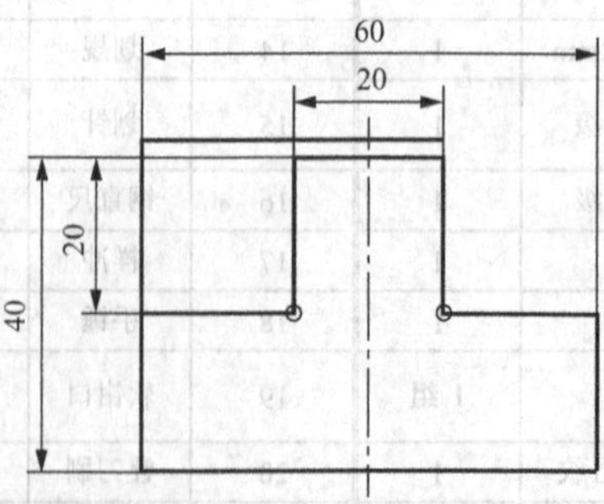	锉削上步中去除材料后的位置，达到要求尺寸

续表

序号	步骤	图示	操作内容及注意事项
6	锯削		锯削去除距基准面近端的材料，并保留锉削余量
7	锉削	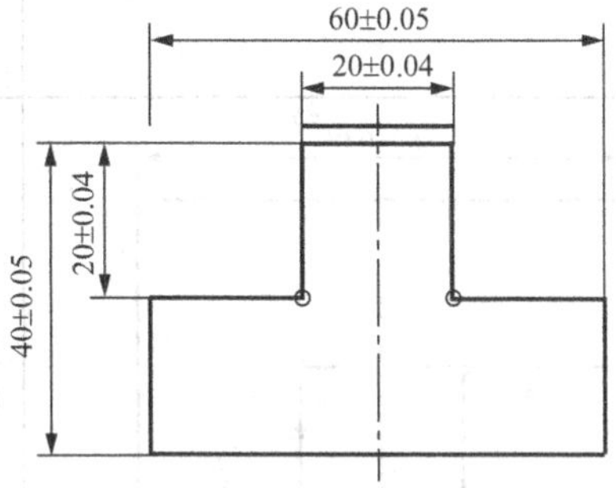	锉削上步中去除材料后的位置，达到要求尺寸
8	加工凹件两相邻基准面		1）在平口虎钳上找正并夹紧毛坯 2）用精铣刀以小切削量加工第一基准面，保证平面度≤0.04mm，同时建立垂直基准 3）清理并测量加工面，确认平面度符合要求
9	划出加工线	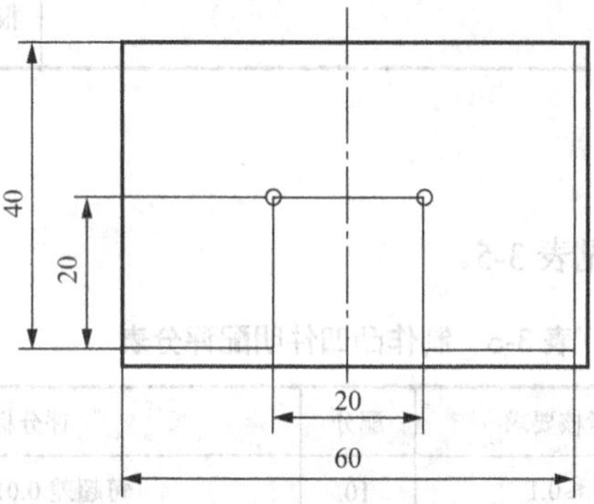	分别以两基准面为基准划出加工轮廓线，以两线交点为中心，打上样冲眼
10	定心		定钻排孔中心，注意留足锉削、錾削余量
11	钻排孔	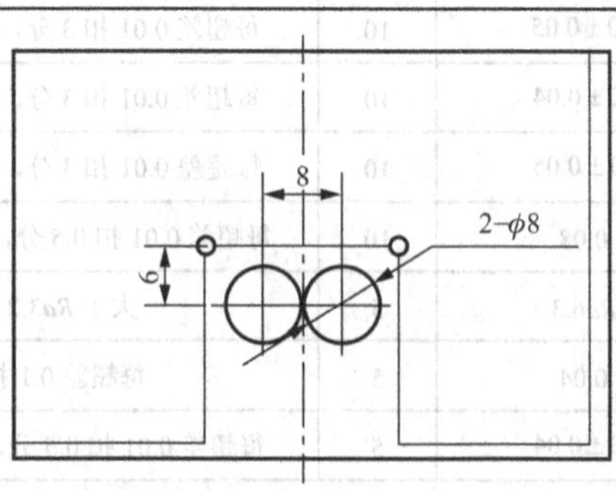	根据钻孔要求，先钻两角处孔，再钻中部孔

续表

序号	步骤	图示	操作内容及注意事项
12	锯削		沿凹件中部凹形加工边线，锯两条缝，并保留锉削余量
13	錾削		用錾子顶住排孔位置，通过锤击，将多余材料去除
14	锉削	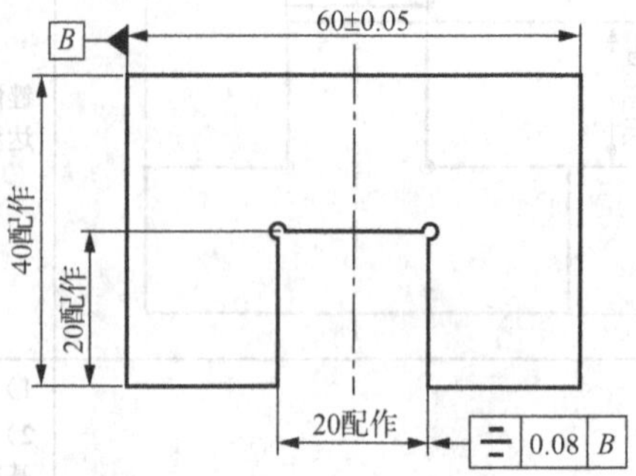	通过配锉的方式将凹形位置锉削至要求尺寸
15	修整		倒棱，去毛刺
16	交检		根据评分标准进行检查评分

任务评价

制作凸凹件明配评分表见表 3-5。

表 3-5 制作凸凹件明配评分表

考核项目	考核内容	考核要求	配分	评分标准	得分
主要项目	配合间隙	≤0.1	10	每超差 0.01 扣 1 分	
	垂直度	0.04	10	每超差 0.01 扣 1 分	
	尺寸精度	60±0.05	10	每超差 0.01 扣 3 分，超差 0.03 不得分	
		20±0.04	10	每超差 0.01 扣 3 分，超差 0.03 不得分	
		40±0.05	10	每超差 0.01 扣 3 分，超差 0.03 不得分	
	对称度	0.08	10	每超差 0.01 扣 0.5 分，超差 0.05 不得分	
	表面粗糙度	*Ra*6.3	5	大于 *Ra*3.2 不得分	
一般项目	平行度	0.04	5	每超差 0.1 扣 0.5 分	
	尺寸精度	60±0.04	5	每超差 0.01 扣 0.5 分，超差 0.1 不得分	

续表

考核项目	考核内容	考核要求	配分	评分标准	得分
其他项目	安全	安全文明生产	5	不符合要求，从总分中扣 1～10 分，发生较大事故者不得分	
	工具设备使用	正确、规范使用工、量、刃具及设备，并做好日常维护和保养	5	不符合要求，从总分中扣 1～5 分	
	其他	操作姿势	5	不符合要求，从总分中扣 1～5 分	
		工艺正确	5	不符合要求，从总分中扣 1～5 分	
工时定额	6h		5	超 1h 以上不得分	

任务二　凸凹件暗配

任务目标

1. 知识目标

（1）了解麻花钻的结构。

（2）了解麻花钻切削部分的几何角度、作用，掌握麻花钻的刃磨方法。

2. 能力目标

（1）熟练掌握钻孔的操作方法，能正确使用钻床进行加工。

（2）能够按照图样要求正确加工零件，满足加工精度和质量要求。

3. 思政目标

（1）培养耐心与毅力、精度与细致的职业素养。

（2）提升问题解决能力，增强团队协作精神，激发创造性解决问题的思维方式。

任务描述

根据图 3-16 所示的凸凹件暗配图样的要求，完成零件制作。

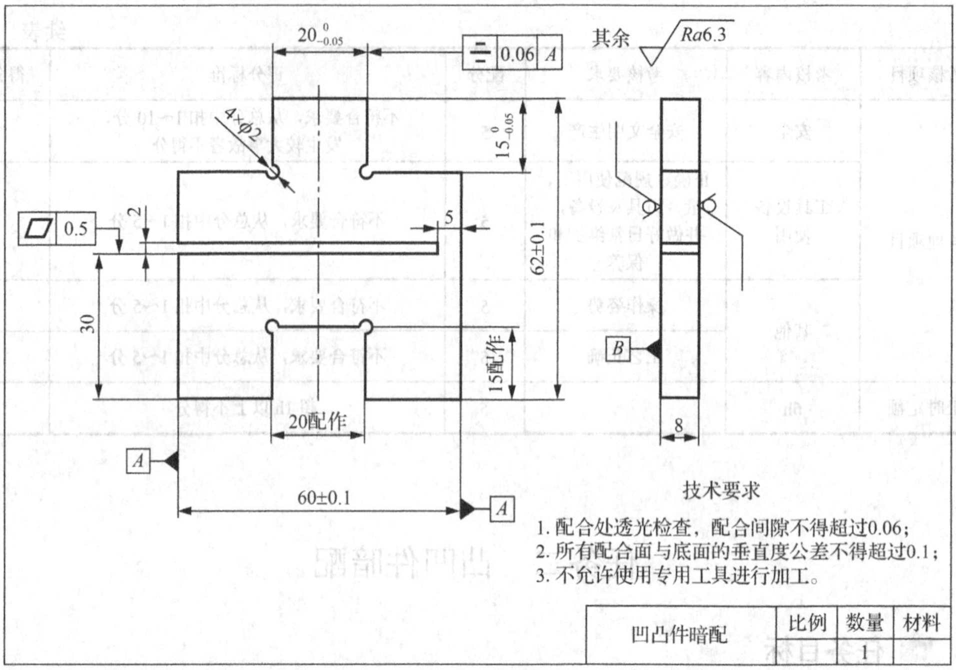

图 3-16　凹凸件暗配图样

任务分析

凸凹件暗配是一般复杂的配合件，主要涉及钳工基本加工方法和操作技能。本任务重点考核钳工锉配的操作技能，以及孔加工的操作方法与技能。

相关知识

一、孔加工概述

孔加工是钳工工艺的重要组成内容之一。钳工加工孔的方法主要有两类：一类是用钻头在实心材料上加工出孔；另一类是用扩孔钻、锪钻、铰刀对工件上已有孔进行再加工。

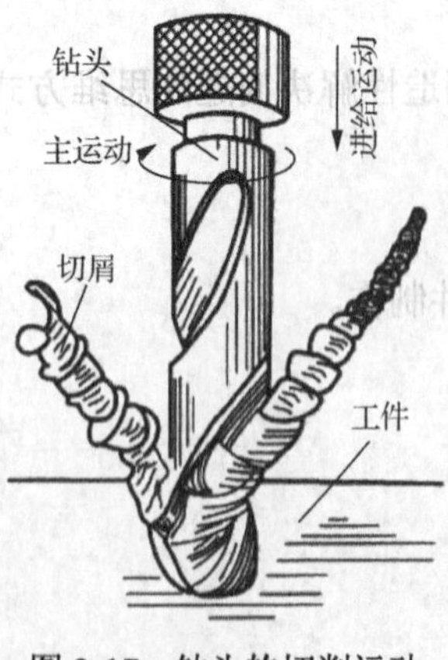

图 3-17　钻头的切削运动

用钻头在实体材料上加工出孔的操作称为钻孔。钻孔时，工件固定在工作台上，依靠钻头运动来切削，如图 3-17 所示。其切削过程由两个运动合成：主运动（钻头的旋转运动）和进给运动（沿孔深方向的直线移动）。

二、标准麻花钻

1. 麻花钻的结构

标准麻花钻是应用最广泛的孔加工工具，由

柄部、颈部、工作部分组成，如图 3-18 所示。图中，D 为麻花钻的外径，D_1 为麻花钻柄部的外径。麻花钻一般用高速钢制成。

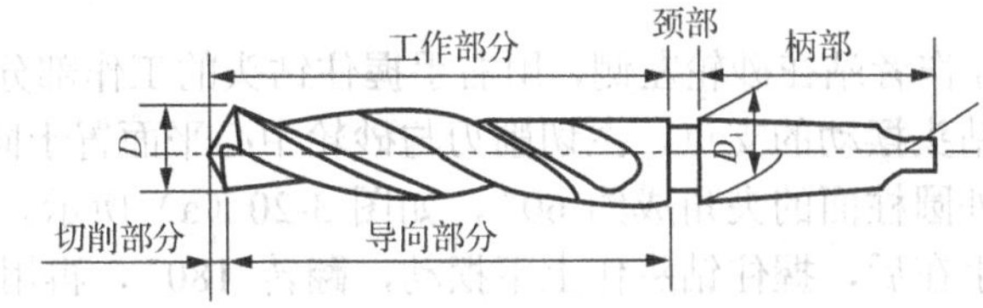

（a）锥柄式

（b）直柄式

图 3-18 麻花钻的结构

（1）柄部：用来装夹并传递动力（扭矩和轴向力）。根据传递扭矩的大小，分为直柄和锥柄两种。

（2）颈部：颈部位于柄部与工作部分之间，主要作用是在磨削钻头时供砂轮退刀用，通常钻头的规格、材料和商标也刻印在此处。

（3）工作部分：它是钻头的主要部分，担负主要的切削工作。由切削部分和导向部分组成，起切削和导向的作用。

2. 标准麻花钻切削部分的构成

标准麻花钻切削部分有六面上刃，如图 3-19 所示。

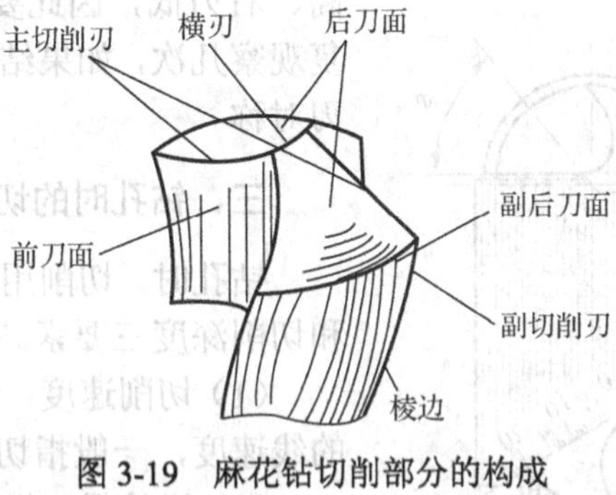

图 3-19 麻花钻切削部分的构成

（1）前刀面：即两个螺旋槽表面，也是切屑流出的表面。

（2）后刀面：位于工作部分的端部，是与工件加工表面（孔底）相对的表面，其形状由刃磨方法决定。

（3）副后刀面：即钻头的棱边（或刃带），是与工件已加工表面（孔壁）相对的表面。

（4）主切削刃：前刀面与后刀面的交线，担负主要的切削任务。

（5）副切削刃：前刀面与副后刀面的交线。

（6）横刃：两主切削刃的交线，位于钻头的最前端，又称钻心尖。

3. 标准麻花钻的刃磨方法

刃磨麻花钻时，操作者站在砂轮左侧，用右手握住钻头的工作部分，食指要尽可能靠近切削部分，作为钻头摆动的支点，主切削刃与砂轮中心平面置于同一个水平面内，并使钻头轴线同砂轮外圆柱面的夹角成约 60°，如图 3-20（a）所示。右手握住钻头并绕钻头轴心转动，左手在后，握住钻头作上下摆动，翻转 180°，再用相同方法刃磨另一面，如图 3-20（b）所示。

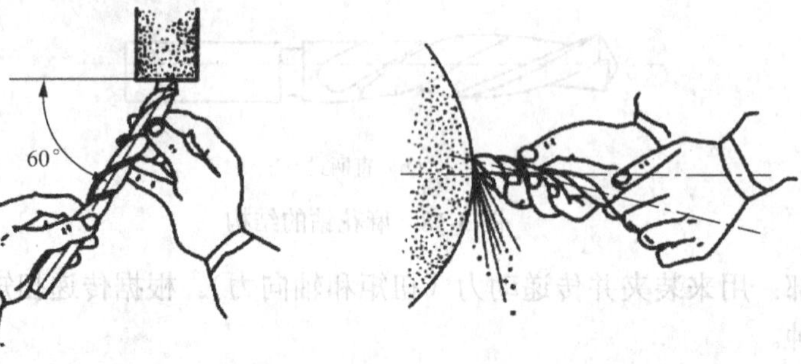

图 3-20 标准麻花钻的刃磨

4. 标准麻花钻的刃磨检验

钻头的几何角度可利用专用样板进行检验，如图 3-21 所示。图中，α_f 为前角，β 为横刃角，ϕ 为顶角。在实际操作中，常采用目测方法。目测检验时，将钻头切削部分向上竖立，使两主切削刃与视线方向垂直，两眼平视。由于视觉误差，往往会感到左刃高、右刃低，因此要将钻头旋转 180° 后，反复观察几次，如果结果一致，则说明两主切削刃对称。

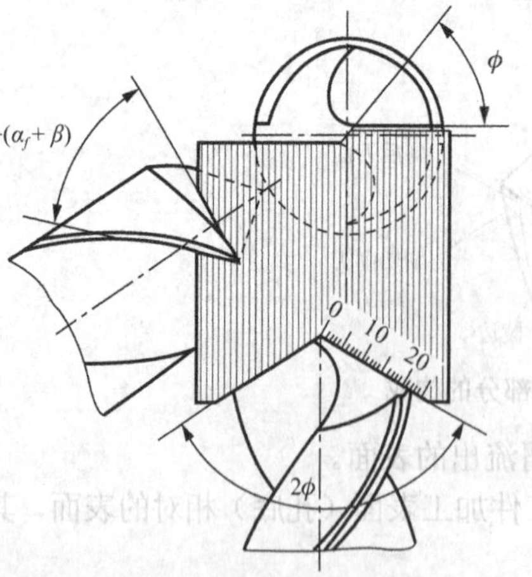

图 3-21 麻花钻的样板检验

三、钻孔时的切削用量

钻孔时，切削用量包括切削速度、进给量和切削深度三要素。

（1）切削速度：钻孔时钻头直径上任一点的线速度，一般指切削刃最外缘处的线速度。

（2）进给量：指钻头每转一周，钻头沿孔深方向移动的距离。

（3）切削深度：已加工表面与待加工表面之间的垂直距离。钻孔切削深度等于钻头直径的一半。

四、钻孔的方法

1. 钻孔时工件的划线方法

（1）按钻孔的位置要求，划出孔位的十字中心线，并打上中心样冲眼。

（2）钻较大直径的孔，应划出几个大小不等的同心检查圆，以便钻孔时检查钻孔的位置，如图 3-22（a）所示。当钻孔的位置尺寸要求较高时，为了避免敲中心眼时产生偏差，也可直接划出以孔中心线为对称中心的几个大小不等的方格，作为钻孔时的检查线，然后敲打样冲眼，以便准确落钻，如图 3-22（b）所示。

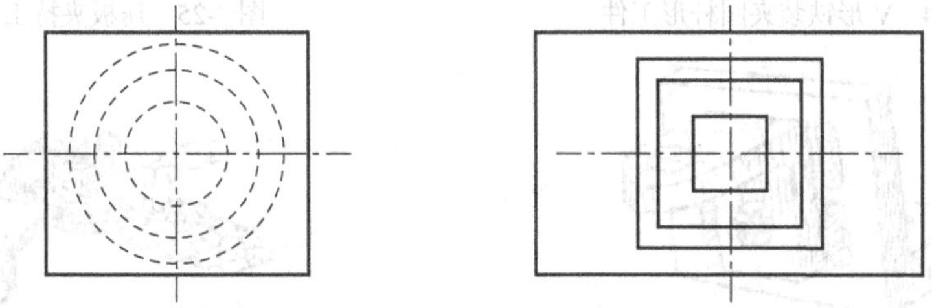

（a）检查圆　（b）检查方格

图 3-22　钻孔时的孔位检查

2. 工件的装夹方法

根据工件形状、钻孔直径大小以及切削力大小的不同，采用不同的安装方法，以确保钻孔过程的安全性和钻孔质量。

（1）平整的工件，可用平口虎钳装夹，如图 3-23 所示。装夹时，应使工件的钻孔表面与钻头直径垂直。钻头直径大于 10mm 时，必须将平口虎钳用螺钉、压板固定。

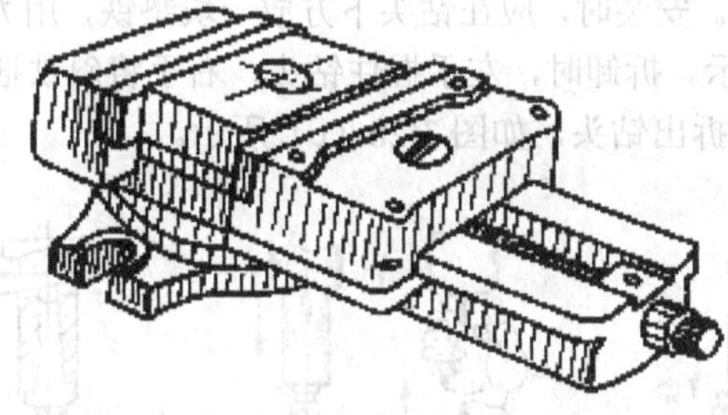

图 3-23　平口虎钳装夹平整的工件

（2）圆杆形工件钻孔，用 V 形铁对工件进行装夹，如图 3-24 所示。装夹时，应使钻头轴心线与 V 形铁两个斜面的对称平面重合，保证钻出孔的中心线通过工件轴心线。

① 对直径在 100mm 以上的较大工件，可用压板夹持的方法装夹，如图 3-25 所示。装夹时，压板螺栓应尽量靠近工件。垫铁应比工件压紧表面稍高，避免工件在夹紧过程中移动。如果被压表面为已加工表面，应使用衬垫进行保护，防止压出印痕。

② 表面不平或加工基准在侧面的工件，可用角铁进行装夹，如图 3-26 所示。钻孔时，须将角铁固定在钻床工作台上。

③ 小型工件或薄板件上钻小孔，可用手虎钳进行夹持，如图 3-27 所示。

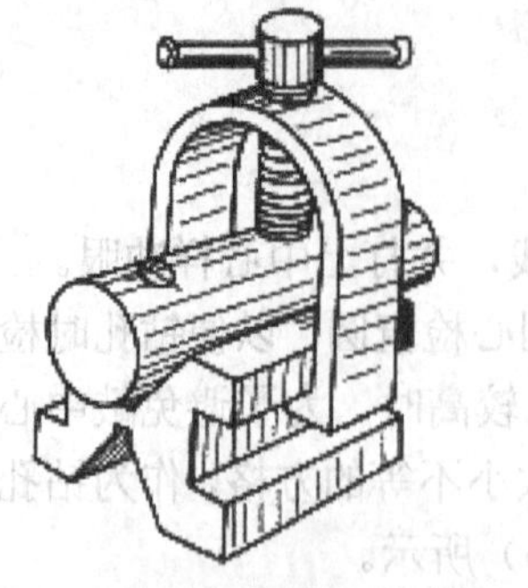

图 3-24 V 形铁装夹圆杆形工件

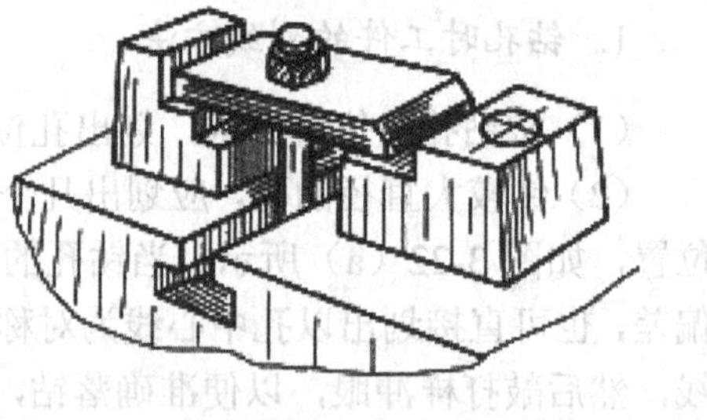

图 3-25 压板夹持工件

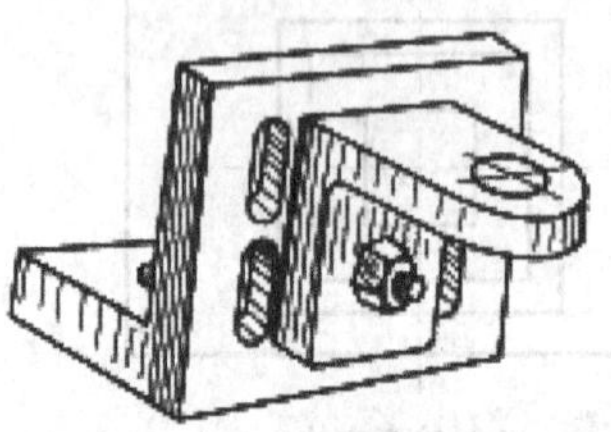

图 3-26 角铁装夹工件

图 3-27 手虎钳夹持工件

3. 钻头的拆装

（1）直柄钻头的拆装：直柄钻头多用钻夹头夹持，如图 3-28（a）所示。安装时，将钻头插入钻夹头，拧紧钻夹头固定钻头；拆卸时，松开钻夹头，取出钻头。

（2）锥柄钻头的拆装：当钻头锥柄与主轴锥孔的锥度号相同时，可直接将钻头装在主轴上。当钻头锥柄与主轴锥孔的锥度号不相同时，应选择适当的钻头套，再将钻头套与钻头一起装在主轴上。安装时，应在钻头下方放一块垫铁，用力压下手柄，将钻头装紧，如图 3-28（b）所示。拆卸时，左手握住钻头，右手将斜铁插入主轴的长圆孔内，用手锤轻敲斜铁尾部，拆出钻头，如图 3-28（c）所示。

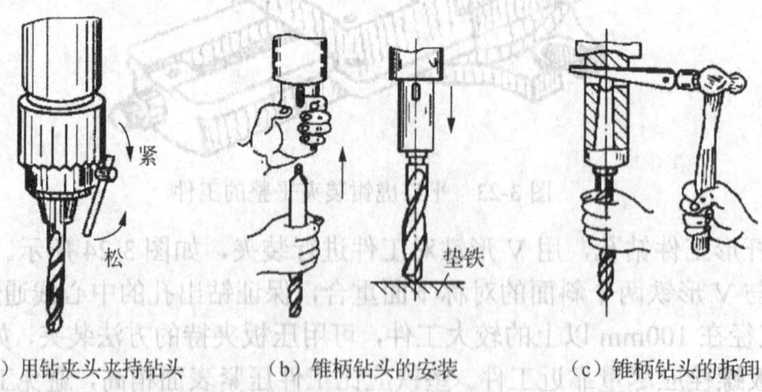

（a）用钻夹头夹持钻头　（b）锥柄钻头的安装　（c）锥柄钻头的拆卸

图 3-28 钻头的装夹

4. 钻孔方法

（1）试钻。首先将钻头横刃落入孔中心的样冲眼内，再从两个相互垂直的方向上观察，判断钻尖是否对准孔中心。对准后，试钻一浅坑，看所钻浅坑是否与所划的检查圆同心；如果不同心，则需要借正后再进行钻削。

（2）借正。当偏移量较小时，可以通过移动工件的位置进行借正；当偏移量较大时，可在借正的方向打几个样冲眼或錾几条槽，以减小该处的切削阻力，再进行借正。

（3）钻削深孔时，应注意排屑。一般当钻进深度达到钻头直径的3倍时，就应退钻排屑，且每再钻进一定深度，就应退钻排屑一次。

（4）钻通孔。钻通孔即将钻穿时，必须减小进给量，防止轴向阻力突然减小导致扎刀。

（5）钻超过30mm的大孔。为了保证钻孔质量，一般直径超过30mm的大孔应分两次钻削，先用直径为孔径50%～70%钻头钻孔，再使用所需孔径的钻头扩孔。

任务实施

一、工作准备

1. 材料准备

制作凸凹件暗配的材料清单见表3-6。

表3-6 制作凸凹件暗配的材料清单

序号	材料名称	规格	数量	备注
1	Q235	65mm×65mm×8mm	1件	1件/人

2. 设备准备

制作凸凹件暗配的设备清单见表3-7。

表3-7 制作凸凹件暗配的设备清单

序号	名称	规格	数量	序号	名称	规格	数量
1	划线（测量）平板	500mm×400mm	8人共用一块平板	5	台虎钳	200mm	1个/人
2	方箱（靠铁）	100mm×100mm	与平板配套	6	钳台		1工位/人
3	台式钻床	Z512	8人共用一台	7	砂轮机		1
4	平口虎钳（带平行垫铁）	100mm	与台钻配套				

3. 工具、量具、刃具准备

制作凸凹件暗配的工具、量具、刃具清单见表3-8。

表 3-8 制作凸凹件暗配的工具、量具、刃具清单

序号	名称	规格	精度	数量	序号	名称	规格	精度	数量
1	高度游标卡尺	0～200mm	0.02mm	1	14	扁錾	150mm		1
2	游标卡尺	0～150mm	0.02mm	1	15	锯条	齿距		2
3	直角尺	100mm×63mm	一级	1	16	划规	150mm		1
4	刀口形直尺	100mm	一级	1	17	划针			1
5	钻夹头	ϕ12mm		1	18	钢直尺	200mm		1
6	钻花	ϕ2mm		1	19	样冲			1
7	钻花	ϕ6mm		1	20	手锤	0.5kg		1
8	塞尺	0.02～0.5mm		1组	21	软钳口			1副
9	扁锉	300mm	一号纹	1	22	锉刀刷			1
10	扁锉	250mm	三号纹	1	23	油漆刷	1～2in		1
11	扁锉	100mm	五号纹	1	24	油石	自定截面		1～2
12	三角锉	150mm	四号纹	1	25	机油煤油			适量
13	锯弓	300mm		1	26	抹布棉纱			适量

二、工作步骤

制作凸凹件暗配的操作步骤见表 3-9。

表 3-9 制作凸凹件暗配的操作步骤

序号	步骤	图示	操作内容及注意事项
1	检查毛坯	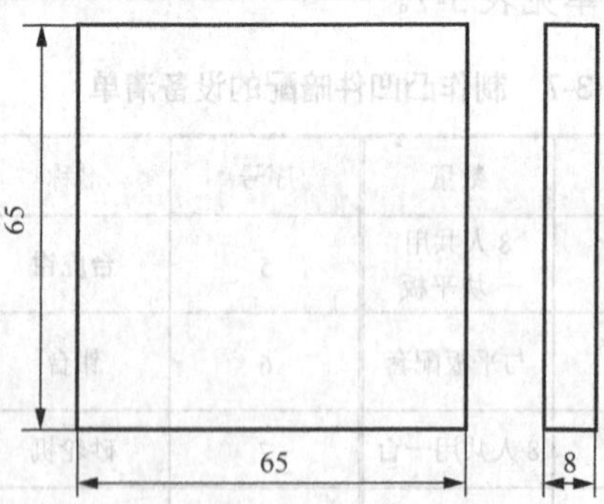	1）按图示检查毛坯 2）清理毛坯 3）检查毛坯尺寸
2	加工相邻两基准面		1）在平口虎钳上找正并夹紧毛坯 2）用精铣刀以小切削量加工第一基准面，保证平面度≤0.04mm，同时建立垂直基准 3）清理并测量加工面，确认平面度符合要求

续表

序号	步骤	图示	操作内容及注意事项
3	划出加工线	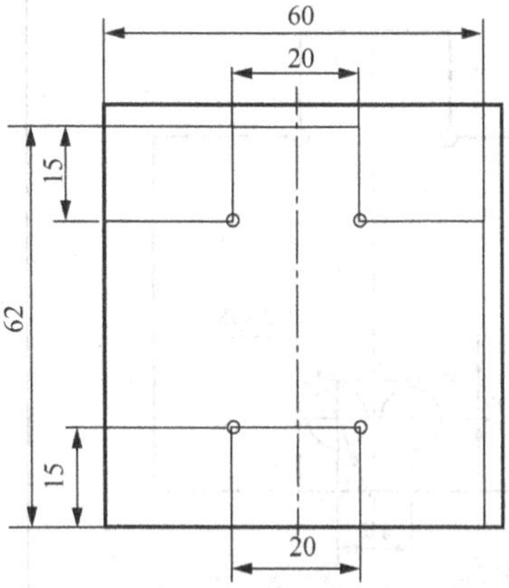	分别以两基准面为基准划出加工轮廓线，以两线交点为中心，打上样冲眼
4	钻孔		钻削直径 2mm 工艺孔
5	锯削		锯削去除距基准面远端的材料，并保留锉削余量
6	锉削		锉削上步中去除材料后的位置，达到要求尺寸
7	锯削	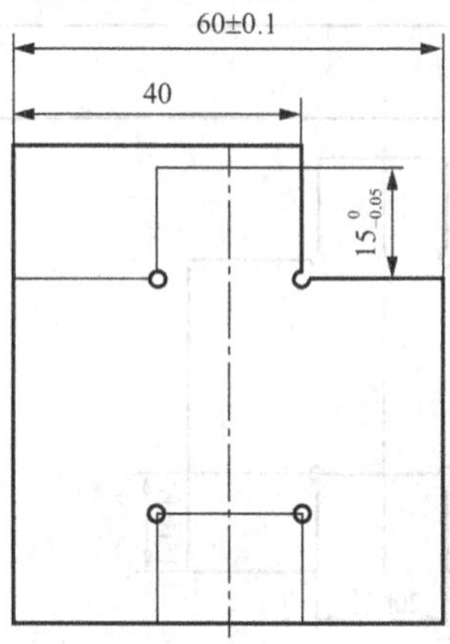	锯削去除距基准面近端的材料，并保留锉削余量
8	锉削	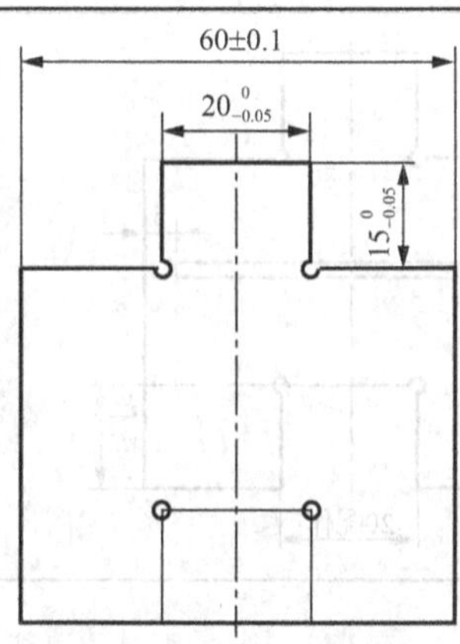	锉削上步中去除材料后的位置，达到要求尺寸

续表

序号	步骤	图示	操作内容及注意事项
9	定心	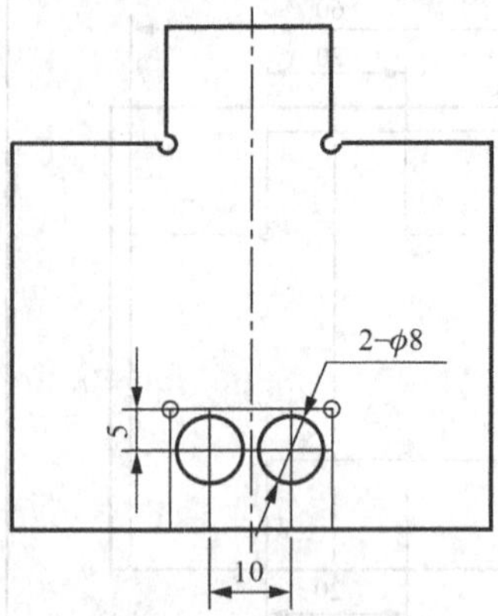	定钻排孔中心，注意留足锉削、錾削余量
10	钻排孔		根据钻孔要求，先钻两角处孔，再钻中部孔
11	锯削		沿凹件中部凹形加工边线，锯两条缝，并保留锉削余量
12	錾削		用錾子顶住排孔位置，通过锤击，将多余材料去除
13	锉削		通过配锉的方式将凹形位置锉削至要求尺寸
14	锯削	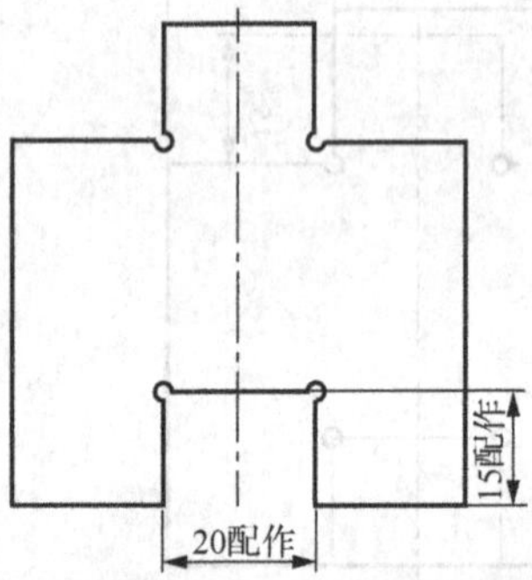	锯削锯缝
15	修整	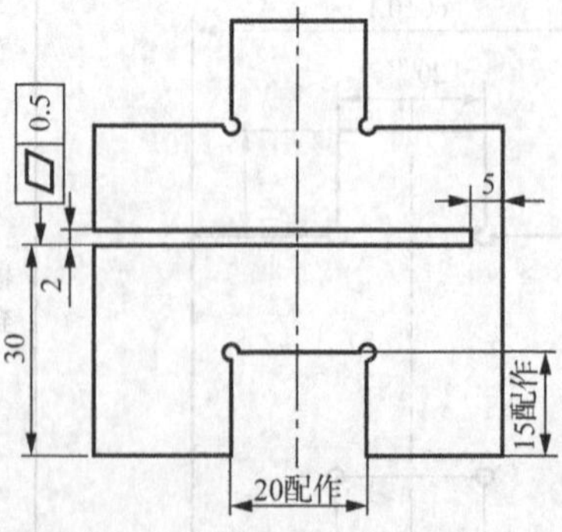	倒棱，去毛刺
16	交检		根据评分标准进行检查评分

任务评价

制作凸凹件暗配评分表见表 3-10。

表 3-10 制作凸凹件暗配评分表

考核项目	考核内容	考核要求	配分	评分标准	得分
主要项目	配合间隙	≤0.04	15	每超差 0.01 扣 2 分	
	尺寸精度	$20^{0}_{-0.05}$	10	每超差 0.01 扣 3 分，超差 0.03 不得分	
		$15^{0}_{-0.05}$	10	每超差 0.01 扣 3 分，超差 0.03 不得分	
	对称度	0.06	10	每超差 0.01 扣 0.5 分，超差 0.05 不得分	
	表面粗糙度	*Ra*6.3	10	大于 *Ra*3.2 不得分	
一般项目	平面度	0.5	10	每超差 0.1 扣 0.5 分	
	尺寸精度	62±0.1	5	每超差 0.01 扣 0.5 分，超差 0.1 不得分	
		60±0.1	5	每超差 0.01 扣 0.2 分	
其他项目	安全	安全文明生产	5	不符合要求，从总分中扣 1～50 分，发生较大事故者不得分	
	工具设备使用	正确、规范使用工、量、刃具及设备，并做好日常维护和保养	5	不符合要求，从总分中扣 1～10 分	
	其他	操作姿势	5	不符合要求，从总分中扣 1～5 分	
		工艺正确	5	不符合要求，从总分中扣 1～5 分	
工时定额	6h		5	超 1h 以上不得分	

任务三 凸凹件嵌配

任务目标

1. 知识目标

掌握凸凹件嵌配的制作要领。

2. 能力目标

能够按图样要求正确加工零件，满足加工精度和质量要求。

3. 思政目标

（1）培养耐心与毅力、精度与细致的职业素养。
（2）提升问题解决能力，增强团队协作精神，激发创造性解决问题的思维方式。

任务描述

根据图 3-29 所示的凸凹件嵌配图样的要求，完成零件制作。

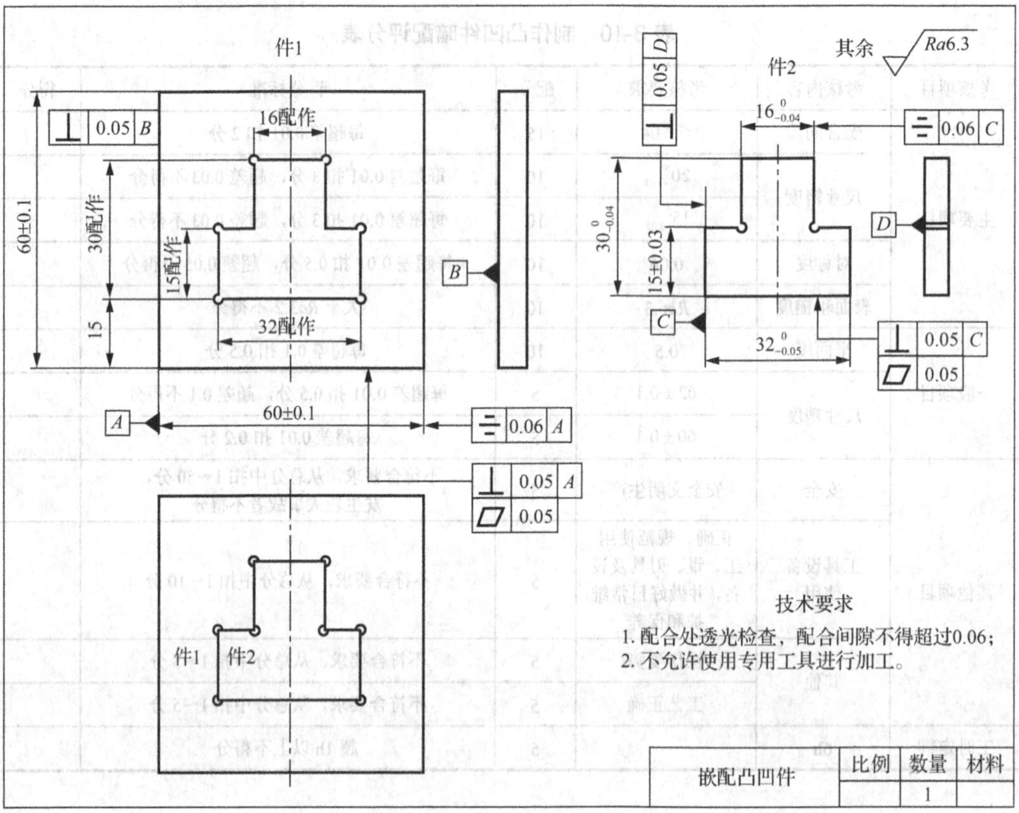

图 3-29 凸凹件嵌配图样

任务分析

凸凹件嵌配是比较复杂的配合件，主要涉及锯削、锉削、钻削、錾削加工等钳工基本操作技能，本任务重点考核钳工锉配的操作技能，以及孔加工的操作方法与技能。同时对通用量具的使用进行训练。

任务实施

一、工件准备

1. 材料准备

制作凸凹件嵌配的材料清单见表 3-11。

表 3-11 制作凸凹件嵌配的材料清单

序号	材料名称	规格	数量	备注
1	Q235	62mm×62mm×6mm	1 件	1 件/人
2	Q235	32mm×35mm×6mm	1 件	1 件/人

2. 设备准备

制作凸凹件嵌配的设备清单见表 3-12。

表 3-12 制作凸凹件嵌配的设备清单

序号	名称	规格	数量	序号	名称	规格	数量
1	划线（测量）平板	500mm×400mm	8 人共用一块平板	5	台虎钳	200mm	1 个/人
2	方箱（靠铁）	100mm×100mm	与平板配套	6	钳台		1 工位/人
3	台式钻床	Z512	8 人共用一台	7	砂轮机		1
4	平口虎钳（带平行垫铁）	100mmm	与台钻配套				

3. 工具、量具、刃具准备

制作凸凹件嵌配的工具、量具、刃具清单见表 3-13。

表 3-13 制作凸凹件嵌配的工具、量具、刃具清单

序号	名称	规格	精度	数量	序号	名称	规格	精度	数量
1	高度游标卡尺	0～200mm	0.02	1	14	扁錾	150		1
2	游标卡尺	0～150mm	0.02	1	15	锯条	齿距		2
3	直角尺	100mm×63mm	一级	1	16	划规	150mm		1
4	刀口形直尺	100mm	一级	1	17	划针			1
5	钻夹头	ϕ12mm		1	18	钢直尺	200mm		1
6	钻花	ϕ2mm		1	19	样冲			1
7	钻花	ϕ6mm		1	20	手锤	0.5kg		1
8	塞尺	0.02～0.5mm		1 组	21	软钳口			1 副
9	扁锉	300mm	一号纹	1	22	锉刀刷			1
10	扁锉	250mm	三号纹	1	23	油漆刷	1～2in		1
11	扁锉	100mm	五号纹	1	24	油石	自定截面		1～2
12	三角锉	150	四号纹	1	25	机油煤油			适量
13	锯弓	300		1	26	抹布棉纱			适量

二、工作步骤

制作凸凹件嵌配的操作步骤见表 3-14。

表 3-14 制作凸凹件嵌配的操作步骤

序号	步骤	图示	操作内容及注意事项
1	检查毛坯	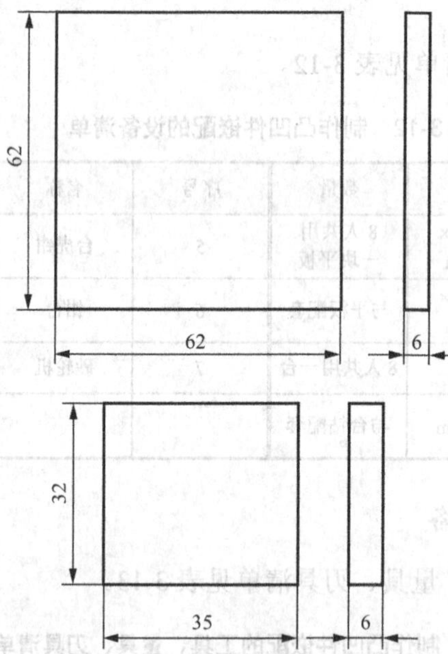	1）按图示检查毛坯 2）清理毛坯 3）检查毛坯尺寸
2	加工工件两个相邻两基准面		1）在平口虎钳上找正并夹紧毛坯 2）用精铣刀以小切削量加工第一基准面，保证平面度≤0.04mm，同时建立垂直基准 3）清理并测量加工面，确认平面度符合要求
3	划出加工线	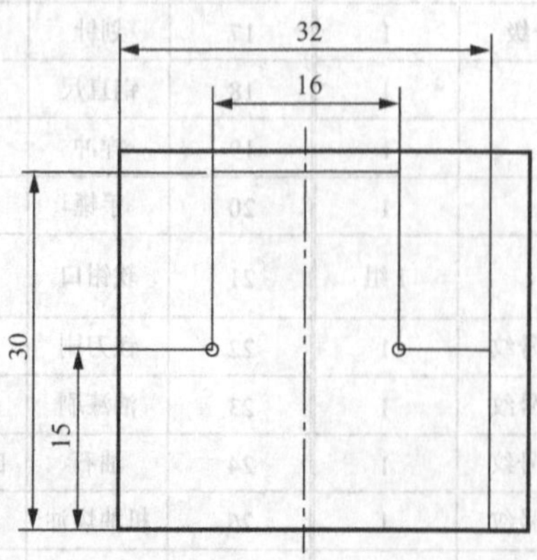	分别以两基准面为基准划出加工轮廓线，以两线交点为中心，打上样冲眼

续表

序号	步骤	图示	操作内容及注意事项
4	钻孔		钻削直径 2mm 工艺孔
5	锯削		锯削去除距基准面远端的材料，并保留锉削余量
6	锉削	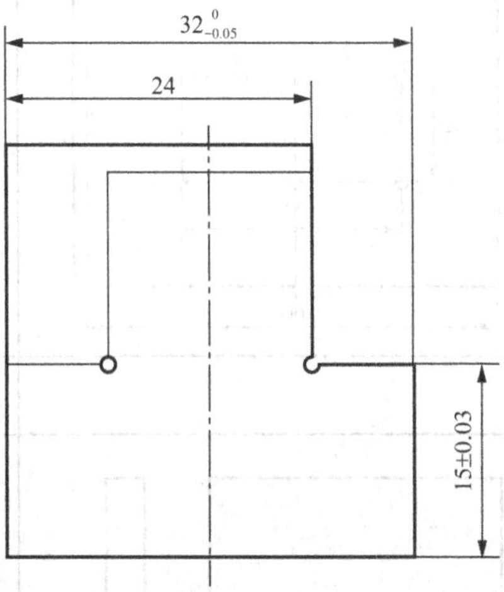	锉削上步中去除材料后的位置，达到要求尺寸
7	锯削		锯削去除距基准面近端的材料，并保留锉削余量
8	锉削	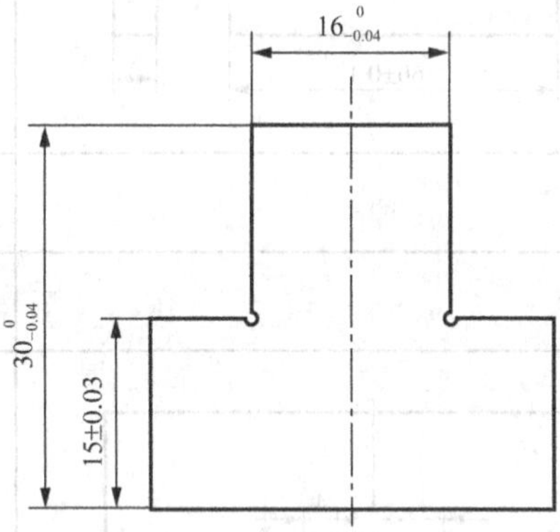	锉削上步中去除材料后的位置，达到要求尺寸
9	加工件 1 相邻两基准面		1）在平口虎钳上找正并夹紧毛坯 2）用精铣刀以小切削量加工第一基准面，保证平面度≤0.04mm，同时建立垂直基准 3）清理并测量加工面，确认平面度符合要求

续表

序号	步骤	图示	操作内容及注意事项
10	划出加工线	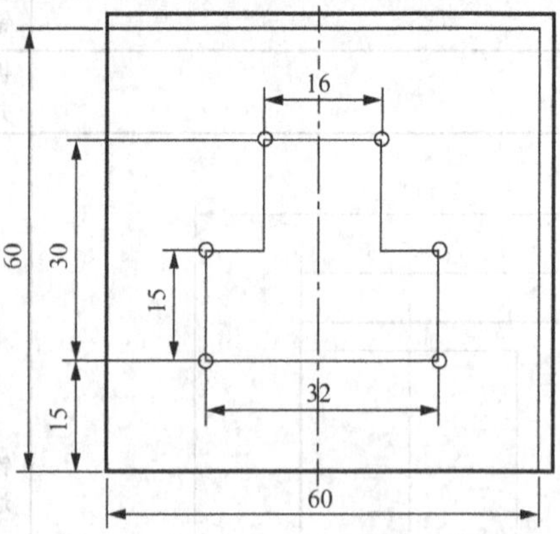	分别以两基准面为基准划出加工轮廓线，以两线交点为中心，打上样冲眼
11	锯削		锯削去除外轮廓多余材料，并保留锉削余量
12	锉削	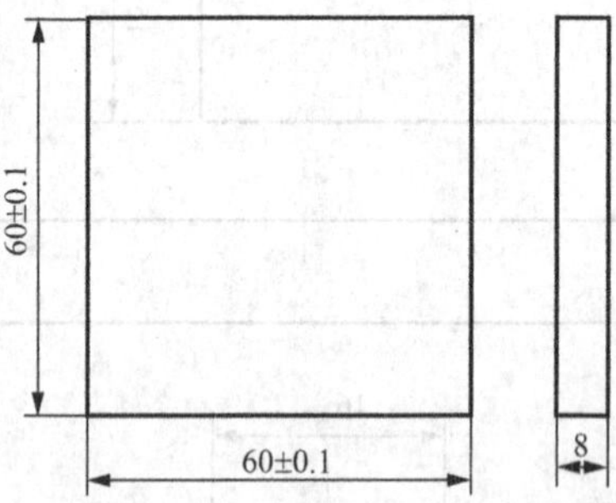	锉削上步中去除材料后的位置，达到要求尺寸
13	定心		定钻排孔及工艺孔中心，注意留足锉削、錾削余量
14	钻孔		钻削直径 2mm 工艺孔
15	钻排孔	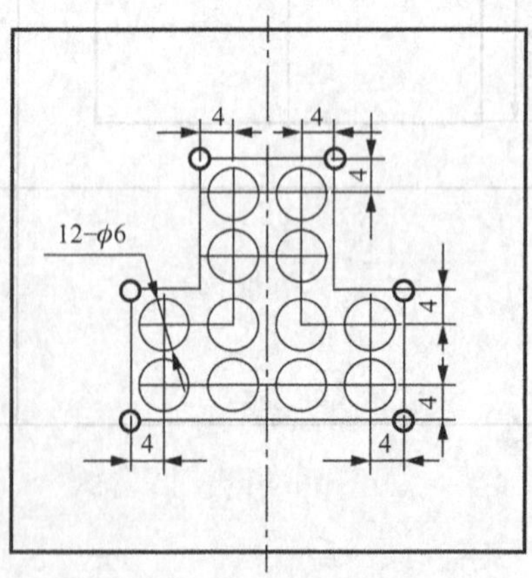	根据钻孔要求，先钻两角处孔，再钻中部孔

续表

序号	步骤	图示	操作内容及注意事项
16	錾削		用錾子顶住排孔位置，通过锤击，将多余材料去除
17	锉削	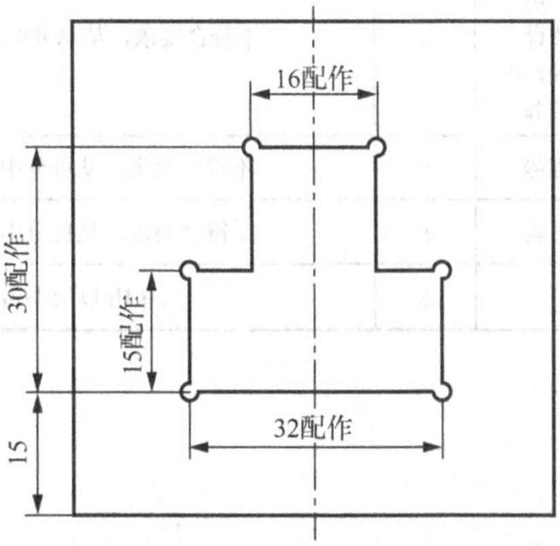	用件2配锉，将件1中空凹形位置锉削至要求尺寸
18	修整		倒棱，去毛刺
19	交检		根据评分标准进行检查评分

任务评价

制作凸凹件嵌配评分表见表3-15。

表3-15 制作凸凹件嵌配评分表

考核项目	考核内容	考核要求	配分	评分标准	得分
主要项目	配合间隙	≤0.04	20	每超差0.01扣2分	
	尺寸精度	15±0.03	10	每超差0.01扣3分，超差0.03不得分	
		$30^{0}_{-0.04}$	10	每超差0.01扣3分，超差0.03不得分	
		$32^{0}_{-0.05}$	10	每超差0.01扣3分，超差0.03不得分	
	表面粗糙度	*Ra*6.3	5	大于*Ra*3.2不得分	
一般项目	平面度	0.05	5	每超差0.01扣0.2分，超差0.04不得分	
	垂直度	0.05	5	每超差0.01扣0.2分，超差0.04不得分	
	对称度	0.06	5	每超差0.01扣0.2分，超差0.04不得分	
	尺寸精度	60±0.1	5	每超差0.01扣3分，超差0.05不得分	

续表

考核项目	考核内容	考核要求	配分	评分标准	得分
其他项目	安全	安全文明生产	5	不符合要求，从总分中扣1～50分，发生较大事故者不得分	
	工具设备使用	正确、规范使用工、量、刃具及设备，并做到合理保养	5	不符合要求，从总分中扣1～10分	
	其他	操作姿势	5	不符合要求，从总分中扣1～5分	
		工艺正确	5	不符合要求，从总分中扣1～5分	
工时定额	6h		5	超1h以上不得分	

项目四　小挖掘机模型的制作

本项目通过制作小挖掘机模型（以下简称小挖机）（含底盘、车身、臂架等八大部件）（图 4-1），系统训练钳工核心技能，涵盖精密锉削（尺寸公差±0.01mm）、螺纹加工（M6、M8）、钻孔与铰孔（$\phi5$～$\phi10$mm）及钣金折弯加工。所用材料选用 Q235 钢。要求严格把控多基准面垂直度、表面粗糙度（*Ra*6.3）及装配协调性，最终完成可动态组装的工程机械模型。

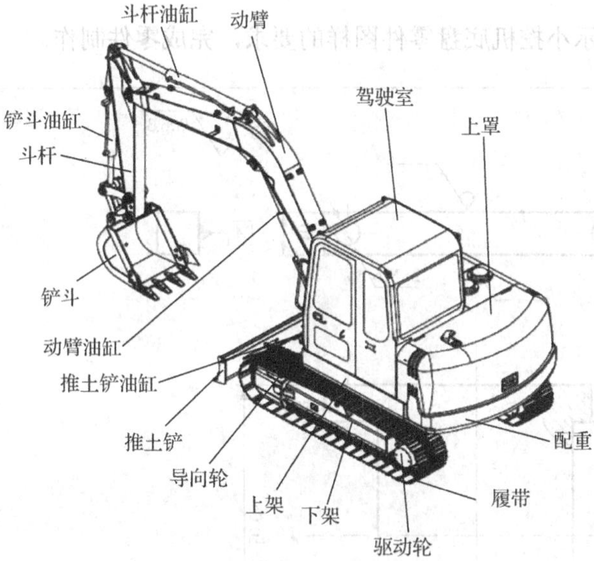

图 4-1　小挖机的结构示意图

任务一　小挖机底盘及履带板的制作

任务目标

1. 知识目标

（1）正确计算螺纹底孔直径和圆杆直径。

（2）熟练掌握攻螺纹和套螺纹的方法。

2. 能力目标

（1）能够按照图样要求正确攻螺纹、套螺纹，掌握螺纹加工技能。

（2）能够按照图样要求正确加工零件，满足加工精度和质量要求。

3. 思政目标

（1）结合中国挖掘机市场现状及发展趋势，剖析我国从制造大国向制造强国转变的战略布局。引导学生树立爱国情怀，激发其科技报国的使命感与责任感

（2）培养精益求精的工匠精神、严守规范的安全意识、协同创新的团队能力。

子任务一 底盘的制作

任务描述

按照图 4-2 所示小挖机底盘零件图样的要求，完成零件制作。

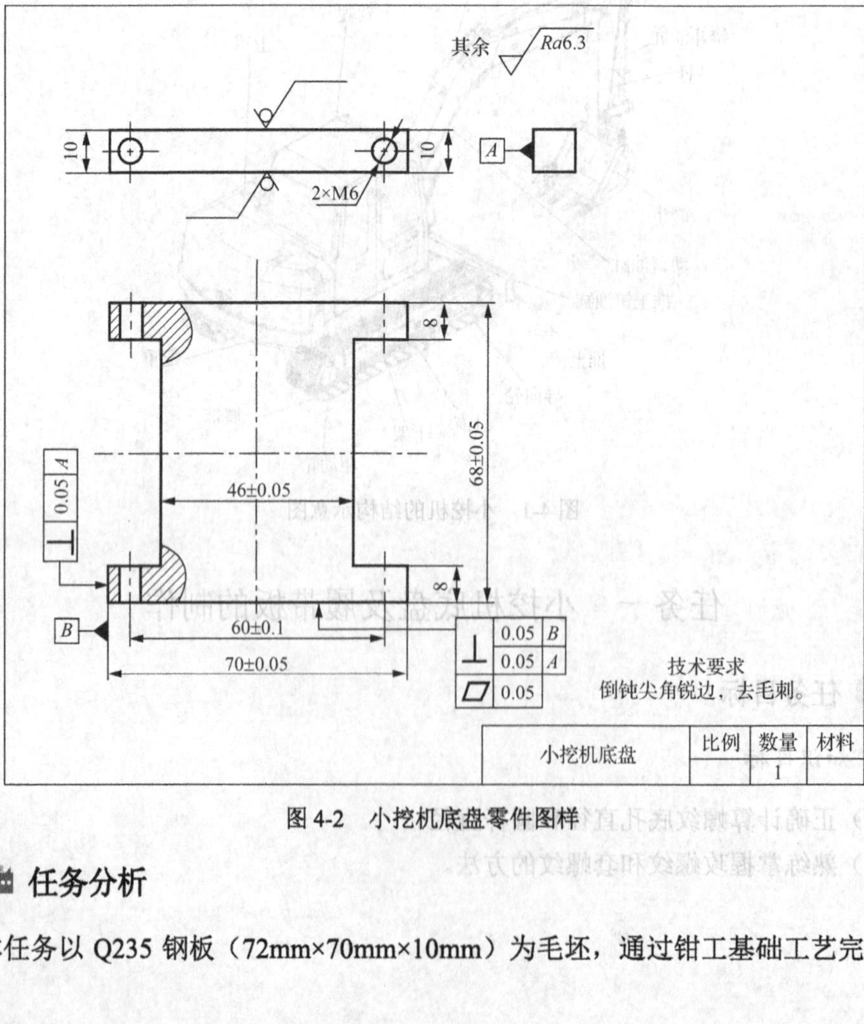

图 4-2 小挖机底盘零件图样

任务分析

本任务以 Q235 钢板（72mm×70mm×10mm）为毛坯，通过钳工基础工艺完成小挖

机底盘零件的制作。任务重点涵盖基准面加工、钻孔、攻螺纹、轮廓锉削等技能。同时涵盖基准面加工、排孔加工与錾削、螺纹加工、轮廓锉削等操作内容，以及多基准面精度控制、复杂轮廓锉配、表面粗糙度达标等任务难点。

相关知识

一、螺纹加工工具

螺纹作为连接、紧固、传动、调节功能的螺旋副机构，被广泛应用于各种机械设备、仪器仪表中。螺纹加工包括内螺纹加工和外螺纹加工。用丝锥在孔中切削加工内螺纹的方法称为攻螺纹。用板牙在圆杆或管子上切削加工外螺纹的方法称为套螺纹。螺纹牙型有多种，钳工只能加工三角螺纹，其他如矩形、梯形等螺纹则须在车床上加工。

螺纹加工工具主要有丝锥、丝锥铰杠、板牙和板牙铰杠等。

1. 丝锥

丝锥是加工内螺纹的工具，常用高速钢或合金工具钢制成。丝锥由工作部分和柄部组成，工作部分包括切削部分和校准部分，如图 4-3 所示。图中，α_0 为导锥后角，γ_0 为导锥前角。

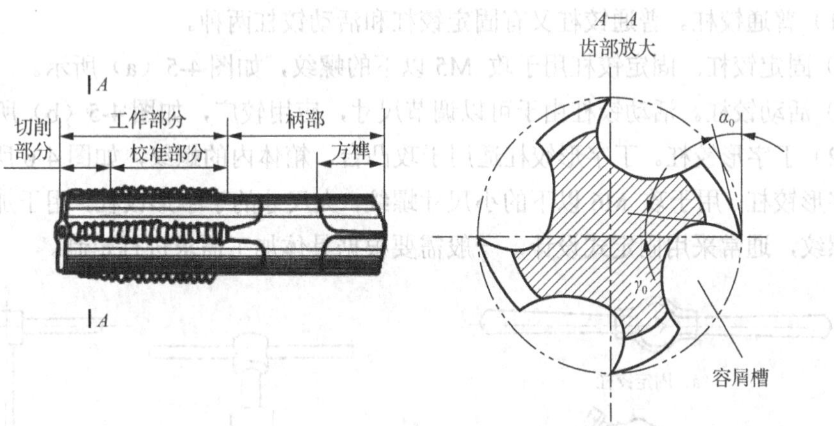

图 4-3　丝锥的构造

丝锥通常以成套形式使用，以便合理分配切削用量，提高加工效率和螺纹质量。丝锥一般由 2 支或 3 支组成，具体数量取决于螺纹规格：M6～M4 的丝锥每组 2 支；M6 以下和 M24 以上的丝锥每组 3 支；细牙普通螺纹丝锥每组 2 支。

成组丝锥切削用量的分配有两种形式：锥形分配和柱形分配，如图 4-4 所示。图中，P 为螺距，L_w 为导锥长度，φ 为导锥角。

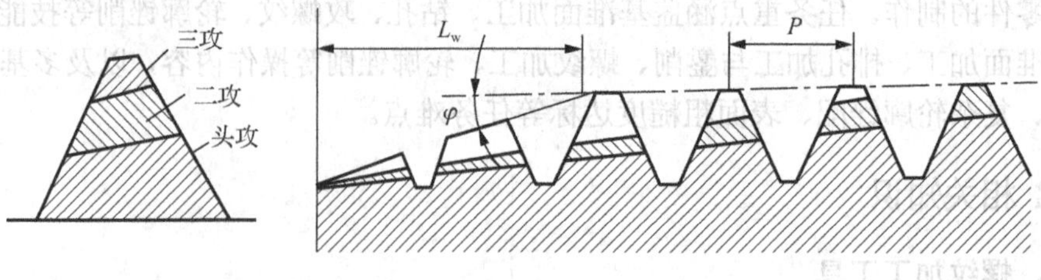

（a）锥形分配

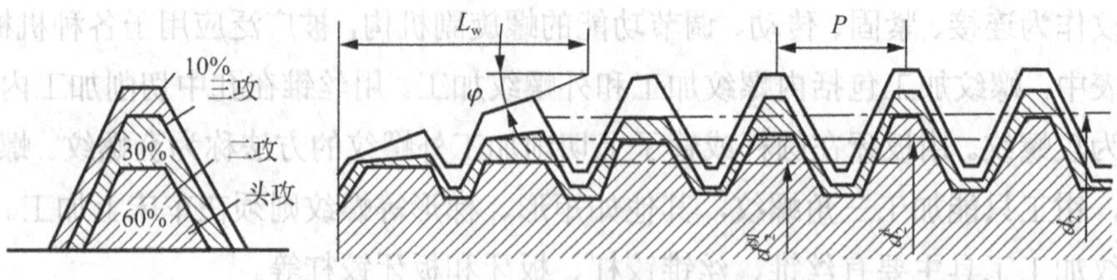

（b）柱形分配

图 4-4 成套丝锥的切削用量分配

2. 丝锥铰杠

丝锥铰杠是手工攻螺纹时用来夹持和扳转丝锥的工具。铰杠分普通铰杠和丁字形铰杠两种。

（1）普通铰杠。普通铰杠又有固定铰杠和活动铰杠两种。

① 固定铰杠。固定铰杠用于攻 M5 以下的螺纹，如图 4-5（a）所示。

② 活动铰杠。活动铰杠由于可以调节尺寸，应用较广，如图 4-5（b）所示。

（2）丁字形铰杠。丁字形铰杠适用于攻凸台、箱体内的螺纹，如图 4-6 所示；可调节丁字形铰杠，用于攻 M6 以下的小尺寸螺纹；大尺寸的丁字形铰杠，用于加工较大尺寸的螺纹，通常采用固定式设计，一般需要根据具体加工需求进行定制。

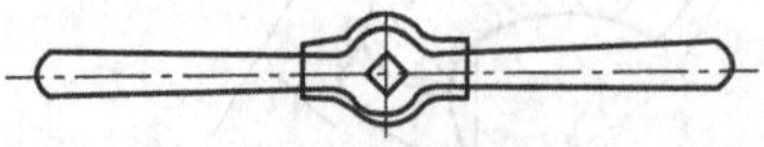

（a）固定铰杠

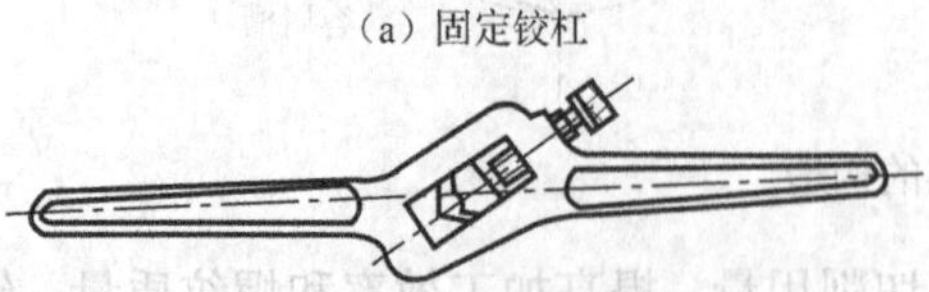

（b）活动铰杠

图 4-5 普通铰杠

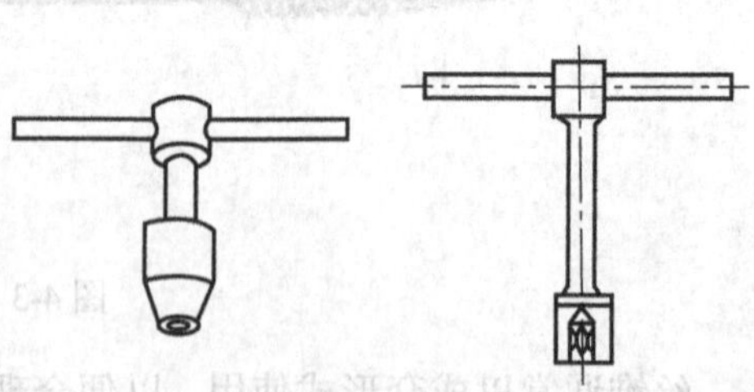

（a）可调节丁字形绞杠 （b）固定式丁字形绞杠

图 4-6 丁字形铰杠

3. 板牙

板牙是加工外螺纹的工具，由合金工具钢或高速钢制成，并经淬火硬化。板牙的结构由切削部分、校准部分和排屑孔组成，如图 4-7 所示。图中，D 为圆杆直径，φ为导角，H 为螺纹厚度。

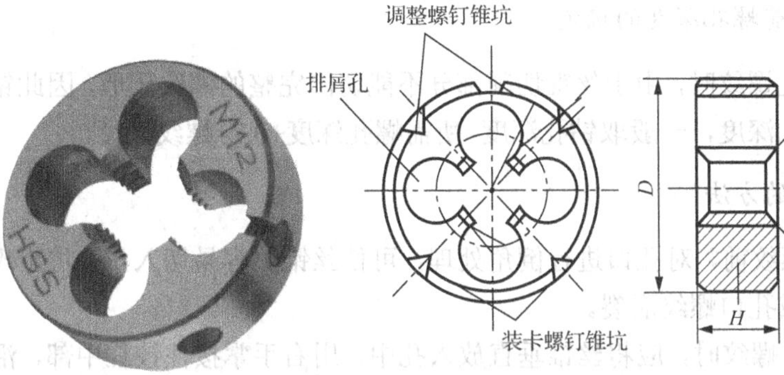

图 4-7　板牙

4. 板牙铰杠

板牙铰杠的外圆旋有 4 只紧定螺钉和 1 只调松螺钉。使用时，紧定螺钉将板牙紧固在铰杠中，并传递套螺纹时的扭矩，如图 4-8 所示。

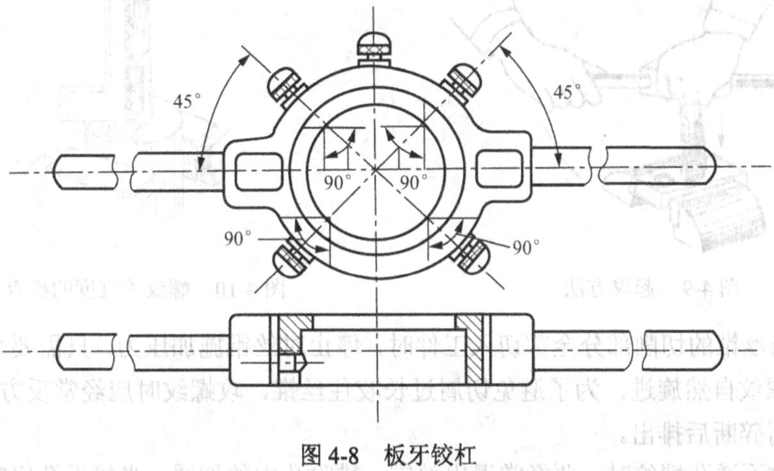

图 4-8　板牙铰杠

二、攻螺纹

1. 攻螺纹前底孔直径的确定

加工普通螺纹前钻头底孔直径的确定可按表 4-1 中的公式计算。

表 4-1　加工普通螺纹前钻头底孔直径计算公式

被加工材料和扩张量	钻头直径计算公式
钢和其他塑性大的材料，扩张量中等	底孔直径=螺纹大径−螺距
铸铁和其他塑性小的材料，扩张量较小	底孔直径=螺纹大径−（1.05～1.1）螺距

2. 攻螺纹前螺孔深度的确定

加工不通孔螺纹时，由于丝锥切削部分不能切出完整的螺纹牙形，因此钻孔深度要大于所需的螺孔深度，一般取钻孔深度=所需螺孔深度+0.7×螺纹大径。

3. 攻螺纹的方法

（1）在攻螺纹前，对孔口进行倒角处理，可使丝锥更容易切入，并防止攻螺纹时孔口挤压出凸边或孔口螺纹崩裂。

（2）开始攻螺纹时，应将丝锥垂直放入孔中，用右手掌按住铰杠中部，沿丝锥中心线用力加压，左手配合作顺时针方向旋进，确保丝锥中心线与孔中心线重合，不能歪斜，如图 4-9 所示。当丝锥切入工件 1～2 圈时，从两个方向用目测或角尺检查丝锥的垂直度，如图 4-10 所示，并及时校正。当丝锥切入工件 3～4 圈后，不允许继续校正，否则容易将丝锥折断。

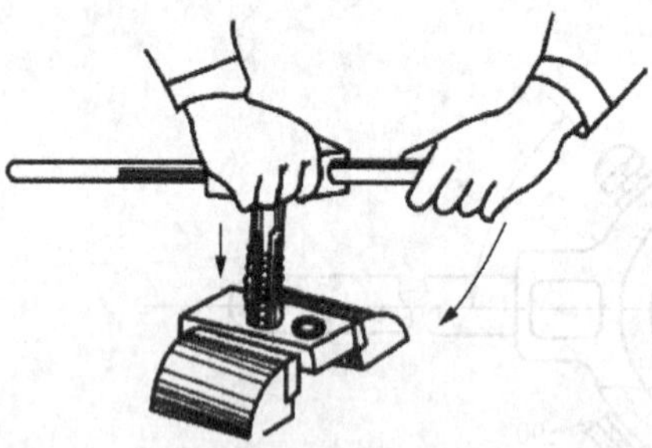

图 4-9 起攻方法

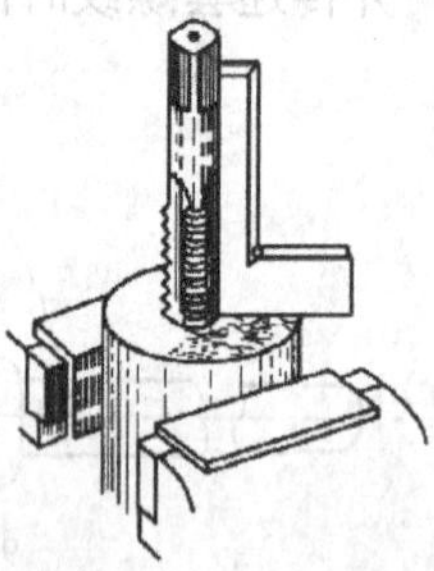

图 4-10 螺纹垂直度的检查方法

（3）当丝锥的切削部分全部切入工件时，停止对丝锥施加压力，只需要平稳的转动铰杠，靠螺纹自然旋进，为了避免切屑过长咬住丝锥，攻螺纹时应经常反方向转动 1/2 圈，使切屑碎断后排出。

（4）攻不通孔螺纹时，要经常退出丝锥，排除孔中的切屑。当接近孔底时，更应及时排出积屑，以免丝锥被轧住。

（5）攻螺纹时，应加切削液，以减少切削阻力，提高螺纹孔的表面质量，延长丝锥的使用寿命。攻螺纹时切削液的选用见表 4-2。

表 4-2 攻螺纹时切削液的选用

零件材料	切削液
结构钢、合金钢	乳化液、乳化油
灰铸铁	煤油、乳化液、75%煤油+25%植物油
铜合金	机械油、硫化油、煤油+矿物油
铝及铝合金	50%煤油+50%机械油、85%煤油+15%亚麻油、煤油、松节油等

三、套螺纹

1. 套螺纹前圆杆直径的确定

套螺纹前圆杆直径的确定可用公式计算，即

$$圆杆直径 \approx 螺纹大径 - 0.13 \times 螺距$$

2. 套螺纹的方法

（1）为了使板牙容易对准工件并顺利切入，圆杆端部应倒成 15°～20° 的锥体，锥体的最小直径略小于螺纹小径，如图 4-11 所示。

（2）为了防止夹持出现偏斜和夹出痕迹，圆杆应装夹在用硬木制成的 V 形钳口或软金属制成的衬垫中，圆杆伸出钳口部分不要过长，如图 4-12 所示。

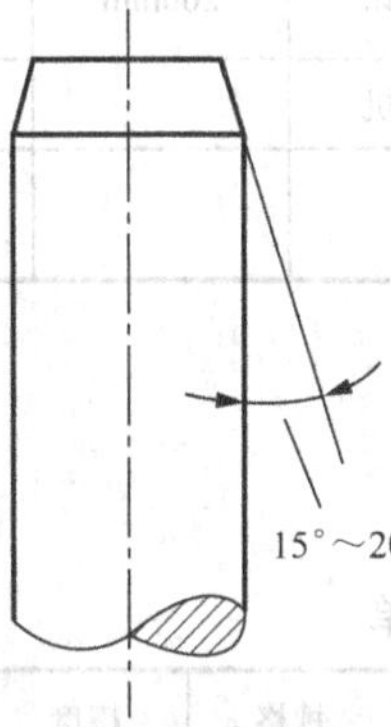

图 4-11　圆杆的倒角

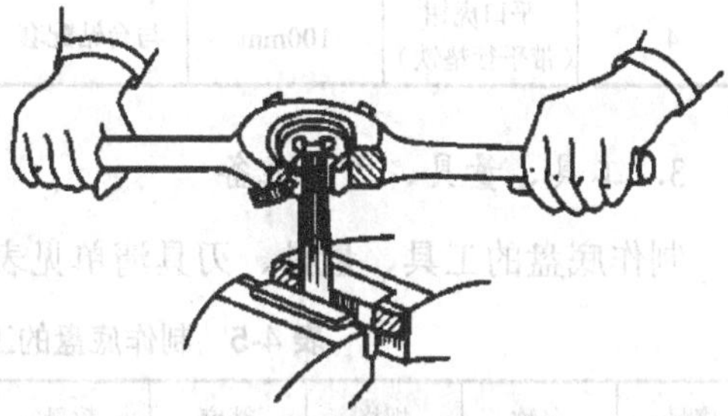

图 4-12　圆杆的夹持方法

（3）套螺纹时，应保持板牙端面与圆杆轴线垂直，否则套出的螺纹两面会深浅不一，甚至会出现烂牙。

（4）在开始套螺纹时，可用手掌按住板牙中心，适当施加压力并转动铰杠。当板牙切入圆杆 1～2 圈时，应检查和校正板牙的位置；当板牙切入圆杆 3～4 圈时，应停止施加压力，靠自然旋进套螺纹。

（5）为了避免切屑过长而卡住，套螺纹过程中板牙应经常倒转。在钢件上套螺纹时，应加切削液，以延长板牙的使用寿命，减小螺纹的表面粗糙度。

任务实施

一、工作准备

1. 材料准备

制作底盘的材料清单见表 4-3。

表 4-3 制作底盘的材料清单

序号	材料名称	规格	数量	备注
1	Q235	72mm×70mm×10mm	1 件	1 件/人

2. 设备准备

制作底盘的设备清单见表 4-4。

表 4-4 制作底盘的设备清单

序号	名称	规格	数量	序号	名称	规格	数量
1	划线（测量）平板	500mm×400mm	8 人共用一块平板	5	钳台	800mm	1 工位/人
2	方箱（靠铁）	100mm×100mm	与平板配套	6	台虎钳	200mm	1 个/人
3	台式钻床	Z512	8 人共用一台	7	砂轮机		1
4	平口虎钳（带平行垫铁）	100mm	与台钻配套				

3. 工具、量具、刃具准备

制作底盘的工具、量具、刃具清单见表 4-5。

表 4-5 制作底盘的工具、量具、刃具清单

序号	名称	规格	精度	数量	序号	名称	规格	精度	数量
1	高度游标卡尺	0～200mm	0.02mm	1	14	扁錾	150mm		1
2	游标卡尺	0～150mm	0.02mm	1	15	锯条	齿距		2
3	直角尺	100mm×63mm	一级	1	16	划规	150mm		1
4	刀口形直尺	100mm	一级	1	17	划针			1
5	钻夹头	ϕ12mm		1	18	钢直尺	200mm		1
6	钻花	ϕ4.3mm、ϕ6mm		各 1	19	样冲			1
7	丝锥	M6		1	20	手锤	0.5kg		1
8	铰杠	200mm		1	21	软钳口			1 副
9	扁锉	300mm	一号纹	1	22	锉刀刷			1
10	扁锉	250mm	三号纹	1	23	油漆刷	1～2in		1
11	扁锉	100mm	五号纹	1	24	油石	自定截面		1～2
12	三角锉	150mm	四号纹	1	25	机油煤油			适量
13	锯弓	300mm		1	26	抹布棉纱			适量

二、工作步骤

制作底盘的操作步骤见表 4-6。

表 4-6　制作底盘的操作步骤

序号	步骤	图示	操作内容及注意事项
1	检查毛坯	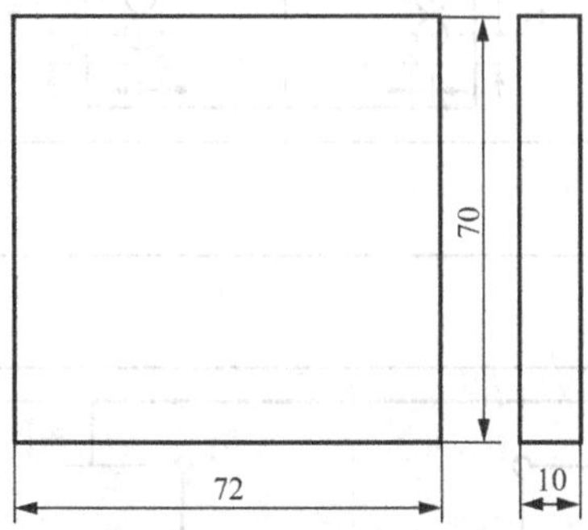	1）按图示检查毛坯 2）清理毛坯 3）检查毛坯尺寸
2	加工相邻两基准面		1）在平口虎钳上找正并夹紧毛坯 2）用精铣刀以小切削量加工第一基准面，保证平面度≤0.05mm，同时建立垂直基准 3）清理并测量加工面，确认平面度符合要求
3	划出加工线	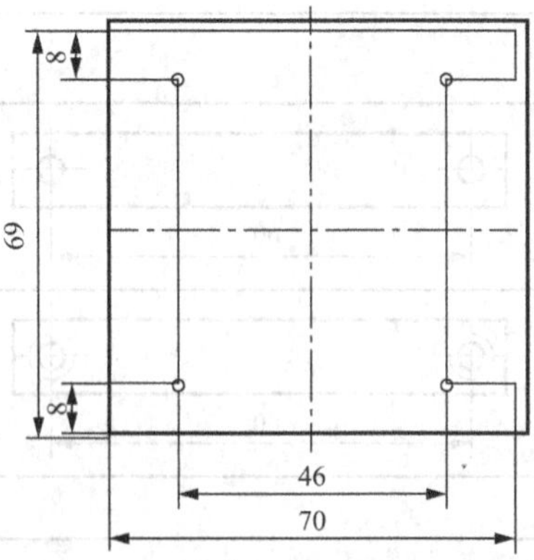	分别以两基准面为基准划出加工轮廓线，以两线交点为中心与钻孔中心，分别打上样冲眼
4	定心		定钻排孔中心，注意留足锉削、錾削余量

续表

序号	步骤	图示	操作内容及注意事项
5	钻排孔	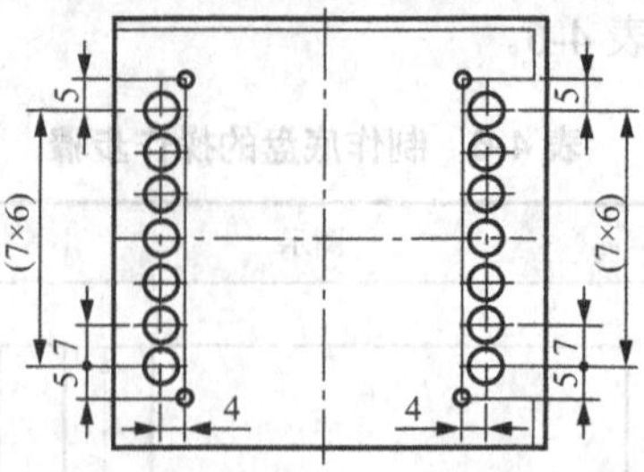	根据钻孔要求，先钻四角处孔，再钻中部孔
6	锯削		沿凹件中部凹形加工边线，锯两条缝，并保留锉削余量
7	錾削		用錾子顶住排孔位置，通过锤击，将多余材料去除
8	锉削	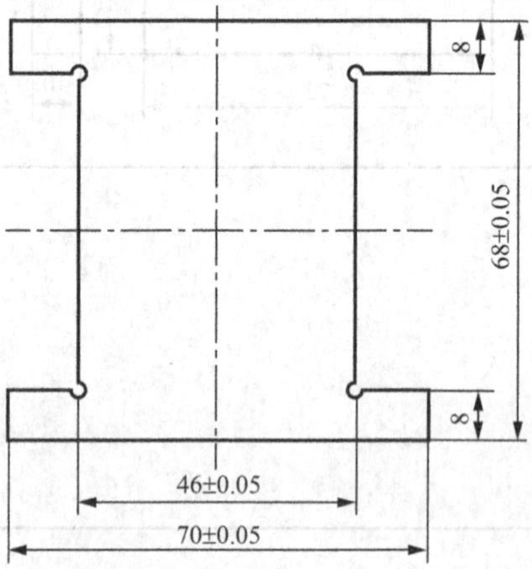	锉削上步中去除材料后的位置，达到要求尺寸
9	定心		以大平面为基准，划出 M6 的中心，并打好样冲眼
10	钻孔	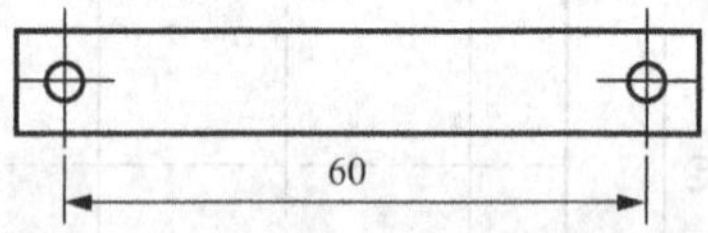	钻出 4 个ϕ5.2mm 的底孔
11	攻螺纹	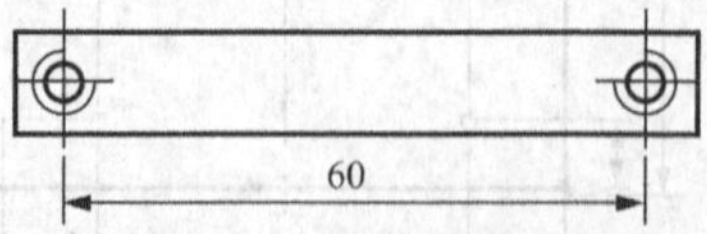	用 M6 丝锥，通过手动攻螺纹攻出 M6 螺纹
12	修整		倒棱，去毛刺
13	交检		根据评分标准进行检查评分

任务评价

制作底盘评分表见表 4-7。

表 4-7 制作底盘评分表

考核项目	考核内容	考核要求	配分	评分标准	得分
主要项目	尺寸精度	68 ± 0.05	15	每超差 0.01 扣 3 分，超差 0.03 不得分	
		70 ± 0.05	10	每超差 0.01 扣 3 分，超差 0.03 不得分	
		60 ± 0.1	10	每超差 0.02 扣 3 分，超差 0.06 不得分	
		46 ± 0.05	15	每超差 0.01 扣 3 分，超差 0.03 不得分	
一般项目	表面粗糙度	*Ra*6.3	15	超差不得分	
	尺寸精度	M6	10	每超差 0.01 扣 0.5 分，超差 0.1 不得分	
其他项目	安全	安全文明生产	5	不符合要求，从总分中扣 1～50 分，发生较大事故者不得分	
	工具设备使用	正确、规范使用工具、量具、刃具及设备，并做好日常维护和保养	5	不符合要求，从总分中扣 1～10 分	
	其他	操作姿势	5	不符合要求，从总分中扣 1～5 分	
		工艺正确	5	不符合要求，从总分中扣 1～5 分	
工时定额	4h		5	超 1h 以上不得分	

子任务二 履带板的制作

任务描述

按照图 4-13 所示小挖机履带板零件图样要求，完成零件制作。

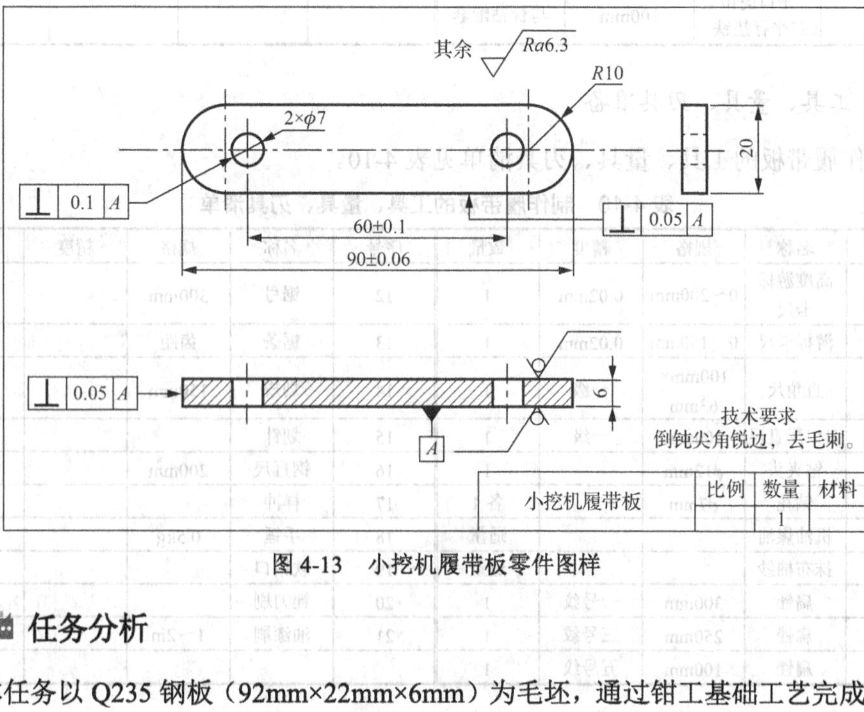

图 4-13 小挖机履带板零件图样

任务分析

本任务以 Q235 钢板（92mm×22mm×6mm）为毛坯，通过钳工基础工艺完成小挖机履带板零件的制作。任务重点涵盖基准面加工、钻孔配作、圆弧锉削等核心技能。同时涵盖基准面加工与划线、钻孔与锯削、圆弧锉削与修整等关键步骤操作，以及多工序精度控制、效率（限时 2h）与质量平衡等任务难点。

任务实施

一、工作准备

1. 材料准备

制作履带板的材料清单见表 4-8。

表 4-8 制作履带板的材料清单

序号	材料名称	规格	数量	备注
1	Q235	92mm×22mm×6mm	2 件	2 件/人

2. 设备准备

制作履带板的设备清单见表 4-9。

表 4-9 制作履带板的设备清单

序号	名称	规格	数量	序号	名称	规格	数量
1	划线（测量）平板	500mm×400mm	8 人共用一块平板	5	钳台		1 工位/人
2	方箱（靠铁）	100mm×100mm	与平板配套	6	台虎钳	200mm	1 个/人
3	台式钻床	Z512	8 人共用一台	7	砂轮机		
4	平口虎钳（带平行垫铁）	100mm	与台钻配套				

3. 工具、量具、刃具准备

制作履带板的工具、量具、刃具清单见表 4-10。

表 4-10 制作履带板的工具、量具、刃具清单

序号	名称	规格	精度	数量	序号	名称	规格	精度	数量
1	高度游标卡尺	0～200mm	0.02mm	1	12	锯弓	300mm		1
2	游标卡尺	0～150mm	0.02mm	1	13	锯条	齿距		2
3	直角尺	100mm×63mm	一级	1	14	划规	150mm		1
4	刀口形直尺	100mm	一级	1	15	划针			1
5	钻夹头	ϕ12mm		1	16	钢直尺	200mm		1
6	钻花	ϕ7mm		各 1	17	样冲			1
7	机油煤油			适量	18	手锤	0.5kg		1
8	抹布棉纱			适量	19	软钳口			1 副
9	扁锉	300mm	一号纹	1	20	锉刀刷			1
10	扁锉	250mm	三号纹	1	21	油漆刷	1～2in		1
11	扁锉	100mm	五号纹	1					

二、工作步骤

制作履带板的操作步骤见表 4-11。

表 4-11　制作履带板的操作步骤

序号	步骤	图示	操作内容及注意事项
1	检查毛坯	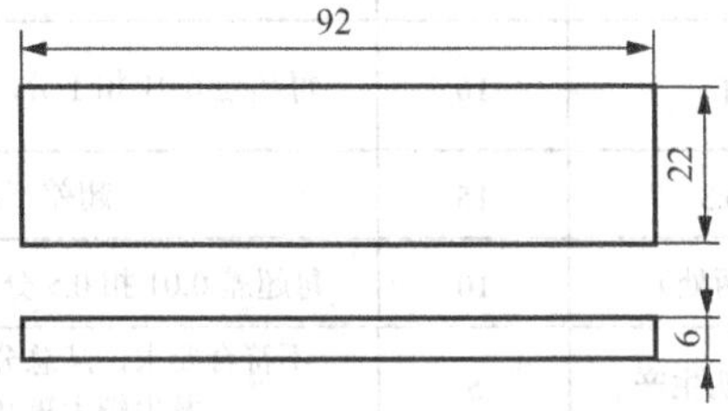	1）按图示检查毛坯 2）清理毛坯 3）检查毛坯尺寸
2	加工相邻两基准面		1）在平口虎钳上找正并夹紧毛坯 2）用精铣刀以小切削量加工第一基准面，保证平面度≤0.05mm，同时建立垂直基准 3）清理并测量加工面，确认平面度符合要求
3	划出加工线	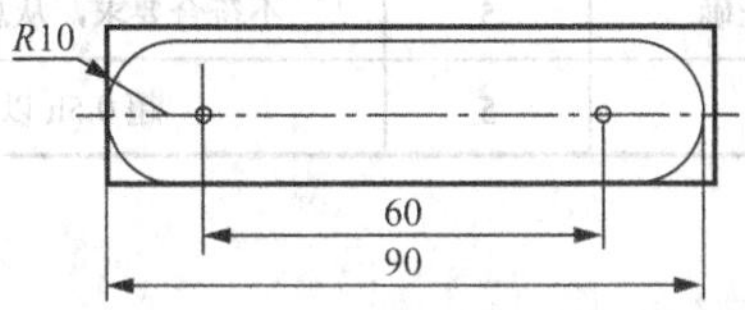	以两基准面为基准，划出加工轮廓线，划出 ϕ7mm 的中心，打上样冲眼，并用划规划出 R10mm 边界线
4	钻孔	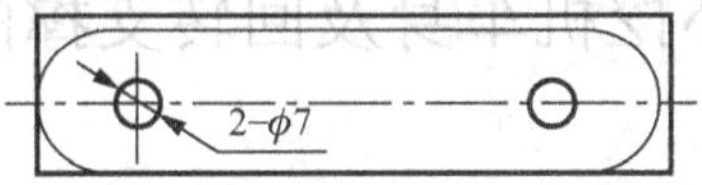	与底盘配钻，钻出 2-ϕ7 的通孔
5	锯削		锯削去除多余材料，保留锉削余量
6	锉削		锉削宽度尺寸 20mm，达到图样要求
7	锉削	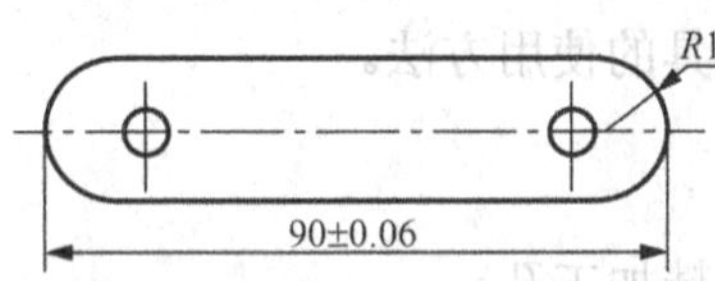	用滚锉法锉削圆弧，锉至要求尺寸
8	修整		倒棱，去毛刺
9	交检		根据评分标准进行检查评分

任务评价

制作履带板评分表见表 4-12。

表 4-12　制作履带板评分表

考核项目	考核内容	考核要求	配分	评分标准	得分
主要项目	尺寸精度	90 ± 0.06	15	每超差 0.01 扣 3 分，超差 0.04 不得分	
		60 ± 0.1	15	每超差 0.01 扣 3 分，超差 0.06 不得分	
		$\phi7$	10	每超差 0.01 扣 3 分，超差 0.03 不得分	
一般项目	垂直度	0.1	10	每超差 0.01 扣 1 分，超差 0.06 不得分	
	表面粗糙度	$Ra6.3$	15	超差不得分	
	圆弧	$R10$（两处）	10	每超差 0.01 扣 0.5 分，超差 0.1 不得分	
其他项目	安全	安全文明生产	5	不符合要求，从总分中扣 1～50 分，发生较大事故者不得分	
	工具设备使用	正确、规范使用工具、量具、刃具及设备，并做好日常维护和保养	5	不符合要求，从总分中扣 1～10 分	
	其他	操作姿势	5	不符合要求，从总分中扣 1～5 分	
		工艺正确	5	不符合要求，从总分中扣 1～5 分	
工时定额	2h		5	超 0.5h 以上不得分	

任务二　小挖机车身及回转支撑的制作

任务目标

1. 知识目标

（1）明确扩孔与锪孔的作用，掌握扩孔与锪孔的基本操作要领。

（2）掌握扩孔、锪孔常用工具的使用方法。

2. 能力目标

（1）能够按照图样要求正确精加工孔。

（2）能够按图样要求正确加工零件，满足加工精度和质量要求。

3. 思政目标

（1）结合中国挖掘机市场现状及发展趋势，剖析我国从制造大国向制造强国转变的战略布局，引导学生树立爱国情怀，激发其科技报国的使命感与责任感。

（2）培养精益求精的工匠精神、严守规范的安全意识、协同创新的团队能力。

子任务一　车身的制作

任务描述

按照图 4-14 所示小挖机车身零件图样的要求，完成零件制作。

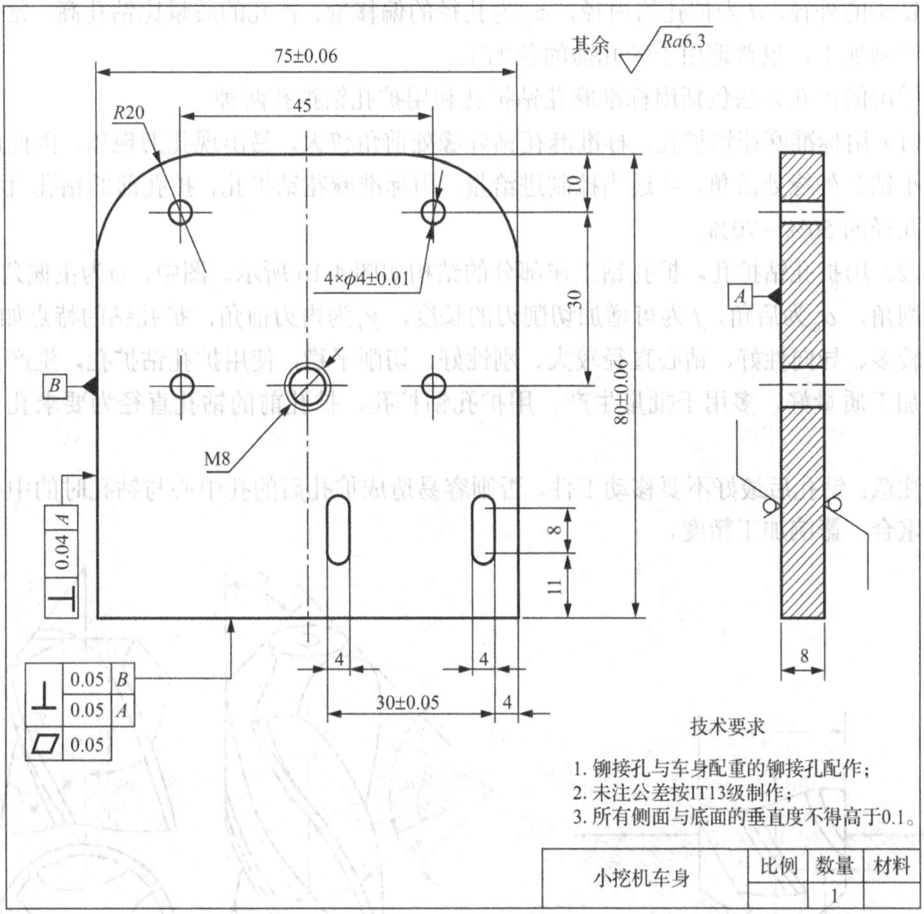

图 4-14　小挖机车身零件图样

任务分析

本任务以 Q235 钢板（82mm×77mm×8mm）为毛坯，通过多工序加工完成高精度车身零件的制作。任务重点涵盖基准面加工、多孔径钻孔（ϕ4mm）、攻 M8 螺纹及 R20mm 圆弧锉削等内容。同时涵盖关键尺寸（80±0.06、75±0.06）与双 D 形孔对称度（公差±0.01mm）的严格控制，以及多特征（圆弧、异形孔、螺纹）的精度协同控制与工时效率优化等任务难点。通过滚锉法修整圆弧、錾削去料等操作，提升精密加工能力与工艺规划意识。

相关知识

1. 扩孔

扩孔是指用扩孔钻或麻花钻等工具扩大孔径的方法，如图 4-15 所示。图中，D为扩孔钻头的外径，d为扩孔的内径，α_p为孔径的偏移量。扩孔的质量比钻孔高，常作为孔的半精加工，也普遍用于铰孔前的预加工。

常用的扩孔方法包括用标准麻花钻扩孔和用扩孔钻扩孔两种。

（1）用标准麻花钻扩孔。标准麻花钻外缘处前角较大，易出现扎刀现象，因此应适当磨小钻头外缘处前角，并适当控制进给量。用标准麻花钻扩扎，扩孔前的钻孔直径为要求孔径的50%～70%。

（2）用扩孔钻扩孔。扩孔钻工作部分的结构如图 4-16 所示。图中，φ为主偏角，ω为切削角，α_0为后角，f为可增加切削刃的长度，γ_0为内刃前角。扩孔钻的特点如下：齿数较多、导向性好，钻心直径较大、刚性好，切削平稳，使用扩孔钻扩孔，生产效率高，加工质量好，多用于批量生产。用扩孔钻扩孔，扩孔前的钻孔直径为要求孔径的90%。

注意：钻孔后最好不要移动工件，否则容易造成扩孔后的孔中心与钻孔时的中心线不能重合，影响加工精度。

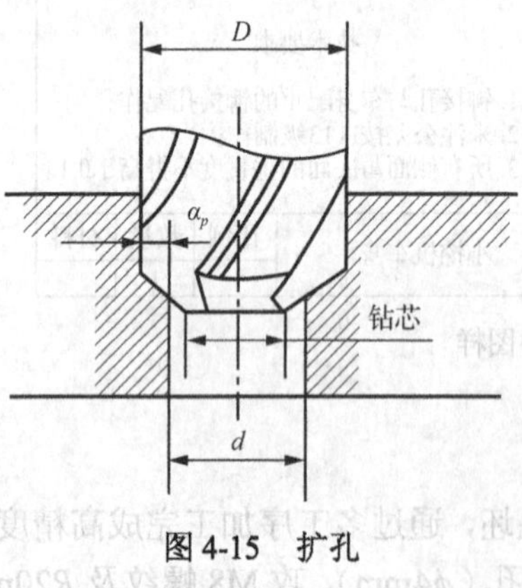

图 4-15 扩孔

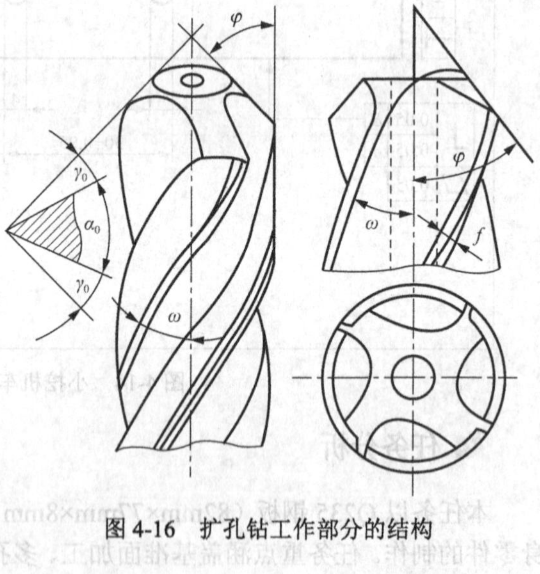

图 4-16 扩孔钻工作部分的结构

2. 锪孔

锪孔是一种用锪钻加工孔端部或孔口形状的工艺。锪孔的目的是保证孔与连接件的正确位置，使连接更合理、更可靠。锪钻的种类有三种：柱形锪钻、锥形锪钻、端面锪钻，其应用如图 4-17 所示。图中，φ为锪钻锥角，δ_0为楔角，α_0为前角，β_0为后角。

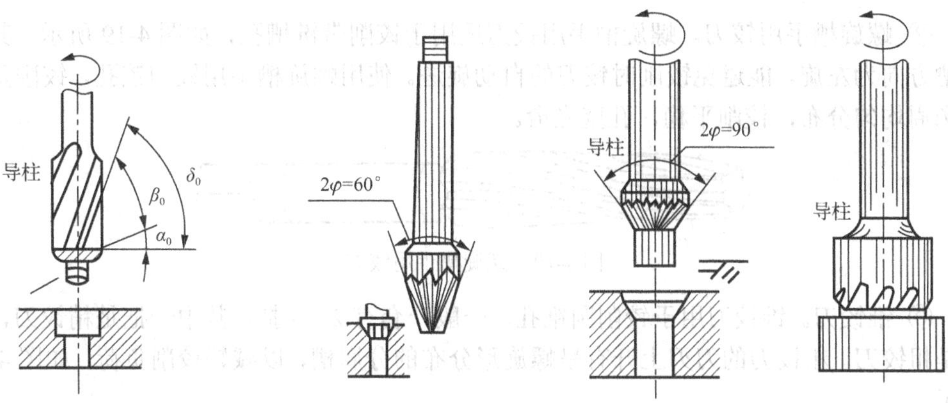

（a）锪圆柱形沉孔　（b）锪圆锥形沉孔　（c）锪孔口和凸台平面

图 4-17　锪钻种类及应用

为了避免振痕，锪孔时的进给量应为钻孔时的 2～3 倍，切削速度为钻孔时的 1/3～1/2。用麻花钻改磨锪钻时，应尽量选较短的钻头，并修磨外缘处的前角，避免出现扎刀现象。锪钻钢件时，应对导柱和切削表面进行润滑。

3. 铰孔

（1）铰孔是用铰刀对已经粗加工或半精加工的孔进行精加工的一种切削加工方法。由于铰刀的齿数较多，因此切削阻力小、导向性好、加工精度高，一般可达 IT9～IT17 级，表面粗糙度可达 1.6μm。

（2）铰刀的种类很多，钳工常用的铰刀有以下几种。

① 整体圆柱铰刀。整体圆柱铰刀按使用方法的不同，分为手用铰刀和机用铰刀两种，如图 4-18 所示。铰刀由工作部分、颈部和柄部三部分组成，工作部分由切削部分和校准部分组成，适用于铰削标准直径系列的孔。

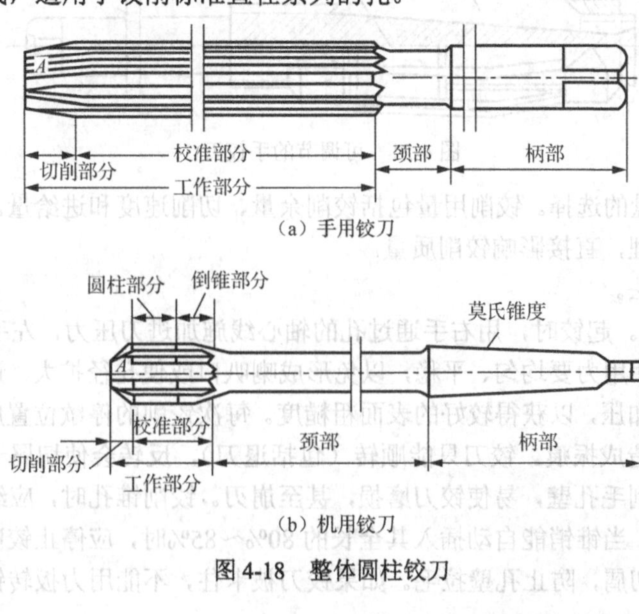

（a）手用铰刀

（b）机用铰刀

图 4-18　整体圆柱铰刀

② 螺旋槽手用铰刀。螺旋槽手用铰刀适用于铰削带键槽孔，如图 4-19 所示。其螺旋槽方向为左旋，能避免铰削时铰刀的自动旋进。使用螺旋槽手用铰刀铰孔，铰削阻力沿圆周均匀分布，铰削平稳，孔壁光滑。

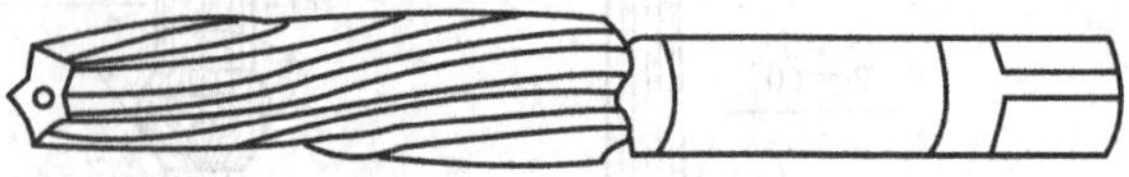

图 4-19 螺旋槽手用铰刀

③ 锥铰刀。锥铰刀用于铰削圆锥孔。一般一套有 2～3 把，其中一把是精饺刀，其余是粗铰刀。粗铰刀的刀刃上开有呈螺旋形分布的分屑槽，以减轻铰削负荷，如图 4-20 所示。

（a）粗铰刀

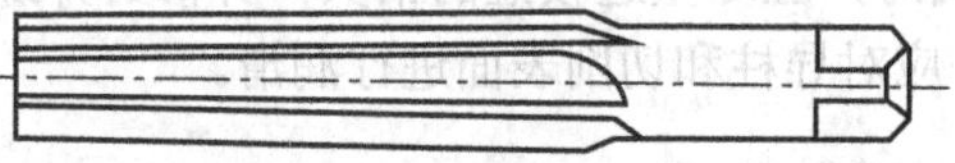

（b）精铰刀

图 4-20 锥铰刀

④ 可调节的手铰刀。刀体上开有斜底直槽，将具有同样斜度的刀片嵌在槽内，通过调整调节螺母，使刀片沿斜底直槽移动，即可改变铰刀直径，如图 4-21 所示。该类型铰刀多用于单件生产和修配工作中需要铰削的非标准孔。

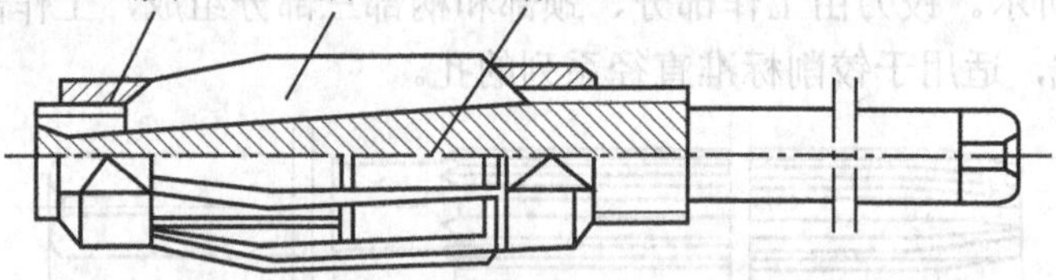

图 4-21 可调节的手铰刀

（3）铰削用量的选择。铰削用量包括铰削余量、切削速度和进给量。铰削用量的选择是否正确、合理，直接影响铰削质量。

（4）铰孔方法。

① 手工铰孔。起铰时，用右手通过孔的轴心线施加进刀压力，左手转动铰杠。在铰削过程中，两手用力要均匀、平稳，以免形成喇叭口或使孔径扩大。进给时，要随着铰刀的旋转轻轻加压，以获得较好的表面粗糙度。每次铰削的停歇位置应改变，避免在同一位置停歇，造成振痕。铰刀只能顺转（包括退刀），反转会使切屑卡在孔壁和刀齿的后刀面之间而刮毛孔壁，易使铰刀磨损，甚至崩刃。铰削锥孔时，应经常用相配的锥销检查铰孔尺寸，当锥销能自动插入其全长的 80%～85%时，应停止铰削。在铰削过程中，应经常清除切屑，防止孔壁拉毛。如果铰刀被卡住，不能用力扳转铰杠，应及时取

出铰刀，清除切屑并检查铰刀。继续铰削时，应缓慢进给，以防在原处再次卡住。铰刀使用完毕，要擦净并涂上机油。放置铰刀时要注意保护好刀刃，避免碰撞而损坏。

② 机动铰孔。机动铰孔时，应尽量使工件在一次装夹过程中完成钻孔、扩孔、铰孔的全部工序，以保证铰孔中心与孔中心一致。开始铰孔时，可采用手动进给，当铰刀进入孔内 2～3mm 后，改用机动进给。铰削过程中，应保证充足的冷却润滑液。铰通孔时，铰刀的校准部分不能全部出头，以防孔的下端被刮坏。铰孔完毕，要在铰刀退出后再停车，否则孔口会留有刀痕。

（5）孔加工的安全文明生产。

① 操作钻床时，严禁戴手套，工作服袖口要扎紧。女工必须戴工作帽，头发必须盘入帽内。

② 工件安装要牢固可靠，孔即将钻穿时要减小进给力，防止钻头卡住或扭断。

③ 钻床工作台上不得摆放其他工具或量具，开动钻床前要取下钻夹头钥匙。

④ 不可用嘴吹铁屑，不可用棉纱或手清除切屑，必须用毛刷或铁钩清理切屑。

⑤ 不可用手或身体接触旋转的部件。

⑥ 严禁在旋转状态下装卸工件、检查工件或变换主轴转速。

⑦ 清扫钻床或加注润滑油时，必须切断电源。

⑧ 铰孔时，不要用力太猛，以免造成崩刃、拉毛上件，甚至扳断铰刀。

任务实施

一、工作准备

1. 材料准备

制作车身的材料清单见表 4-13。

表 4-13　制作车身的材料清单

序号	材料名称	规格	数量	备注
1	Q235	82mm×77mm×8mm	1 件	1 件/人

2. 设备准备

制作车身的设备清单见表 4-14。

表 4-14　制作车身的设备清单

序号	名称	规格	数量	序号	名称	规格	数量
1	划线（测量）平板	500mm×400mm	8 人共用一块平板	5	钳台		1 工位/人
2	方箱（靠铁）	100mm×100mm	与平板配套	6	台虎钳	200mm	1 个/人
3	台式钻床	Z512	8 人共用一台	7	砂轮机		1
4	平口虎钳（带平行垫铁）	100mm	与台钻配套				

3. 工具、量具、刃具准备

制作车身的工具、量具、刃具清单见表4-15。

表4-15 制作车身的工具、量具、刃具清单

序号	名称	规格	精度	数量	序号	名称	规格	精度	数量
1	高度游标卡尺	0～200mm	0.02mm	1	14	扁錾	150mm		1
2	游标卡尺	0～150mm	0.02mm	1	15	锯条	齿距		2
3	直角尺	100mm×63mm	一级	1	16	划规	150mm		1
4	刀口形直尺	100mm	一级	1	17	划针			1
5	钻夹头	ϕ12mm		1	18	钢直尺	200mm		1
6	钻花	ϕ4mm		1	19	样冲			1
7	钻花	ϕ6.8mm		1	20	手锤	0.5kg		1
8	半径规	15.5～25.5mm		1	21	软钳口			1副
9	扁锉	300mm	一号纹	1	22	锉刀刷			1
10	扁锉	250mm	三号纹	1	23	油漆刷	1～2in		1
11	扁锉	100mm	五号纹	1	24	铰杠	200mm		1
12	丝锥	M8		1	25	机油煤油			适量
13	锯弓	300mm		1	26	抹布棉纱			适量

二、工作步骤

制作车身的操作步骤见表4-16。

表4-16 制作车身的操作步骤

序号	步骤	图示	操作内容及注意事项
1	检查毛坯	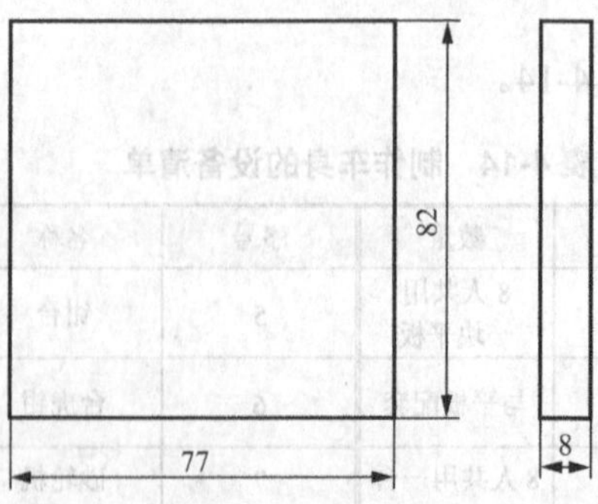	1）按图示检查毛坯 2）清理毛坯 3）检查毛坯尺寸

续表

序号	步骤	图示	操作内容及注意事项
2	加工相邻两基准面		1）在平口虎钳上找正并夹紧毛坯 2）用精铣刀以小切削量加工第一基准面，保证平面度≤0.05mm，同时建立垂直基准 3）清理并测量加工面，确认平面度符合要求
3	划出加工线	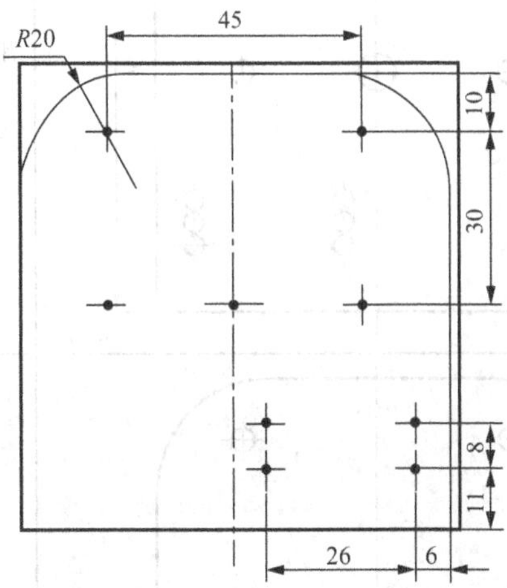 	分别以两基准面为基准划出加工轮廓线，以两线交点为中心，打上样冲眼
4	钻孔	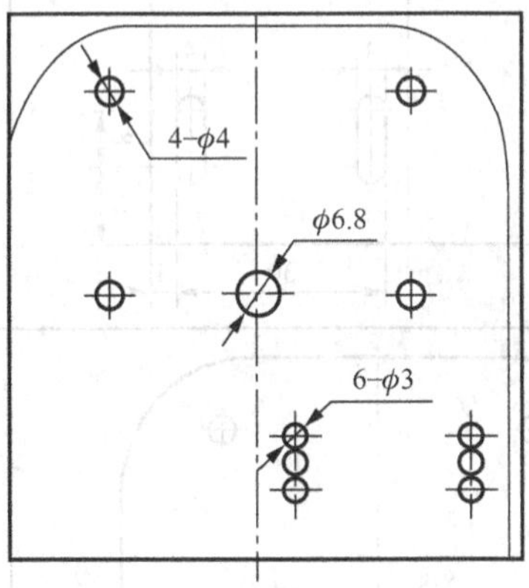 	依次钻出 4 个 ϕ4mm，1 个 ϕ6.8mm，双 D 形孔位置的排孔
5	錾削		去除双 D 形孔内多余材料
6	锯削		锯削去除圆弧处多余材料，保留锉削余量
7	锉削		锉削尺寸 75mm、80mm，达到图样要求

续表

序号	步骤	图示	操作内容及注意事项
8	锉削	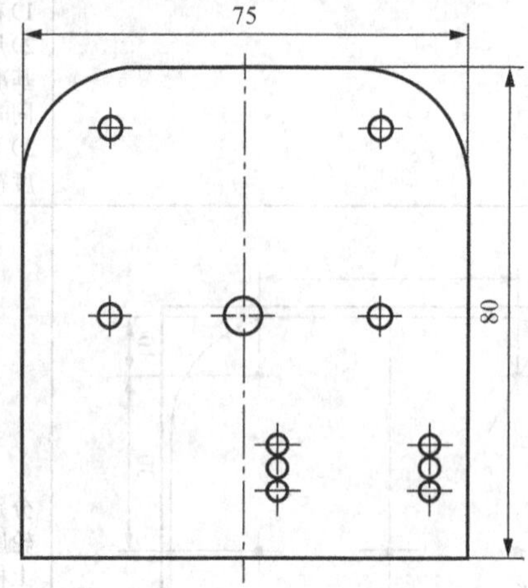	用滚锉法锉削圆弧，锉至要求尺寸
9	锉削	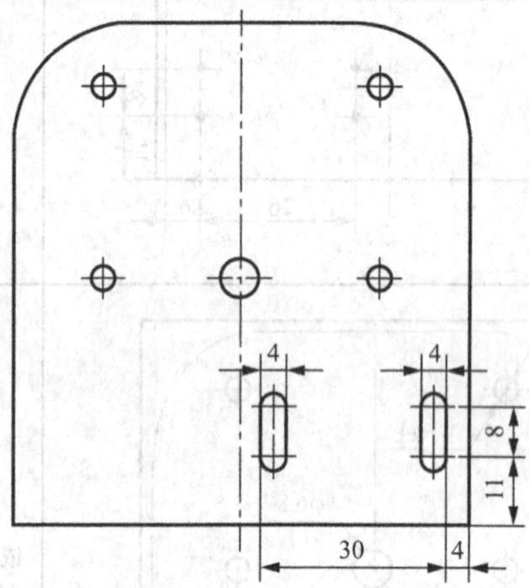	锉削双D形孔内壁，达到尺寸要求
10	攻螺纹	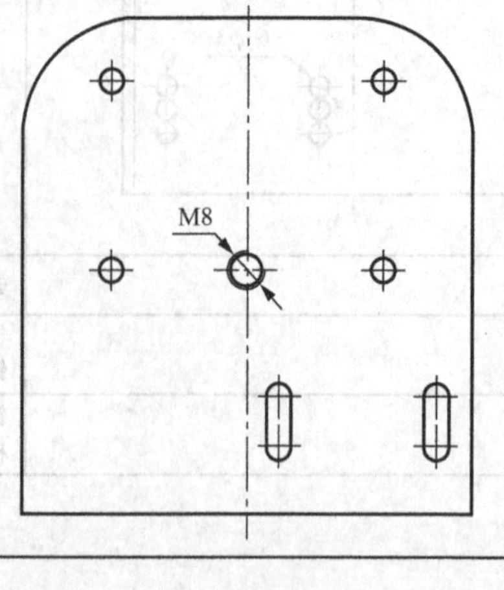	用 M8 丝锥，通过手动攻螺纹，攻出 M8 螺纹
11	修整		倒棱，去毛刺
12	交检		根据评分标准进行检查评分

任务评价

制作车身评分表见表 4-17。

表 4-17　制作车身评分表

考核项目	考核内容	考核要求	配分	评分标准	得分
主要项目	尺寸精度	80 ± 0.06	10	每超差 0.01 扣 3 分，超差 0.03 不得分	
		75 ± 0.06	10	每超差 0.01 扣 3 分，超差 0.03 不得分	
		30 ± 0.06	10	每超差 0.01 扣 3 分，超差 0.03 不得分	
		$\phi4 \pm 0.01$	5	每超差 0.005 扣 3 分，超差 0.01 不得分	
	圆弧	$R20$	10	圆弧不光滑不得分	
一般项目	垂直度	0.05	10	每超差 0.01 扣 0.5 分	
	表面粗糙度	$Ra6.3$	5	超差不得分	
	尺寸精度	30	5	每超差 0.1 扣 1 分	
		10	5	每超差 0.1 扣 1 分	
		45	5	每超差 0.1 扣 1 分	
其他项目	安全	安全文明生产	5	不符合要求，从总分中扣 1～50 分，发生较大事故者不得分	
	工具设备使用	正确、规范使用工、量、刃具及设备，并做好日常维护和保养	5	不符合要求，从总分中扣 1～10 分	
	其他	操作姿势	5	不符合要求，从总分中扣 1～5 分	
		工艺正确	5	不符合要求，从总分中扣 1～5 分	
工时定额	4h		5	超 1h 以上不得分	

子任务二　回转支撑的制作

任务描述

按照图 4-22 所示小挖机回转支撑零件的图样要求，完成零件制作。

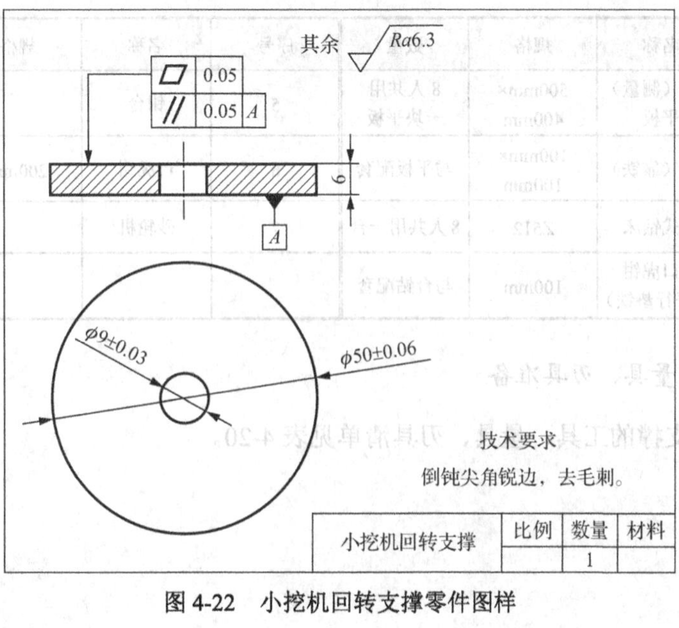

图 4-22　小挖机回转支撑零件图样

任务分析

本任务要求按照图样要求精确加工小挖机回转支撑零件。任务重点包括毛坯检查、中心定位钻孔（$\phi9\pm0.03$mm）、圆弧面锉削（$\phi50\pm0.06$mm）及表面修整。任务中需要重点控制尺寸精度（±0.06mm）、平面度（0.05mm）与粗糙度（*Ra*6.3mm），并合理使用台钻、锉刀及游标量具，严格执行 3h 工时，同步落实安全操作与工装保养。锯削须预留锉削余量，钻削后须倒棱去毛刺，最终按评分标准交检。

任务实施

一、工作准备

1. 材料准备

制作回转支撑的材料清单见表 4-18。

表 4-18 制作回转支撑的材料清单

序号	材料名称	规格	数量	备注
1	Q235	52mm×52mm×6mm	1 件	1 件/人

2. 设备准备

制作回转支撑的设备清单见表 4-19。

表 4-19 制作回转支撑的设备清单

序号	名称	规格	数量	序号	名称	规格	数量
1	划线（测量）平板	500mm×400mm	8 人共用一块平板	5	钳台		1 工位/人
2	方箱（靠铁）	100mm×100mm	与平板配套	6	台虎钳	200mm	1 个/人
3	台式钻床	Z512	8 人共用一台	7	砂轮机		1
4	平口虎钳（带平行垫铁）	100mm	与台钻配套				

3. 工具、量具、刃具准备

制作回转支撑的工具、量具、刃具清单见表 4-20。

表 4-20　制作回转支撑的工具、量具、刃具清单

序号	名称	规格	精度	数量	序号	名称	规格	精度	数量
1	高度游标卡尺	0～200mm	0.02mm	1	13	锯弓	300mm		1
2	游标卡尺	0～150mm	0.02mm	1	14	锯条	齿距		2
3	直角尺	100mm×63mm	一级	1	15	划规	150mm		1
4	刀口形直尺	100mm	一级	1	16	划针			1
5	钻夹头	ϕ12mm		1	17	钢直尺	200mm		1
6	钻花	ϕ9mm		1	18	软钳口			1副
7	手锤	0.5kg		1	19	锉刀刷			1
8	半径规	15.5～25.5mm		1	20	油漆刷	1～2in		1
9	扁锉	300mm	一号纹	1	21	铰杠	200mm		1
10	扁锉	250mm	三号纹	1	22	机油煤油			适量
11	扁锉	100mm	五号纹	1	23	抹布棉纱			适量
12	样冲			1					

二、工作步骤

制作回转支撑的操作步骤见表 4-21。

表 4-21　制作回转支撑的操作步骤

序号	步骤	图示	操作内容及注意事项
1	检查毛坯	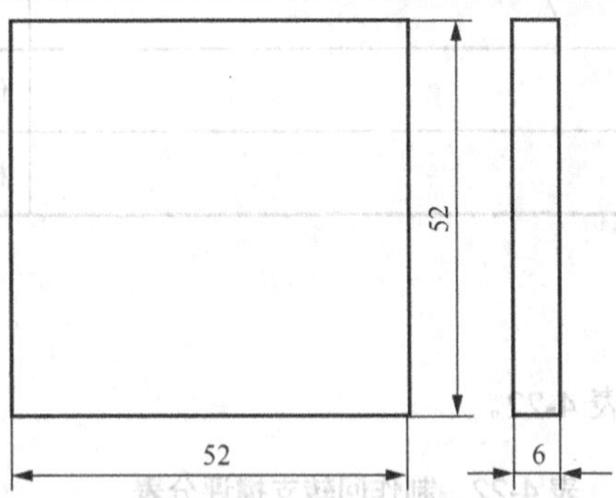	1）按图示检查毛坯 2）清理毛坯 3）检查毛坯尺寸
2	划出加工线	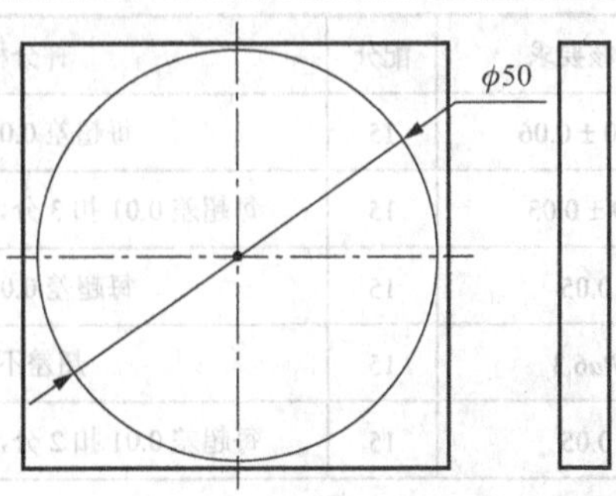	使用高度游标卡尺找到毛坯的中心，打上样冲眼，并用划规划出ϕ50mm 边界线

续表

序号	步骤	图示	操作内容及注意事项
3	钻孔	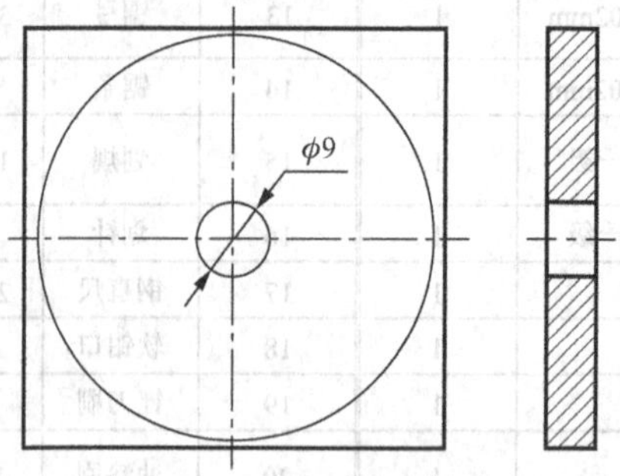	利用台钻，钻出ϕ9mm 的通孔
4	锯削		锯削去除多余材料，保留锉削余量
5	锉削	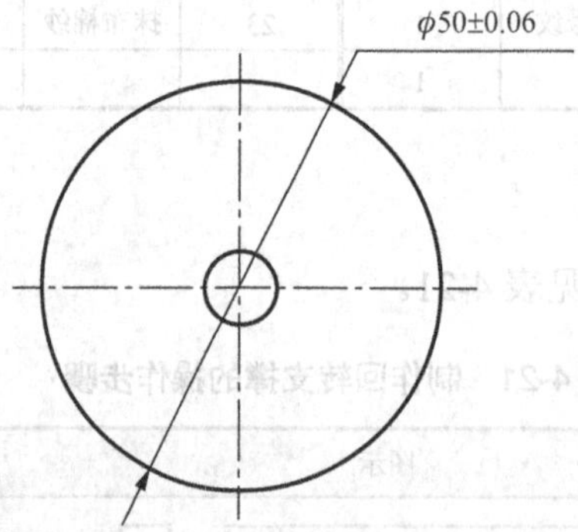	用滚锉法锉削圆弧，锉至图样要求尺寸
6	修整		倒棱，去毛刺
7	交检		根据评分标准进行检查评分

任务评价

制作回转支撑评分表见表 4-22。

表 4-22　制作回转支撑评分表

考核项目	考核内容	考核要求	配分	评分标准	得分
主要项目	尺寸精度	$\phi50\pm0.06$	15	每超差 0.01 扣 3 分	
	尺寸精度	$\phi9\pm0.03$	15	每超差 0.01 扣 3 分，超差 0.03 不得分	
一般项目	平面度	0.05	15	每超差 0.01 扣 2 分	
	表面粗糙度	*Ra*6.3	15	超差不得分	
	平行度	0.05	15	每超差 0.01 扣 2 分，超差 0.04 不得分	

续表

考核项目	考核内容	考核要求	配分	评分标准	得分
其他项目	安全	安全文明生产	5	不符合要求，从总分中扣 1～50 分，发生较大事故者不得分	
	工具设备使用	正确、规范使用工、量、刃具及设备，并做好日常维护和保养	5	不符合要求，从总分中扣 1～10 分	
	其他	操作姿势	5	不符合要求，从总分中扣 1～5 分	
		工艺正确	5	不符合要求，从总分中扣 1～5 分	
工时定额	3h		5	超 0.5h 以上不得分	

子任务三 配重的制作

任务描述

按照图 4-23 所示小挖机配重零件的图样要求，完成零件制作。

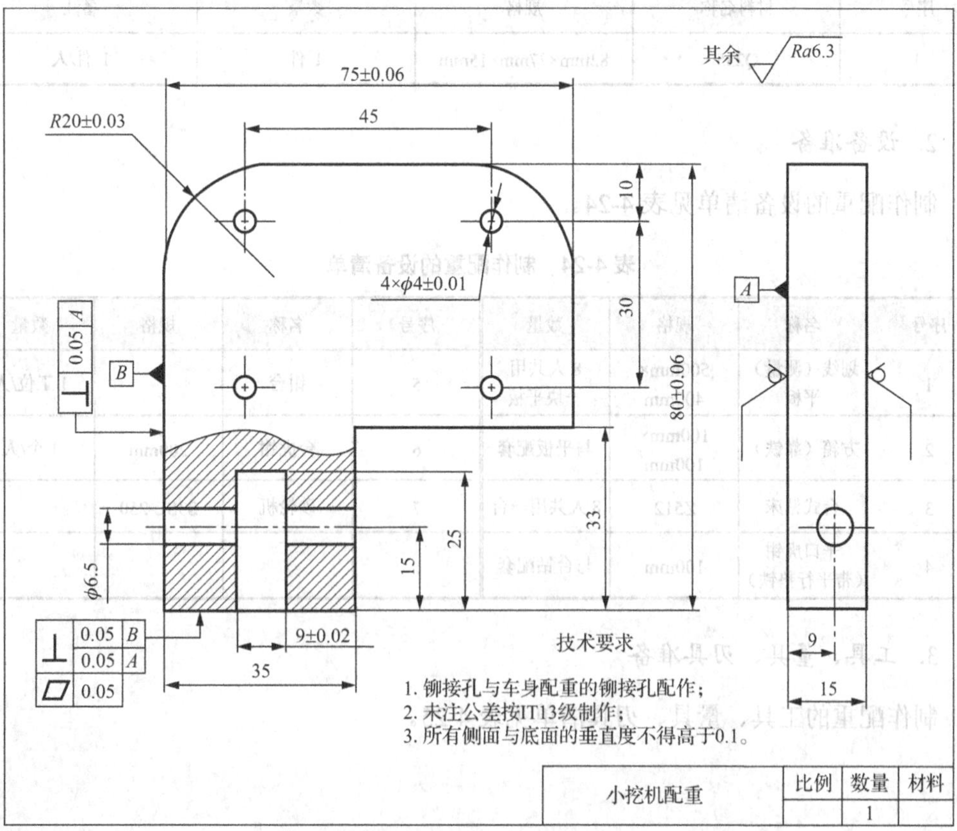

图 4-23 小挖机配重零件图样

任务分析

本任务要求按照图样要求精准制作小挖机配重。任务重点包括基准面加工（保证垂直度与平面度）、多尺寸锉削（33mm、35mm、75±0.06mm、80±0.06mm）、*R*20mm 圆弧滚锉及关键孔加工（ϕ6.5mm、ϕ4mm）。任务中须严格控制高精度尺寸（如 9±0.02mm）、圆弧 *R*20±0.03mm 及表面粗糙度，并合理使用工具和设备，严格执行 6h 工时。同时落实安全操作与质量控制，最终按评分标准交检。

任务实施

一、工作准备

1. 材料准备

制作配重的材料清单见表 4-23。

表 4-23 制作配重的材料清单

序号	材料名称	规格	数量	备注
1	Q235	82mm×77mm×15mm	1 件	1 件/人

2. 设备准备

制作配重的设备清单见表 4-24。

表 4-24 制作配重的设备清单

序号	名称	规格	数量	序号	名称	规格	数量
1	划线（测量）平板	500mm×400mm	8 人共用一块平板	5	钳台		1 工位/人
2	方箱（靠铁）	100mm×100mm	与平板配套	6	台虎钳	200mm	1 个/人
3	台式钻床	Z512	8 人共用一台	7	砂轮机	S3SL-250	
4	平口虎钳（带平行垫铁）	100mm	与台钻配套				

3. 工具、量具、刃具准备

制作配重的工具、量具、刃具清单见表 4-25。

表 4-25　制作配重的工具、量具、刃具清单

序号	名称	规格	精度	数量	序号	名称	规格	精度	数量
1	高度游标卡尺	0～200mm	0.02mm	1	13	锯弓	300mm		1
2	游标卡尺	0～150mm	0.02mm	1	14	扁錾	150mm		1
3	直角尺	100mm×63mm	一级	1	15	锯条	齿距		2
4	刀口形直尺	100mm	一级	1	16	划规	150mm		1
5	钻夹头	ϕ12mm		1	17	划针			1
6	钻花	ϕ4mm		1	18	钢直尺	200mm		1
7	钻花	ϕ6.5mm		1	19	样冲			1
8	半径规	15.5～25.5mm		1	20	手锤	0.5kg		1
9	扁锉	300mm	一号纹	1	21	软钳口			1 副
10	扁锉	250mm	三号纹	1	22	锉刀刷			1
11	扁锉	100mm	五号纹	1	23	机油煤油			适量
12	油漆刷	1～2in		1	24	抹布棉纱			适量

二、工作步骤

制作配重的操作步骤见表 4-26。

表 4-26　制作配重的操作步骤

序号	步骤	图示	操作内容及注意事项
1	检查毛坯	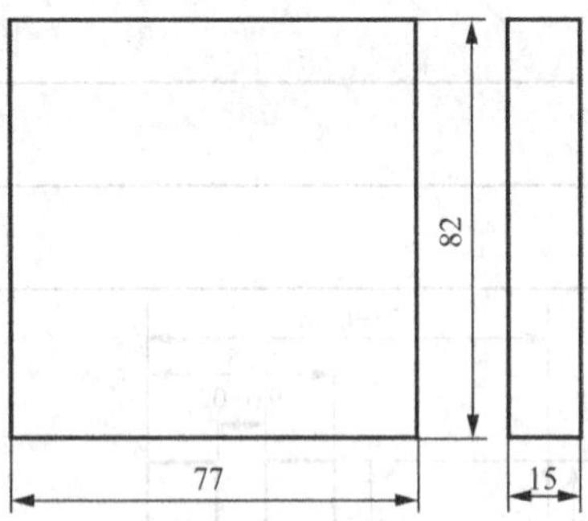	1）按图示检查毛坯 2）清理毛坯 3）检查毛坯尺寸
2	加工相邻两基准面		1）在平口虎钳上找正并夹紧毛坯 2）用精铣刀以小切削量加工第一基准面，保证平面度≤0.05mm，同时建立垂直基准 3）清理并测量加工面，确认平面度符合要求

续表

序号	步骤	图示	操作内容及注意事项
3	划出加工线	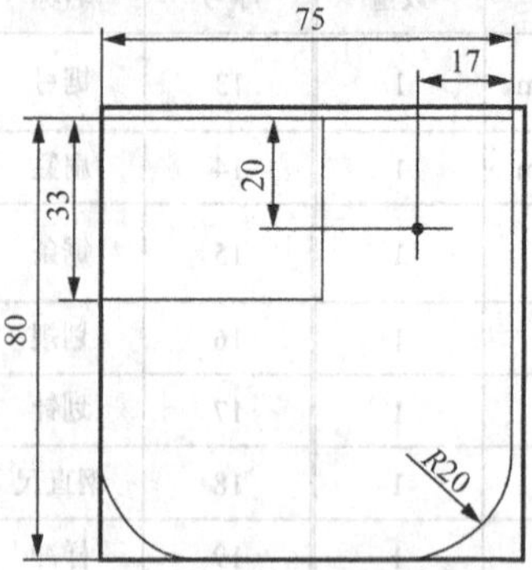	以两基准面为基准，划出加工轮廓线，划出工艺孔中心，打上样冲眼，并用划规划出 $R20$mm 边界线
4	钻孔	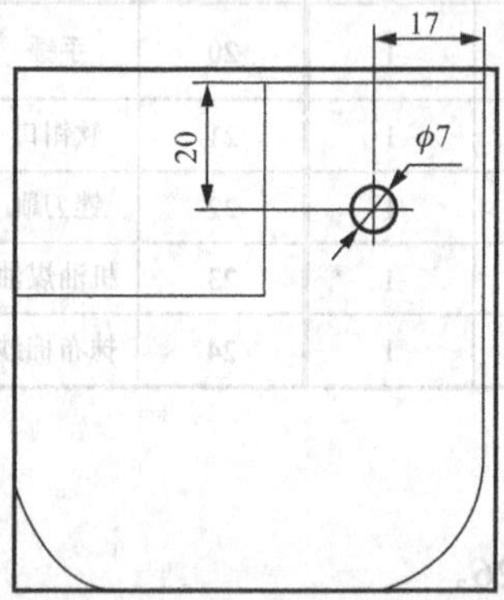	根据图示要求，钻削 $\phi 7$mm 孔
5	锯削		沿凹形加工边线，锯两条缝，并保留锉削余量
6	錾削		用錾子顶住排孔位置，通过锤击，将多余材料去除
7	锯削		按图样要求，去除尺寸外形多余材料，保留锉削余量
8	锉削		锉削尺寸 33mm、35mm、75mm、80mm，达到图样要求尺寸
9	锉削		利用滚锉法锉削圆弧 $R20$mm，锉至要求尺寸
10	锉削	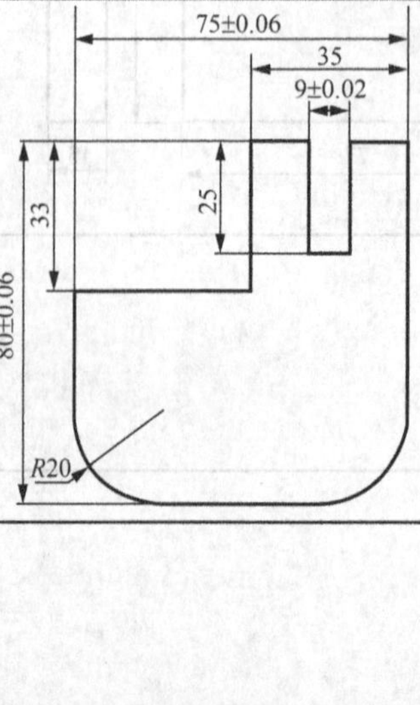	锉削尺寸 9mm、25mm 至要求尺寸，最终达到图样尺寸要求

续表

序号	步骤	图示	操作内容及注意事项
11	定心	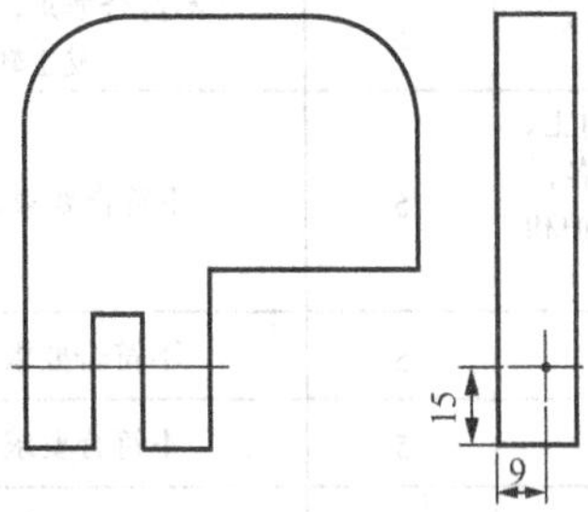	用高度游标卡尺画出 ϕ6.5mm 孔的圆心，并打上样冲眼
12	钻孔	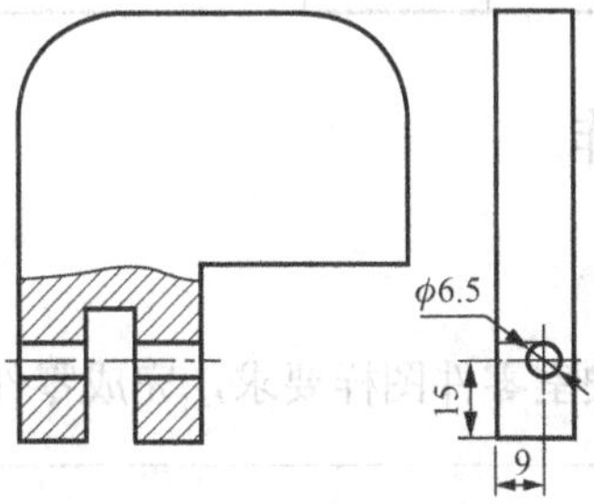	钻削 ϕ6.5mm 孔，保证孔轴线与地面的平行度
13	修整		倒棱，去毛刺
14	交检		根据评分标准进行检查评分

任务评价

制作配重评分表见表 4-27。

表 4-27　制作配重评分表

考核项目	考核内容	考核要求	配分	评分标准	得分
主要项目	尺寸精度	80 ± 0.06	10	每超差 0.01 扣 2 分	
		75 ± 0.06	10	每超差 0.01 扣 1 分	
		33	10	每超差 0.01 扣 3 分，超差 0.03 不得分	
		9 ± 0.02	10	每超差 0.01 扣 3 分，超差 0.03 不得分	
		9	5	每超差 0.02 扣 3 分，超差 0.06 不得分	
		*R*20 ± 0.03	5	每超差 0.01 扣 3 分，超差 0.03 不得分	
一般项目	表面粗糙度	*Ra*6.3	5	超差不得分	
	尺寸精度	ϕ6.5	5	每超差 0.01 扣 0.5 分，超差 0.1 不得分	
		ϕ4	5	每超差 0.01 扣 0.5 分，超差 0.1 不得分	
		25	5	每超差 0.01 扣 0.5 分，超差 0.2 不得分	
		15	5	每超差 0.01 扣 0.5 分	

续表

考核项目	考核内容	考核要求	配分	评分标准	得分
其他项目	安全	安全文明生产	5	不符合要求，从总分中扣1～50分，发生较大事故者不得分	
	工具设备使用	正确、规范使用工、量、刃具及设备，并做好日常维护和保养	5	不符合要求，从总分中扣1～10分	
	其他	操作姿势	5	不符合要求，从总分中扣1～5分	
		工艺正确	5	不符合要求，从总分中扣1～5分	
工时定额	6h		5	超1h以上不得分	

子任务四　驾驶室的制作

任务描述

按照图4-24所示小挖机驾驶室零件图样要求，完成零件制作。

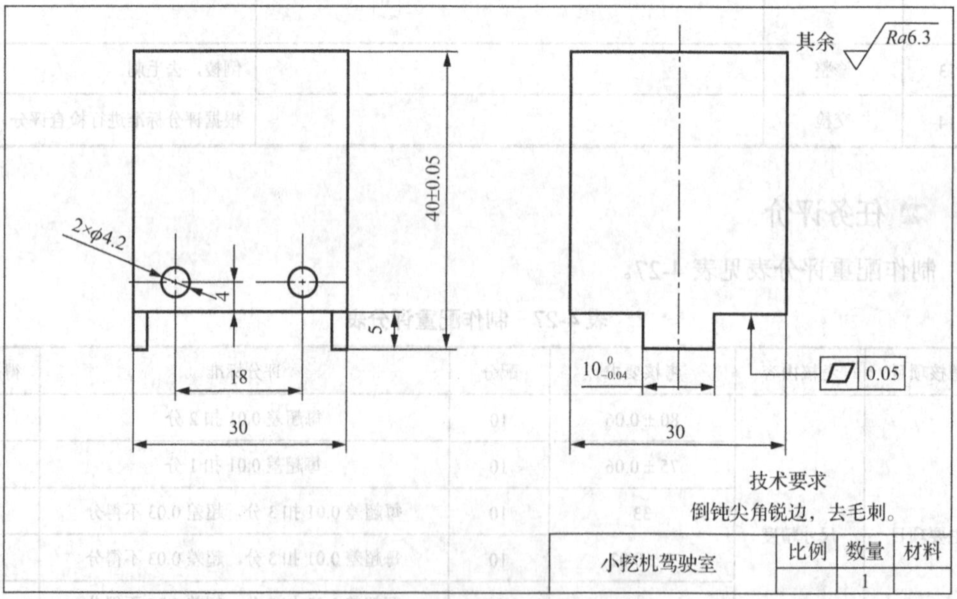

图4-24　小挖机驾驶室零件图样

任务分析

本任务要求按照图样要求精准制作小挖机驾驶室零件。任务重点包括基准面加工（确保平面度）、多尺寸锉削、钻孔（2×ϕ4.2mm）及铆接操作。任务中须严格控制关键尺寸及表面粗糙度 *Ra*6.3mm，并合理使用工具和设备，严格执行3h工时。注意基准面精度与铆接质量，同步落实安全操作及工装规范，最终按评分标准交检。

相关知识

一、铆接的基本知识

1. 铆接概述

铆接是一种用铆钉连接两个或两个以上工件的工艺，是一种传统的连接方法。目前，在很多结构连接中，铆接已逐渐被焊接所代替。但是，铆接由于其传力均匀，塑性和韧性好，能够承受冲击和振动载荷，特别是异种金属之间的连接和对焊接性能差的构件的连接，铆接更具优势，故目前仍被广泛采用。

2. 铆接的种类

1）按使用要求分类

（1）活动铆接。活动铆接的结合部分可以相互传动，如剪刀、划规等工具的铆接。

（2）固定铆接。固定铆接的结合部分是固定不动的，按其工作要求和用途不同，还可分为强固铆接、强密铆接和紧密铆接三种，其特点及应用见表4-28。

表 4-28 固定铆接的特点及应用

种类	结构特点	应用
强固铆接	有足够的强度，能承受很大的载荷	适用于受力大且对铆接无密封要求的场合，如桥梁、车辆和塔架等的构件铆接
强密铆接	不能承受较大的压力，但对接缝处的严密性要求较高。为了防止渗漏，这种铆接的铆钉大且排列紧密，铆缝中常夹有橡皮或其他填料	一般多用于低压容器构件的铆接，如水箱、气筒、油罐等
紧密铆接	要承受较大的压力，且接缝处的严密性要求较高	常用于压力容器构件的铆接，如蒸汽锅炉、压缩空气罐、压力管路等

2）按铆接的方法分类

（1）冷铆。铆接时，铆钉不得加热，直接墩出铆合头。直径在8mm以下的钢质铆钉都可以用冷铆方法铆接。采用冷铆时，铆钉的材料必须具有较高的塑性。

（2）热铆。热铆是将整个铆钉加热后再进行铆接。铆钉受热后塑性好，容易成形，且铆钉冷却后收缩，加大了结合强度。直径在8mm以上的钢质铆钉多采用热铆。

（3）混合铆。铆接时，只需将铆合头加热。对细长铆钉，常采用这种力法，以避免铆钉杆弯曲。

3. 铆接形式

铆接的形式由零件相互结合的位置决定，主要有搭接、对接和角接三种形式，如图4-25所示。

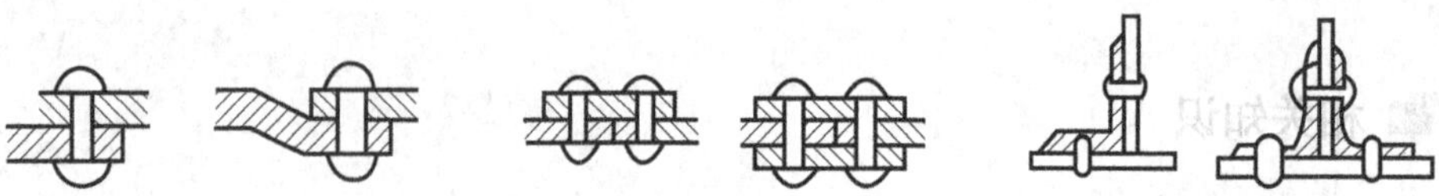

（a）搭接　　（b）对接　　（c）角接

图 4-25　铆接形式

二、铆钉和铆接工具

1. 铆钉的种类

（1）按铆钉形状分。常用的铆钉有平头铆钉、半圆头铆钉、沉头铆钉、半圆沉头铆钉、管状空心铆钉和皮带铆钉等。铆钉形状及应用见表 4-29。

表 4-29　铆钉形状及应用

名称	形状	应用
平头铆钉	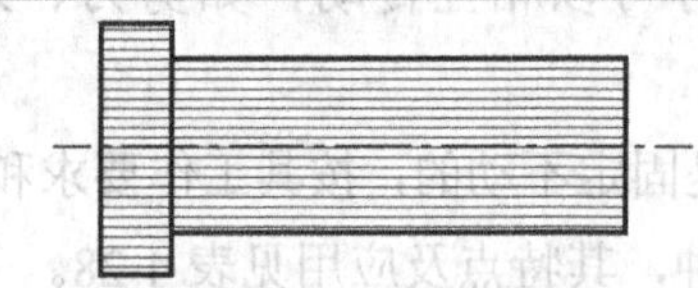	铆接方便，应用广泛，常用于无特殊要求的铆接，如铁皮箱盒，防护罩壳及其他结合部件
半圆头铆钉	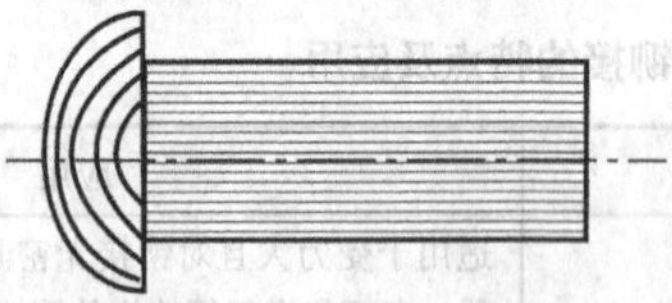	应用广泛，常用于钢结构的屋架、桥梁、车辆等结构件的铆接
沉头铆钉	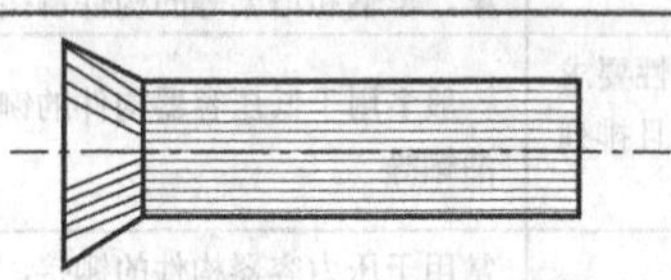	适用于框架等表面要求平整工件的铆接
半圆沉头铆钉	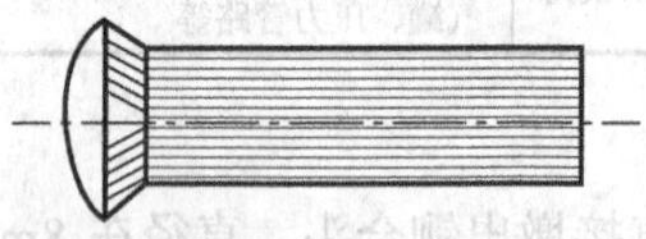	适用于有防滑要求的铆接，如踏脚板、走路梯板等
管状空心铆钉	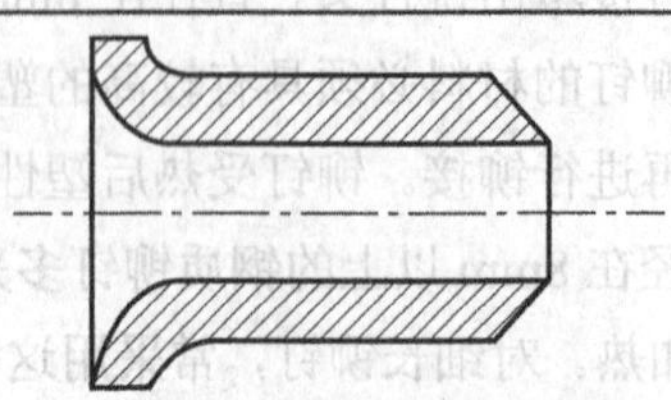	适用于在铆接处有空心要求的铆接，如电器部件的铆接等
皮带铆钉	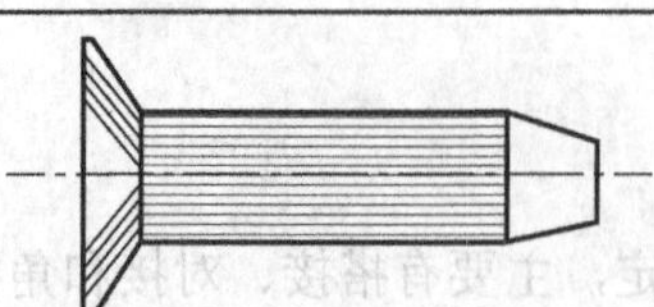	常用于各种毛毡、橡皮、皮革、皮带等制品的铆接

（2）按铆钉材料分。制造铆钉的材料要求有较好的塑性，常用的铆钉材料有钢、黄铜、紫铜和铝等。铆接时，应选用与铆接件的材料相近的铆钉。

2. 铆接工具

铆接工具如图 4-26 所示。

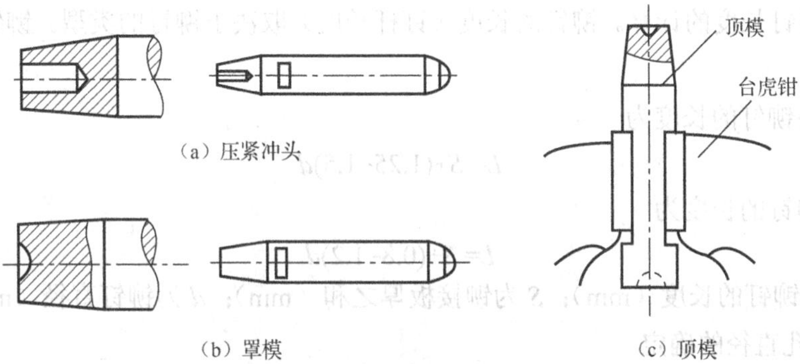

图 4-26　铆接工具

（1）压紧冲头：其作用是将铆合的板料压紧。

（2）罩模：用于铆接时做出完整的铆合头。

（3）顶模：用于铆接时顶住铆钉头部，便于铆接工作的进行，且不会损伤铆钉头。

3. 铆接加工

正确进行铆接加工，必须首先确定铆钉直径、长度及通孔直径。

1）铆钉直径的确定

铆钉直径 d 的大小与被连接板的厚度有关。

（1）当被连接板的厚度相等时，铆钉直径一般取板厚的 8 倍。

（2）当被连接板的厚度不相等时，铆钉直径一般取最小板厚的 1.8 倍。

由于铆钉为标准件，因此应在计算后查表圆整。标准铆钉直径和通孔直径可按表 4-30 选取。

表 4-30　标准铆钉直径和通孔直径的选择　单位：mm

标准铆钉直径		2	2.5	3	4	5	6	8	10
通孔直径	精装配	2.1	2.6	3.1	4.1	5.2	6.2	8.2	10.3
	粗装配	2.2	2.7	3.4	4.5	5.6	6.6	8.6	11

注意：为了保证铆接强度，圆整后的铆钉直径应选择允许范围的上限。同一构件上尽可能采用一种直径的铆钉。例如，铆接 3mm 和 5mm 的两块钢板，铆钉直径 $d=1.8\times3=5.4$（mm），查表圆整后，铆钉直径 d 应选取 6mm。

2）铆钉长度的确定

（1）铆钉长度的要求。铆接时，铆钉所需长度应等于铆接板料的总厚度加铆钉伸出长度。铆钉的伸出长度应适当，如果铆钉伸出长度过长，则墩出的铆合头大且容易歪斜，影响铆接的外观质量；如果铆钉的伸出长度过短，则不能墩出完整的铆合头，影响铆接的强度。

（2）铆钉长度的计算。铆钉的长度（钉杆长度）取决于铆钉的类型。铆钉长度可用下式计算。

半圆头铆钉的长度为

$$L= S+(1.25\sim1.5)d$$

沉头铆钉的长度为

$$L= S+(0.8\sim1.2)d$$

式中，L 为铆钉的长度（mm）；S 为铆接板厚之和（mm）；d 为铆钉直径（mm）。

3）通孔直径的确定

铆接时，铆接件的通孔直径应根据铆钉直径和连接要求来确定。孔径过小，将使铆钉插入困难；孔径过大，铆接后的工件容易松动。一般铆接件的通孔直径可按表 4-30 选取。

三、铆接的方法

1. 半圆头铆钉的铆接方法

半圆头铆钉的铆接操作如下：

（1）将铆接件彼此贴合。

（2）按照划线位置钻孔，并在孔口进行倒角处理。

（3）将半圆头铆钉插入孔中。

（4）用压紧冲头压紧板料，如图 4-27（a）所示。

（5）使用铆接工具对铆钉进行镦粗操作，如图 4-27（b）所示。

（6）对镦粗后的铆钉进行修整，使其逐渐形成半圆头形状，如图 4-27（c）所示。

（7）使用罩模对铆钉头进行修整，使其达到所需的半圆头形状，如图 4-27（d）所示。

在进行活动铆接时，应经常检查被连接件的活动情况。如果发现铆得太紧，可将铆钉一端垫在有孔的垫铁上，用手锤捶击另一端，使其略微松动。

注意：在冷铆过程中，镦粗铆钉时锤击次数不能过多。过多的锤击会导致铆钉材质冷作硬化，使铆钉头产生裂纹。

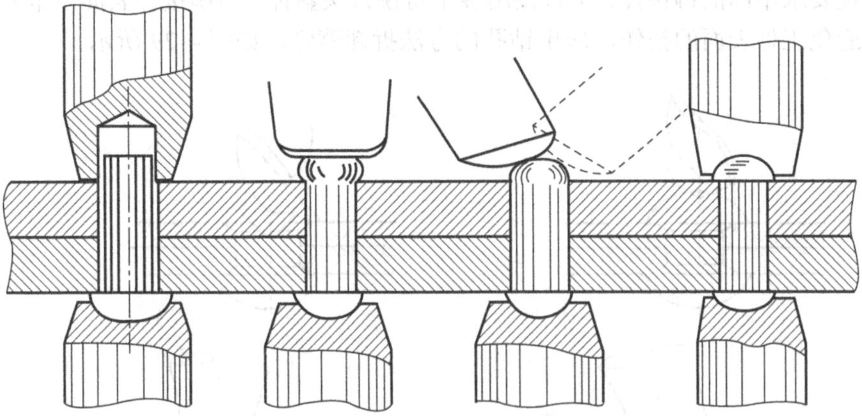

图 4-27　半圆头铆钉的铆接

2. 沉头铆钉的铆接方法

沉头铆钉的铆接方法有两种：一种是使用现成的沉头铆钉铆接，其方法与半圆头铆钉的铆接方法基本相同；另一种是用圆钢截断后代用，采用此方法，需要额外加工铆钉头，并确保其形状和尺寸符合要求。

如图 4-28 所示，铆接操作如下：

（1）将铆接件彼此贴合。

（2）按照划线位置钻孔，并在孔口进行倒角处理。

（3）将圆钢插入孔中。

（4）镦粗圆钢两端。

（5）将圆钢两端铆平。

（6）除去铆钉两端的高出部分。

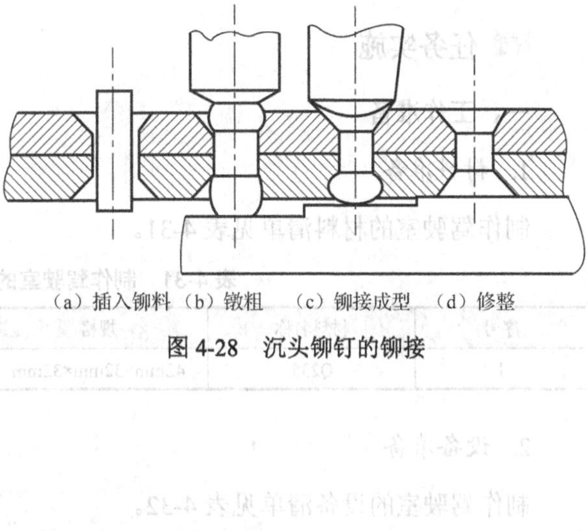

图 4-28　沉头铆钉的铆接

3. 多孔工件的铆接方法

铆接多孔工件的操作如下：

（1）将铆接件彼此贴合。

（2）按照划线位置先钻 1～2 个孔，并在孔口进行倒角处理。

（3）将这 1～2 个孔铆紧或用螺栓紧固定位。

（4）按照划线位置加工其余各孔，并在孔口进行倒角处理。

（5）按从中间到四周的顺序逐步铆紧其余各孔。

（6）修整各铆合头。

4. 铆钉的拆卸方法

拆除铆接件时，先将铆钉一端的头部去掉，然后使用冲头将铆钉从孔中冲出。对于表面质量要求不高的铆接件，可直接用錾子将铆钉头錾掉。当铆接件表面质量要求较高时，为避免工件表面的损伤，应用钻孔的方法拆卸铆钉，如图 4-29 所示。

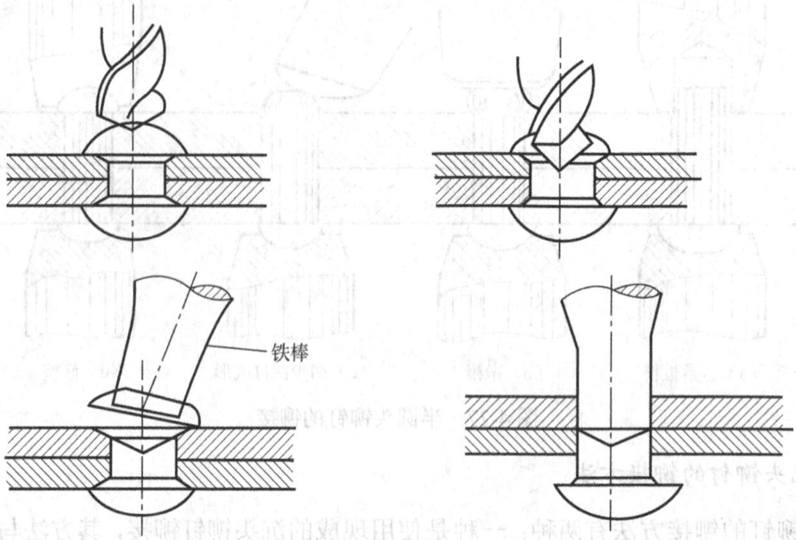

（a）切割法　　（b）钻孔法

图 4-29　拆卸铆钉

任务实施

一、工作准备

1. 材料准备

制作驾驶室的材料清单见表 4-31。

表 4-31　制作驾驶室的材料清单

序号	材料名称	规格	数量	备注
1	Q235	42mm×32mm×32mm	1 件	1 件/人

2. 设备准备

制作驾驶室的设备清单见表 4-32。

表 4-32　制作驾驶室的设备清单

序号	名称	规格	数量	序号	名称	规格	数量
1	划线（测量）平板	500mm×400mm	8 人共用一块平板	5	钳台	800mm	1 工位/人
2	方箱（靠铁）	100mm×100mm	与平板配套	6	台虎钳	200mm	1 个/人
3	台式钻床	Z512	8 人共用一台	7	砂轮机	S3SL-250	
4	平口虎钳（带平行垫铁）	100mm	与台钻配套				

3. 工具、量具、刃具准备

制作驾驶室的工具、量具、刃具清单见表 4-33。

表 4-33　制作驾驶室的工具、量具、刃具清单

序号	名称	规格	精度	数量	序号	名称	规格	精度	数量
1	高度游标卡尺	0～200mm	0.02mm	1	13	锯弓	300mm		1
2	游标卡尺	0～150mm	0.02mm	1	14	扁錾	150mm		1
3	直角尺	100mm×63mm	一级	1	15	锯条	齿距		2
4	刀口形直尺	100mm	一级	1	16	划规	150mm		1
5	钻夹头	ϕ12mm		1	17	划针			1
6	钻花	ϕ4mm		1	18	钢直尺	200mm		1
7	钻花	ϕ6.5mm		1	19	样冲			1
8	手锤	0.5kg		1	20	软钳口			1 副
9	扁锉	300mm	一号纹	1	21	锉刀刷			1
10	扁锉	250mm	三号纹	1	22	机油煤油			适量
11	扁锉	100mm	五号纹	1	23	抹布棉纱			适量
12	油漆刷	1～2in		1					

二、工作步骤

制作驾驶室的操作步骤见表 4-34。

表 4-34　制作驾驶室的操作步骤

序号	步骤	图示	操作内容及注意事项
1	检查毛坯		1）按图示检查毛坯 2）清理毛坯 3）检查毛坯尺寸：方钢 42mm×32mm×32mm
2	加工基准面	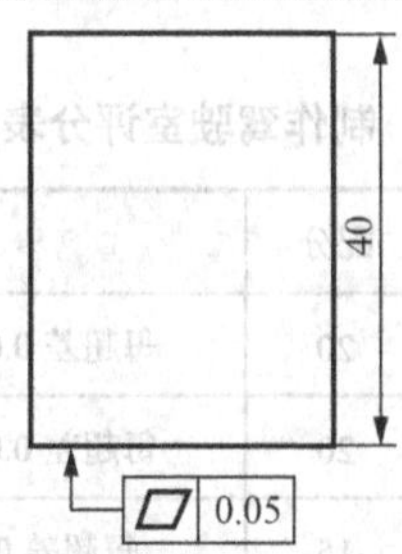	1）在平口虎钳上找正并夹紧毛坯 2）用精铣刀以小切削量加工第一基准面，保证平面度≤0.05mm，同时建立垂直基准 3）清理并测量加工面，确认平面度符合要求

续表

序号	步骤	图示	操作内容及注意事项
3	划出加工线	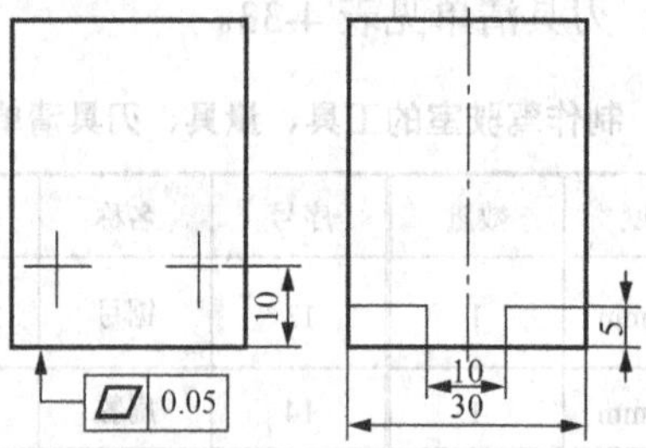	以两基准面为基准，划出加工轮廓线，划出工艺孔中心，打上样冲眼
4	锯削		锯削去除尺寸 5mm 位置的多余材料，保留锉削余量
5	锉削	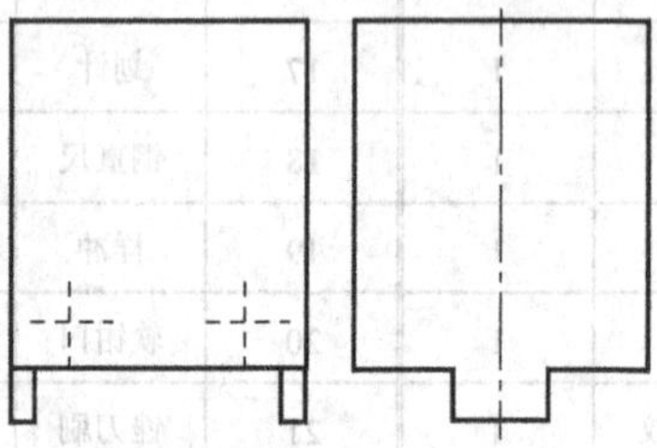	锉削尺寸 10mm、5mm，达到要求尺寸
6	钻孔	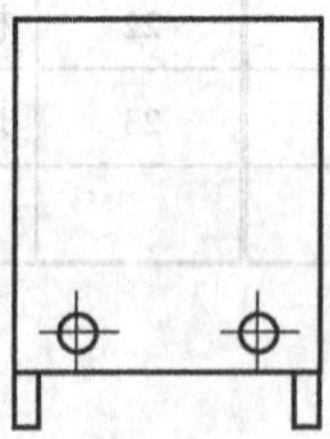	钻削 2 个 ϕ4.2mm 孔
7	铆接		
8	修整		倒棱，去毛刺
9	交检		根据评分标准进行检查评分

任务评价

制作驾驶室评分表见表 4-35。

表 4-35　制作驾驶室评分表

考核项目	考核内容	考核要求	配分	评分标准	得分
主要项目	尺寸精度	40 ± 0.05	20	每超差 0.01 扣 4 分，超差 0.05 不得分	
		$10^{0}_{-0.04}$	20	每超差 0.01 扣 4 分，超差 0.04 不得分	
		5	15	每超差 0.01 扣 2 分，差 0.15 不得分	

续表

<table>
<tr><th>考核项目</th><th>考核内容</th><th>考核要求</th><th>配分</th><th>评分标准</th><th>得分</th></tr>
<tr><td>一般项目</td><td>表面粗糙度</td><td>$Ra6.3$</td><td>20</td><td>每超差 0.01 扣 0.5 分</td><td></td></tr>
<tr><td rowspan="4">其他项目</td><td>安全</td><td>安全文明生产</td><td>5</td><td>不符合要求，从总分中扣 1～50 分，发生较大事故者不得分</td><td></td></tr>
<tr><td>工具设备使用</td><td>正确、规范使用工具、量具、刃具及设备，并做好日常维护和保养</td><td>5</td><td>不符合要求，从总分中扣 1～10 分</td><td></td></tr>
<tr><td rowspan="2">其他</td><td>操作姿势</td><td>5</td><td>不符合要求，从总分中扣 1～5 分</td><td></td></tr>
<tr><td>工艺正确</td><td>5</td><td>不符合要求，从总分中扣 1～5 分</td><td></td></tr>
<tr><td>工时定额</td><td>3h</td><td></td><td>5</td><td>超 1h 以上不得分</td><td></td></tr>
</table>

任务三　小挖机臂架的制作

任务目标

1. 知识目标

（1）正确选择钳工工具，熟悉加工方法。

（2）合理选用量具，熟悉测量方法。

2. 能力目标

（1）能够按照图样要求合理选用加工方法和测量方法，巩固钳工基本操作技能。

（2）能够按照图样要求正确加工零件，满足加工精度和质量要求。

3. 思政目标

（1）结合中国挖掘机市场现状及发展趋势，剖析我国从制造大国向制造强国转变的战略布局。引导学生树立爱国情怀，激发其科技报国的使命感与责任感。

（2）培养精益求精的工匠精神、严守规范的安全意识、协同创新的团队能力。

子任务一　主臂架的制作

任务描述

按照图 4-30 所示小挖机主臂架零件图样要求，完成零件制作。

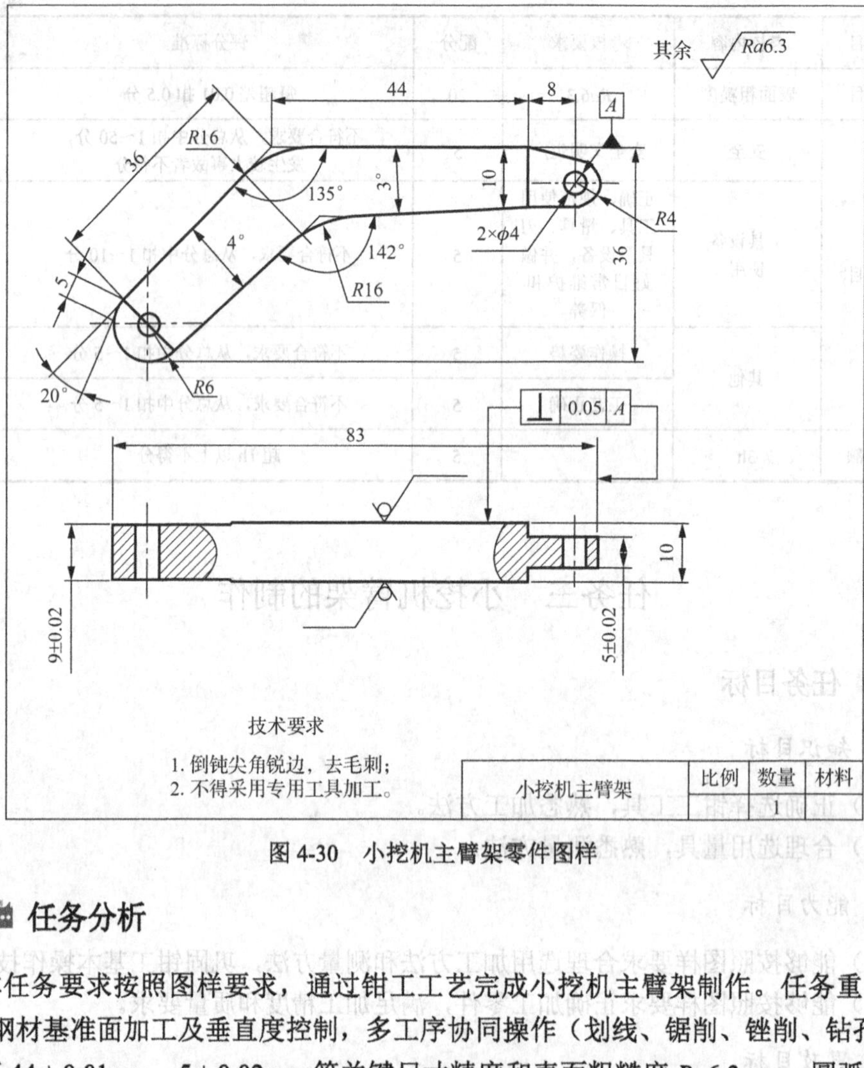

图 4-30　小挖机主臂架零件图样

任务分析

本任务要求按照图样要求，通过钳工工艺完成小挖机主臂架制作。任务重点包括 Q235 钢材基准面加工及垂直度控制，多工序协同操作（划线、锯削、锉削、钻孔）。重点保证 44 ± 0.01mm、5 ± 0.02mm 等关键尺寸精度和表面粗糙度 *Ra*6.3mm，圆弧面滚锉工艺与 142° 加工的质量。任务难点在于多维度尺寸公差（± 0.01～± 0.03mm）的精准实现与工序间的工艺衔接。同时落实安全操作与质量控制，严格执行 6h 工时，最终按评分标准交检。

任务实施

一、工作准备

1. 材料准备

制作主臂架的材料清单见表 4-36。

表 4-36 制作主臂架的材料清单

序号	材料名称	规格	数量	备注
1	Q235	83mm×38mm×10mm	1 件	1 件/人

2. 设备准备

制作主臂架的设备清单见表 4-37。

表 4-37 制作主臂架的设备清单

序号	名称	规格	数量	序号	名称	规格	数量
1	划线（测量）平板	500mm×400mm	8 人共用一块平板	5	钳台		1 工位/人
2	方箱（靠铁）	100mm×100mm	与平板配套	6	台虎钳	200mm	1 个/人
3	台式钻床	Z512	8 人共用一台	7	砂轮机		1
4	平口虎钳（带平行垫铁）	100mm	与台钻配套				

3. 工具、量具、刃具准备

制作主臂架的工具、量具、刃具清单见表 4-38。

表 4-38 制作主臂架的工具、量具、刃具清单

序号	名称	规格	精度	数量	序号	名称	规格	精度	数量
1	高度游标卡尺	0～200mm	0.02mm	1	14	锯条	齿距		2
2	游标卡尺	0～150mm	0.02mm	1	15	划规	150mm		1
3	直角尺	100mm×63mm	一级	1	16	划针			1
4	刀口形直尺	100mm	一级	1	17	钢直尺	200mm		1
5	万能角度尺	0°～320°	2′	1	18	样冲			1
6	扁锉	300mm	一号纹	1	19	手锤	0.5kg		1
7	扁锉	250mm	三号纹	1	20	软钳口			1 副
8	扁锉	100mm	五号纹	1	21	锉刀刷			1
9	三角锉	150mm	四号纹	1	22	油漆刷	1～2in		1
10	塞尺	0.02～0.5mm		1 组	23	钻花	ϕ4mm		1
11	扁锉	300mm	一号纹	1	24	机油煤油			适量
12	整形锉	6 支/组		1	25	抹布棉纱			适量
13	锯弓	300mm		1	26	钻夹头	ϕ12mm		1

二、工作步骤

制作主臂架的操作步骤见表4-39。

表4-39　制作主臂架的操作步骤

序号	步骤	图示	操作内容及注意事项
1	检查毛坯		1）按图示检查毛坯 2）清理毛坯 3）检查毛坯尺寸：83mm×38mm×10mm
2	加工相邻两基准面		1）在平口虎钳上找正并夹紧毛坯 2）用精铣刀以小切削量加工第一基准面，保证平面度≤0.05mm，同时建立垂直基准 3）清理并测量加工面，确认平面度符合要求
3	划出加工线	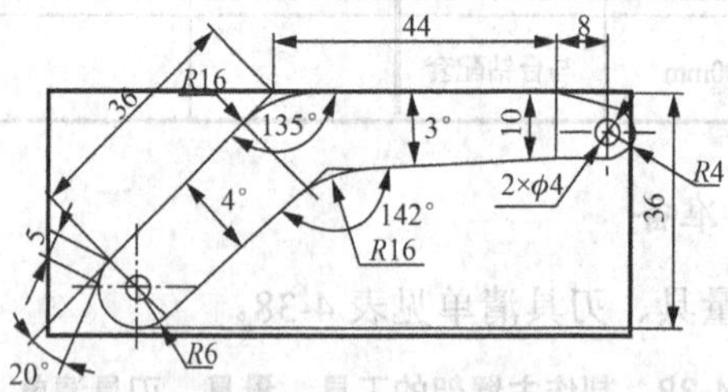	以两基准面为基准，划出加工轮廓线，划出ϕ4mm的中心，打上样冲眼，并划出R6mm、R4mm边界线
4	锯削		用锯削的方法去掉多余的材料，保留锉削余量
5	锉削		锉削各直、斜边，达到要求尺寸
6	钻孔		钻削ϕ4mm孔
7	锉削	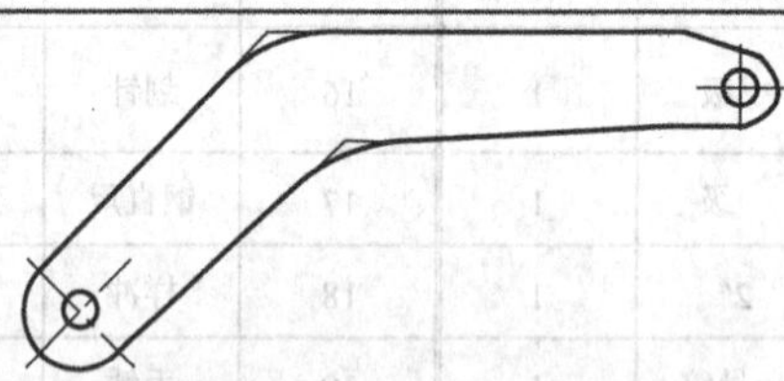	利用滚锉法锉削圆弧R6、R4，锉至要求尺寸
8	划出加工线	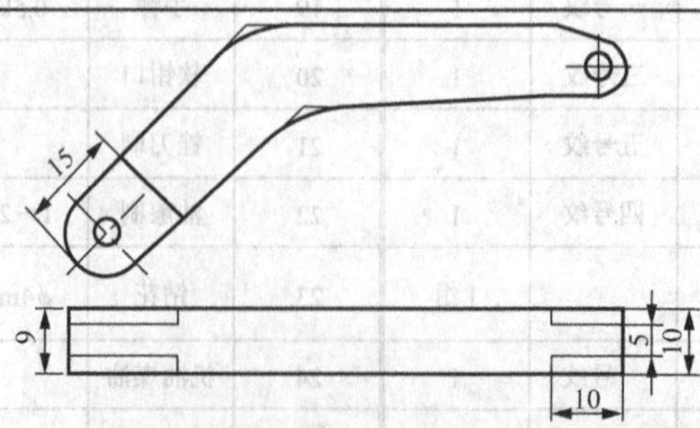	以底面为基准，划出加工轮廓线
9	锯削		用锯削的方法去掉多余的材料，保留锉削余量

续表

序号	步骤	图示	操作内容及注意事项
10	锉削	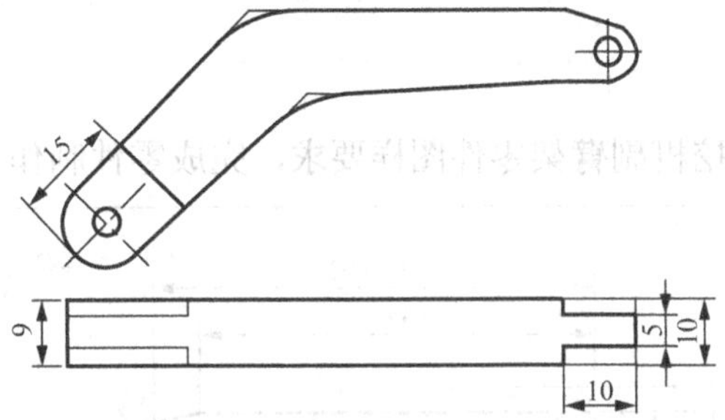	锉削各上述步骤中加工面，达到尺寸要求
11	修整		倒棱，去毛刺
12	交检		根据评分标准进行检查评分

任务评价

制作主臂架评分表见表 4-40。

表 4-40　制作主臂架评分表

考核项目	考核内容	考核要求	配分	评分标准	得分
主要项目	尺寸精度	44	10	每超差 0.01 扣 2 分	
		36	5	每超差 0.01 扣 2 分	
		12	5	每超差 0.01 扣 1 分	
		10	5	每超差 0.01 扣 1 分	
		5 ± 0.02	5	每超差 0.01 扣 3 分，超差 0.03 不得分	
		9 ± 0.02	5	每超差 0.01 扣 3 分，超差 0.03 不得分	
		ϕ4（两处）	5	每超差 0.01 扣 3 分，超差 0.03 不得分	
一般项目	尺寸精度	142°	5	每超差 10′ 扣 3 分，超差 1° 不得分	
		*R*4	5	每超差 0.1 扣 0.5 分	
		135°	5	每超差 10′ 扣 3 分，超差 1° 不得分	
		3°	5	每超差 5′ 扣 3 分，超差 30′ 不得分	
		4°	5	每超差 5′ 扣 3 分，超差 30′ 不得分	
		*R*6	5	每超差 0.01 扣 0.5 分	
	表面粗糙度	*Ra*6.3	5	超差不得分	
其他项目	安全	安全文明生产	5	不符合要求，从总分中扣 1～10 分，发生较大事故者不得分	
	工具设备使用	正确、规范使用工具、量具、刃具及设备，并做好日常维护和保养	5	不符合要求，从总分中扣 1～5 分	
	其他	操作姿势	5	不符合要求，从总分中扣 1～5 分	
		工艺正确	5	不符合要求，从总分中扣 1～5 分	
工时定额	4h		5	超 1h 以上不得分	

子任务二 副臂架的制作

任务描述

按照图 4-31 所示小挖机副臂架零件图样要求，完成零件制作。

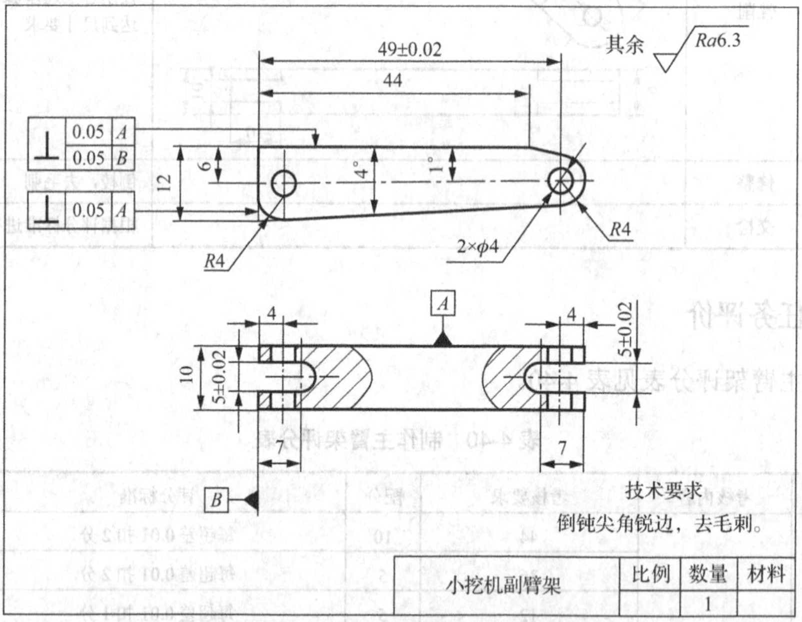

图 4-31 小挖机副臂架零件图样

任务分析

本任务要求按照图样要求完成小挖机副臂架零件制作。任务重点包括基准面加工（垂直度、平面度）、关键尺寸（49 ± 0.2mm、5 ± 0.02mm 等）、圆弧 *R*4mm 锉削及 ϕ4mm、ϕ5mm 钻孔精度。加工工艺涉及划线、锉削、锯削、钻孔等多工序衔接，要求熟练使用游标卡尺、万能角度尺等量具进行检测，确保表面粗糙度 *Ra*3.2mm 达标。任务难点在于多尺寸公差控制与锉削工艺的精细度。同时落实安全规范操作（如砂轮机/台钻操作）与质量控制，严格执行 4h 工时。

任务实施

一、工作准备

1. 材料准备

制作副臂架的材料清单见表 4-41。

表 4-41 制作副臂架的材料清单

序号	材料名称	规格	数量	备注
1	Q235	56mm×12mm×10mm	1 件	1 件/人

2. 设备准备

制作副臂架的设备清单见表 4-42。

表 4-42 制作副臂架的设备清单

序号	名称	规格	数量	序号	名称	规格	数量
1	划线（测量）平板	500mm×400mm	8 人共用一块平板	5	钳台		1 工位/人
2	方箱（靠铁）	100mm×100mm	与平板配套	6	台虎钳	200mm	1 个/人
3	台式钻床	Z512	8 人共用一台	7	砂轮机	S3SL-250	
4	平口虎钳（带平行垫铁）	100mm	与台钻配套				

3. 工具、量具、刃具准备

制作副臂架的工具、量具、刃具清单见表 4-43。

表 4-43 制作副臂架的工具、量具、刃具清单

序号	名称	规格	精度	数量	序号	名称	规格	精度	数量
1	高度游标卡尺	0～200mm	0.02mm	1	14	锯条	齿距		2
2	游标卡尺	0～150mm	0.02mm	1	15	划规	150mm		1
3	直角尺	100mm×63mm	一级	1	16	划针			1
4	刀口形直尺	100mm	一级	1	17	钢直尺	200mm		1
5	万能角度尺	0°～320°	2″	1	18	样冲			1
6	扁锉	300mm	一号纹	1	19	手锤	0.5kg		1
7	扁锉	250mm	三号纹	1	20	软钳口			1 副
8	扁锉	100mm	五号纹	1	21	锉刀刷			1
9	三角锉	150mm	四号纹	1	22	油漆刷	1～2in		1
10	塞尺	0.02～0.5mm		1 组	23	钻花	ϕ5mm		1
11	扁锉	300mm	一号纹	1	24	机油煤油			适量
12	整形锉	6 支/组		1	25	抹布棉纱			适量
13	锯弓	300mm		1	26	钻夹头	ϕ12mm		1

二、工作步骤

制作副臂架的操作步骤见表4-44。

表4-44 制作副臂架的操作步骤

<table>
<tr><th>序号</th><th>步骤</th><th>图示</th><th>操作内容及注意事项</th></tr>
<tr><td>1</td><td>检查毛坯</td><td></td><td>1）按图示检查毛坯
2）清理毛坯
3）检查毛坯尺寸：56mm×12mm×10mm</td></tr>
<tr><td>2</td><td>加工相邻两基准面</td><td></td><td>1）在平口虎钳上找正并夹紧毛坯
2）用精铣刀以小切削量加工第一基准面，保证平面度≤0.05mm，同时建立垂直基准
3）清理并测量加工面，确认平面度符合要求</td></tr>
<tr><td>3</td><td>划出加工线</td><td>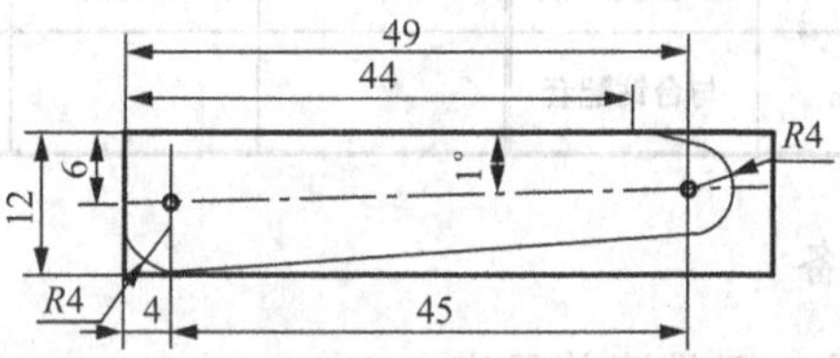</td><td>以两基准面为基准，划出加工轮廓线，划出ϕ4mm的中心，打上样冲眼，并划出R4mm边界线</td></tr>
<tr><td>4</td><td>锉削</td><td></td><td>锉削4°大斜边，达到要求尺寸</td></tr>
<tr><td>5</td><td>钻孔</td><td></td><td>钻削ϕ4mm孔</td></tr>
<tr><td>6</td><td>锉削</td><td>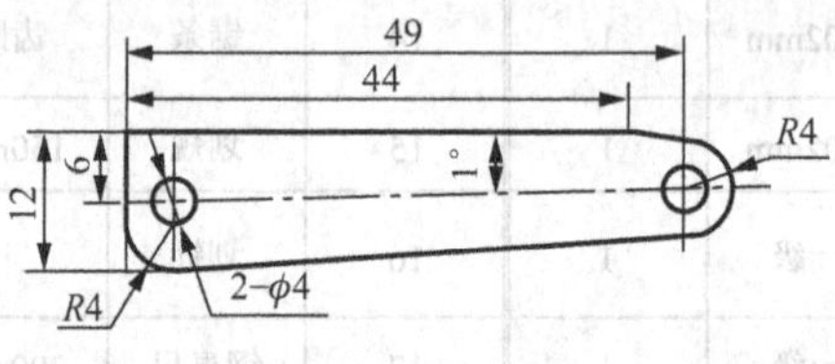</td><td>利用滚锉法锉削圆弧R4mm，锉至要求尺寸</td></tr>
<tr><td>7</td><td>定心</td><td></td><td>划线找出槽位置圆弧ϕ5mm的中心，打上样冲眼</td></tr>
<tr><td>8</td><td>钻孔</td><td></td><td>钻削ϕ5mm孔</td></tr>
<tr><td>9</td><td>锯削</td><td></td><td>锯出槽内多余材料</td></tr>
<tr><td>10</td><td>锉削</td><td>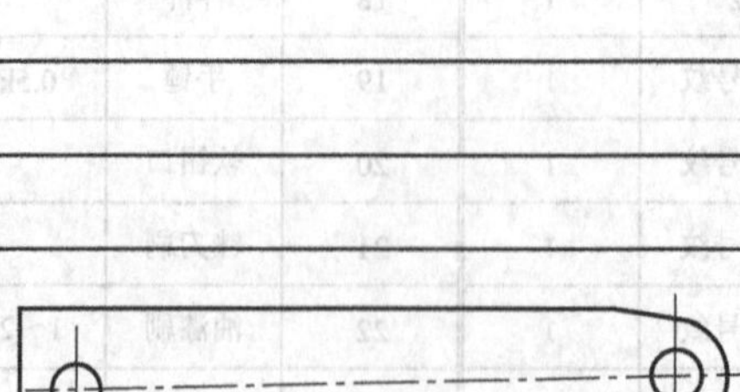</td><td>锉削修整槽内壁</td></tr>
</table>

续表

序号	步骤	图示	操作内容及注意事项
11	修整		倒棱，去毛刺
12	交检		根据评分标准进行检查评分

任务评价

制作副臂架评分表见表 4-45。

表 4-45　制作副臂架评分表

考核项目	考核内容	考核要求	配分	评分标准	得分
主要项目	尺寸精度	49±0.2	15	每超差 0.01 扣 2 分	
		6	5	每超差 0.01 扣 1 分	
		*R*4	15	每超差 0.01 扣 3 分，超差 0.03 不得分	
		4	5	每超差 0.01 扣 3 分，超差 0.03 不得分	
		ϕ4	10	每超差 0.01 扣 3 分，超差 0.03 不得分	
		5±0.02（两处）	10	每超差 0.01 扣 0.5 分，超差 0.05 不得分	
一般项目	尺寸精度	7	5	每超差 0.01 扣 0.5 分	
		44	5	每超差 0.01 扣 0.5 分，超差 0.1 不得分	
	表面粗糙度	*Ra*6.3	5	超差不得分	
其他项目	安全	安全文明生产	5	不符合要求，从总分中扣 1～50 分，发生较大事故者不得分	
	工具设备使用	正确、规范使用工具、量具、刃具及设备，并做好日常维护和保养	5	不符合要求，从总分中扣 1～10 分	
	其他	操作姿势	5	不符合要求，从总分中扣 1～5 分	
		工艺正确	5	不符合要求，从总分中扣 1～5 分	
工时定额	4h		5	超 1h 以上不得分	

子任务三　挖斗的制作

任务描述

按图 4-32 所示小挖机挖斗零件图样要求，完成零件制作。

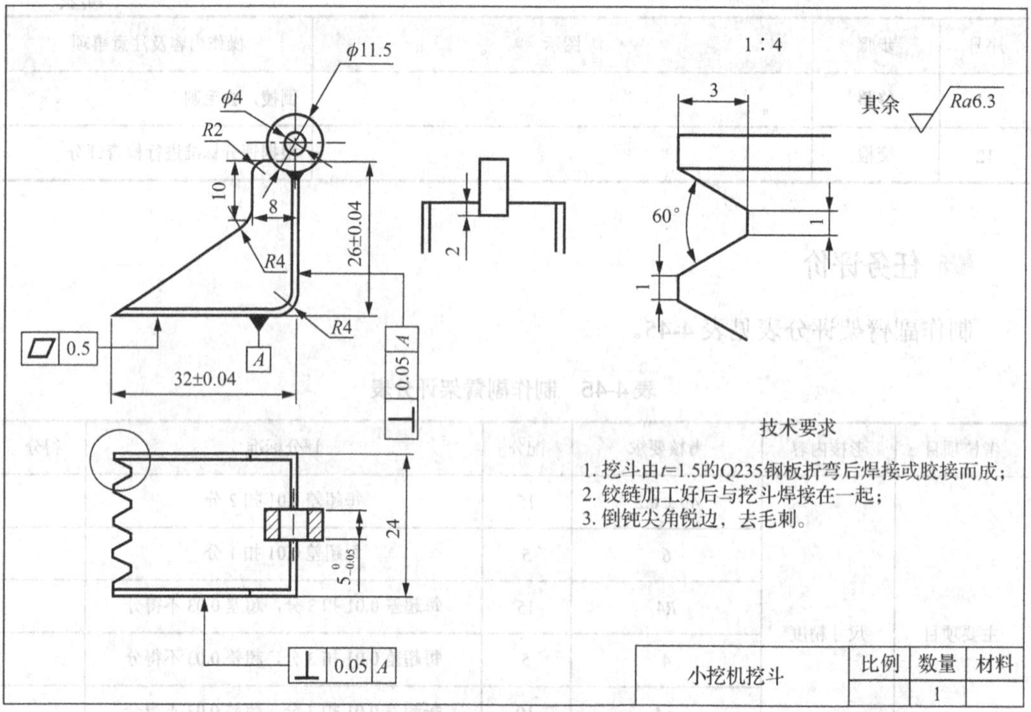

图 4-32　小挖机挖斗零件图样

任务分析

本任务要求按照图样要求完成小挖机挖斗零件制作。任务重点为钣金成型与焊接。需重点控制关键尺寸（32±0.04mm、26±0.04mm、$5^{0}_{-0.05}$ ）及角度（60°），确保ϕ4mm孔定位精准。加工工艺涉及锯削、锉削圆弧 *R*2mm、*R*4mm、折弯成型及焊接（边缝与零件组合），需要保障焊接强度与外观质量。任务难点在于钣金折弯的尺寸一致性、圆弧锉削的平滑度及焊接变形控制，需要通过精准划线、余量预留及反复测量（游标卡尺、万能角度尺），确保表面粗糙度达标。同时落实安全规范操作（如砂轮机/台钻安全操作）与质量控制，严格执行 4h 工时。

相关知识

一、矫正的基本知识

1. 矫正概述

金属材料或制件在轧制、加工、运输、存放过程中，内部组织会发生变化，容易产生弯曲、扭曲或翘曲等缺陷，因而难以满足使用要求，通常需要进行矫正来恢复 其形状和结构。

消除材料或制件的弯曲、扭曲或翘曲等缺陷的操作称为矫正，即恢复金属材料原状的操作过程。

2. 矫正的分类

1）按矫正时材料的温度分类

按矫正时材料的温度，矫正可分为冷矫正和热矫正两种。

（1）冷矫正。冷矫正是在常温条件下对变形材料进行的矫正。冷矫正时，由于冷作硬化现象的存在，因此适合矫正塑性较好、变形不严重的金属材料。

冷作硬化是指金属材料在受到外力作用时，其内部的金属组织结构发生变化，导致金属材料表面硬度提高、性质变脆。冷作硬化后，材料硬度增加，使得进一步的矫正或其他冷加工变得更加困难，必要时应进行退火处理，使材料恢复原有的机械性能。

（2）热矫正。对于变形严重或脆性较大的金属材料，需要将被矫正的材料进行加热后再矫正。

2）按矫正时产生的矫正力的方法分类

按矫正时产生的矫正力的方法可分为手工矫正、机械矫正、火焰矫正等。

钳工常用的矫正方法为手工校正，即使用手锤等施力工具在平板、铁砧或台虎钳上矫正变形材料。

3. 手工校正工具

1）支撑和夹紧工具

支撑和夹紧工具是指用以支撑和夹紧变形工件的工具，如平板、铁砧、台虎钳、V形架等。

2）施力工具

施力工具是指用以对变形工件施加矫正力的工具。常用的施力工具有以下几种。

（1）软、硬手锤。矫正一般材料通常使用手锤；矫正已加工表面、表面质量要求较高的材料及有色金属制品的变形，应使用木槌、铜锤、橡皮锤等软锤来矫平。图 4-33 所示为用木槌矫平板料。

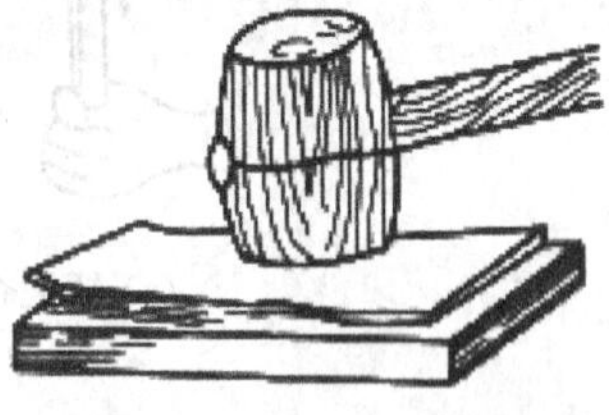

图 4-33 用木槌矫平板料

（2）抽条和拍板。抽条是用条状薄板料弯成的简易矫正工具。由于抽条与板料接触面积大，受力均匀，矫平的效果好，因此适用于较大面积板料的矫平，如图 4-34 所示。拍板是用质地较硬的檀木制成的专用工具，用于敲打或推压板料。图 4-35 所示为用拍板推压矫正极薄板料。

（3）螺旋压力工具。螺旋压力工具适用于矫正直径较大的轴类零件，如图 4-36 所示。

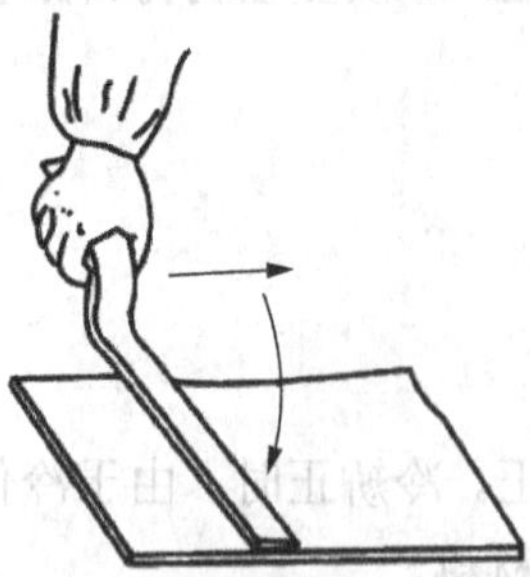
图 4-34 用抽条矫平板料

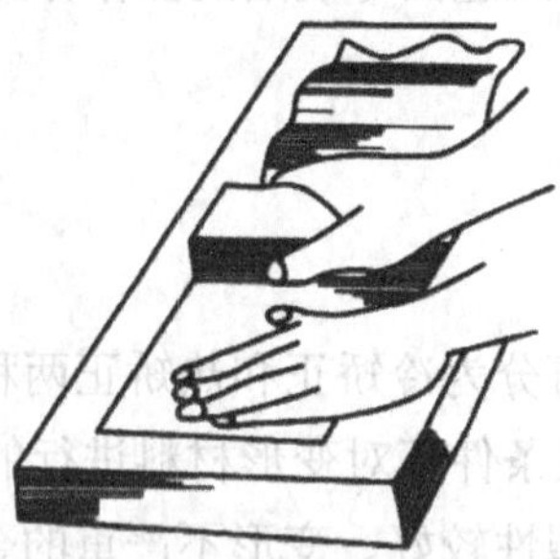
图 4-35 用拍板推压矫正

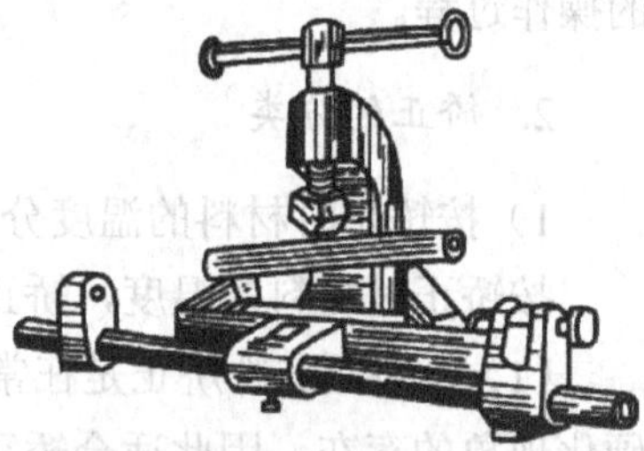
图 4-36 螺旋压力工具

3）检验工具

检验工具是用以检验校正后的工件是否符合要求的工具，如检验平板、角尺、钢直尺、百分表等。

二、手工矫正方法

手工矫正的方法应根据材料变形的类型来合理选用。常用的方法有扭转法、弯曲法、延展法和伸张法四种。

1. 扭转法

扭转法主要是用来矫正条料、角铁的扭曲变形。矫正时，将工件一端夹持在台虎钳上，用扳手将另一端扭转恢复到原状即可，如图 4-37 所示。

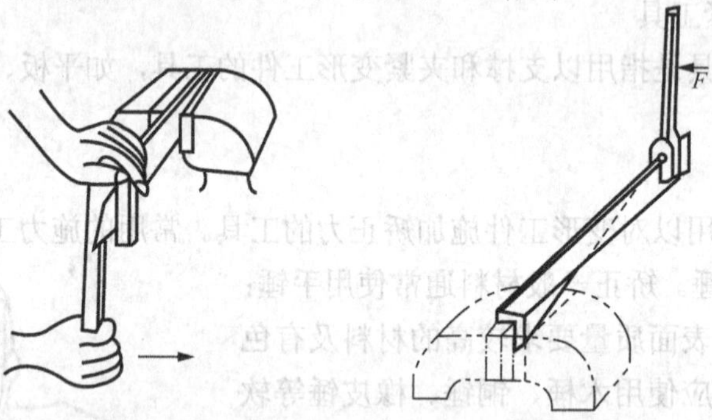

（a）矫正条料的扭曲 （b）矫正角铁的扭曲

图 4-37 扭转法矫正

2. 弯曲法

弯曲法主要是用来矫正各种轴类、棒类工件和条料的弯曲变形。

3. 延展法

延展法主要用于板料、型材的矫正。该方法是通过锤子敲击材料的适当部位，使其局部延展伸长，达到矫正的目的。

4. 伸张法

伸张法主要用于各种细长线料的矫直。将线料的一端固定，然后用木块夹持线料，或将线料在圆木上绕一圈，从固定处开始向后拉，线料即可矫直；也可以在铜板或铸铁板上钻 3 个小孔，最小的孔比需要矫正的线材直径大 0.03～0.05mm，将铸铁板夹在台虎钳上，将线材按大、中、下的顺序从小孔中拉过即可，如图 4-38 所示。

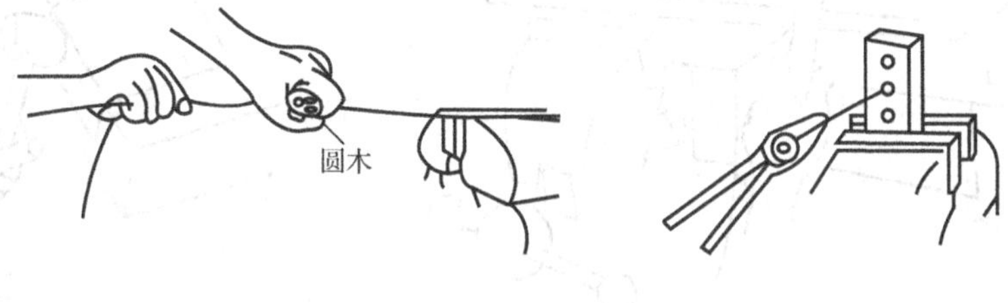

（a）夹持法　　（b）三孔法

图 4-38　矫直细长线料

三、弯形

1. 弯形概述

（1）弯形的含义。将坯料弯制成所需形状的加工方法称为弯形。

（2）弯形类型。弯形按加工手段不同，可分为手工弯形和机械弯形，钳工主要进行手工弯形。手工弯形是利用通用的工具、夹具或模具，对板材、型材等进行弯曲成型。虽然手工弯形劳动强度大、弯形精度不高、生产效率低，但是使用的工具简单、操作灵活。手工弯形多用于单件生产的弯曲加工。此外，在设备条件缺乏或机械弯形较难时，也需要采用手工弯形。

2. 手工弯形方法

1）直角形工件的弯形方法

（1）弯形直角形小型工件时，可直接在台虎钳上折弯。弯形前，应先在折弯部位划出折弯线，然后将工件夹持在台虎钳上，使折弯线与钳口平齐，用木棰在靠近折弯处轻轻敲击成形，如图 4-39（a）所示。或者在折弯处垫上硬木，用手锤敲击成形，如图 4-39（b）所示。

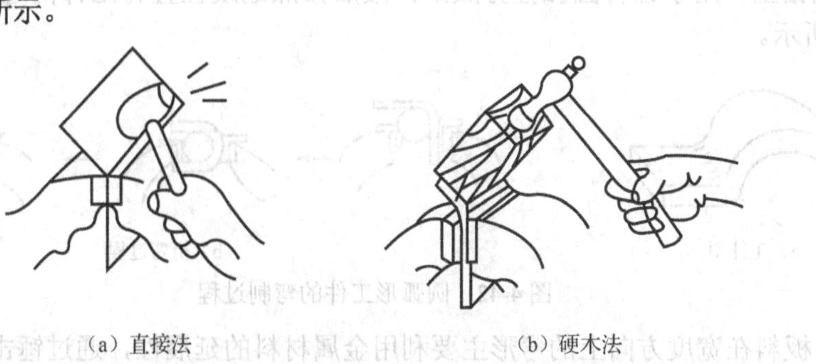

（a）直接法　　（b）硬木法

图 4-39　在台虎钳上折弯直角形小型工件

（2）弯制直角形大型工件的方法。当工件尺寸较大，无法在台虎钳上夹持时，可用角铁制作的夹具夹持，进行折弯，如图 4-40 所示。如果工件较薄，还可以将工件放在铁砧或平板上，利用铁砧或平板的直角边进行折弯。

（a）角铁法　　（b）工具法

图 4-40　尺寸较大工件的折弯

（3）弯制多直角工件。折弯多直角工件时，通常需要用适当尺寸的硬木垫或金属垫作辅助工具，分步进行折弯，如图 4-41 所示。

折弯各种多角工件时，一般应按先里后外的顺序进行，容易保证各部位的尺寸。

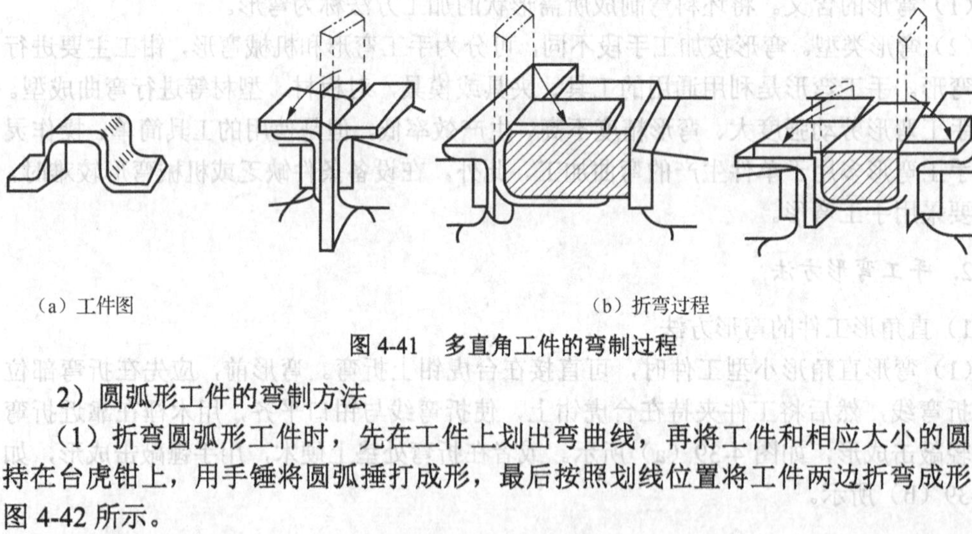

（a）工件图　　（b）折弯过程

图 4-41　多直角工件的弯制过程

2）圆弧形工件的弯制方法

（1）折弯圆弧形工件时，先在工件上划出弯曲线，再将工件和相应大小的圆钢夹持在台虎钳上，用手锤将圆弧捶打成形，最后按照划线位置将工件两边折弯成形，如图 4-42 所示。

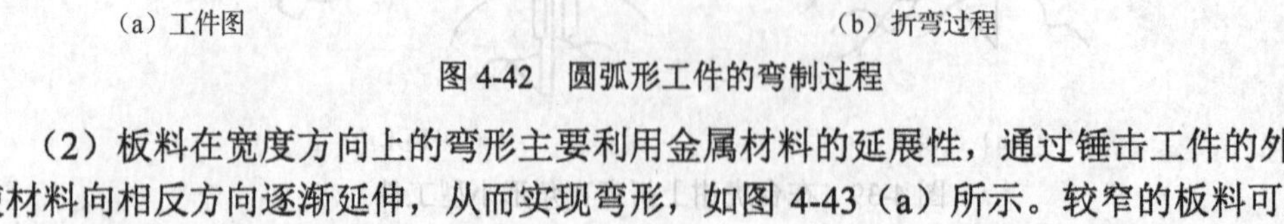

（a）工件图　　（b）折弯过程

图 4-42　圆弧形工件的弯制过程

（2）板料在宽度方向上的弯形主要利用金属材料的延展性，通过锤击工件的外侧，使材料向相反方向逐渐延伸，从而实现弯形，如图 4-43（a）所示。较窄的板料可放置在 V 形铁或弯模上，按照所需的弯形角度，逐步锤击，使板料逐渐达到所需的形状，如图 4-43（b）所示；对于更复杂的弯形需求，可以使用专门的弯形工具，如图 4-43（c）所示。

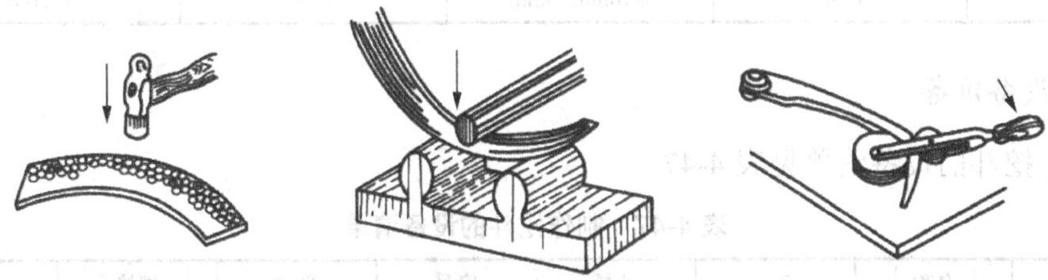

（a）延展法弯形　（b）在弯模上弯形　（c）用弯形工具进行弯形

图 4-43　板料在宽度方向上的弯形

3）弯制管件的方法

管子的弯曲通常需要借助弯管工具。图 4-44 所示为一种简单的弯管工具，通过转盘和靠铁的圆弧槽支撑管子，防止弯瘪，钩子固定管子的伸出端，手柄用于施力实现弯曲。使用时，将管子插入转盘和靠铁的圆弧槽中，再用钩子将管子的伸出端钩住，扳动手柄，直至将管子弯出所需角度。

注意：①直径在 12mm 以下的管子，一般采用冷弯的方法进行弯制；直径在 12mm 以上的管子，则应采用热弯的方法进行弯制。②弯制管子时，最小的弯曲半径应大于管子直径的 4 倍。③弯制有焊缝的管子时，管子的焊缝应处于中性层位置，否则会将焊缝弯裂。

弯制直径在 10mm 以上的管子时，应在管子内灌满、灌紧干砂（灌砂时，应边灌边敲），然后将管子两端用木塞塞紧，否则容易将管子弯瘪，如图 4-45 所示。

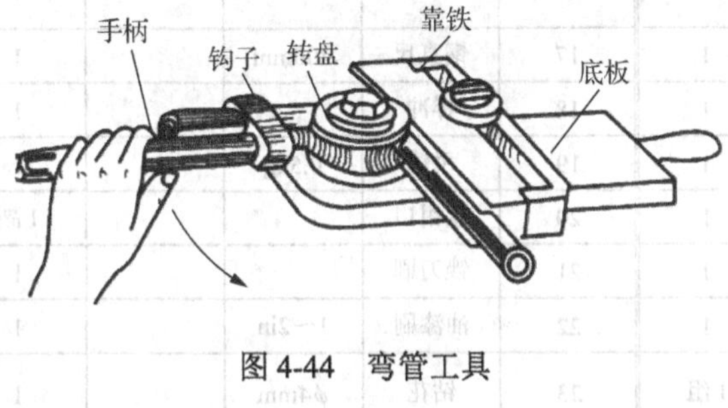

图 4-44　弯管工具

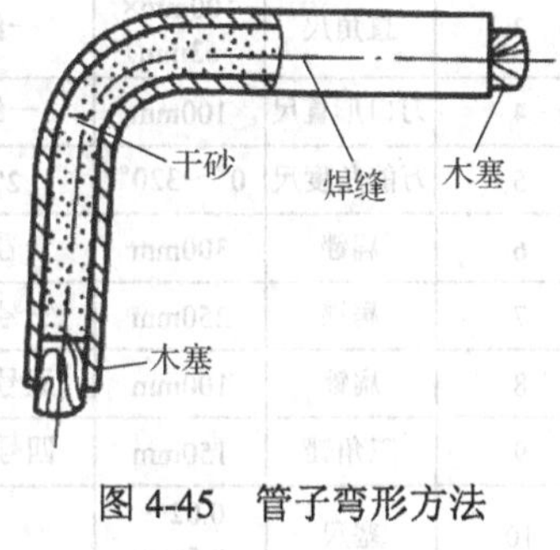

图 4-45　管子弯形方法

任务实施

一、工作准备

1. 材料准备

制作挖斗的材料清单见表 4-46。

表 4-46 制作挖斗的材料清单

序号	材料名称	规格	数量	备注
1	Q235	90mm×70mm×1.5mm	1 件	1 件/人
2	45 钢	ϕ10mm×6mm	1 件	1 件/人

2. 设备准备

制作挖斗的设备清单见表 4-47。

表 4-47 制作挖斗的设备清单

序号	名称	规格	数量	序号	名称	规格	数量
1	划线（测量）平板	500mm×400mm	8 人共用一块平板	5	钳台		1 工位/人
2	方箱（靠铁）	100mm×100mm	与平板配套	6	台虎钳	150mm	1 个/人
3	台式钻床	Z512	8 人共用一台	7	砂轮机	S3SL-250	
4	平口虎钳（带平行垫铁）	100mm	与台钻配套				

3. 工具、量具、刃具准备

制作挖斗的工具、量具、刃具清单见表 4-48。

表 4-48 制作挖斗的工具、量具、刃具清单

序号	名称	规格	精度	数量	序号	名称	规格	精度	数量
1	高度游标卡尺	0～200mm	0.02mm	1	14	锯条	齿距		2
2	游标卡尺	0～150mm	0.02mm	1	15	划规	150mm		1
3	直角尺	100mm×63mm	一级	1	16	划针			1
4	刀口形直尺	100mm	一级	1	17	钢直尺	200mm		1
5	万能角度尺	0°～320°	2′	1	18	样冲			1
6	扁锉	300mm	一号纹	1	19	手锤	0.5kg		1
7	扁锉	250mm	三号纹	1	20	软钳口			1 副
8	扁锉	100mm	五号纹	1	21	锉刀刷			1
9	三角锉	150mm	四号纹	1	22	油漆刷	1～2in		1
10	塞尺	0.02～0.5mm		1 组	23	钻花	ϕ4mm		1
11	扁锉	300mm	一号纹	1	24	机油煤油			适量
12	整形锉	6 支/组		1	25	抹布棉纱			适量
13	锯弓	300mm		1	26	钻夹头	ϕ12mm		1

二、工作步骤

制作挖斗的操作步骤见表 4-49。

表 4-49　制作挖斗的操作步骤

序号	步骤	图示	操作内容及注意事项
1	检查毛坯		1）按图示检查毛坯 2）毛坯清理 3）检查毛坯尺寸：90mm×70mm×1.5mm，ϕ10mm×6mm
2	划出加工线	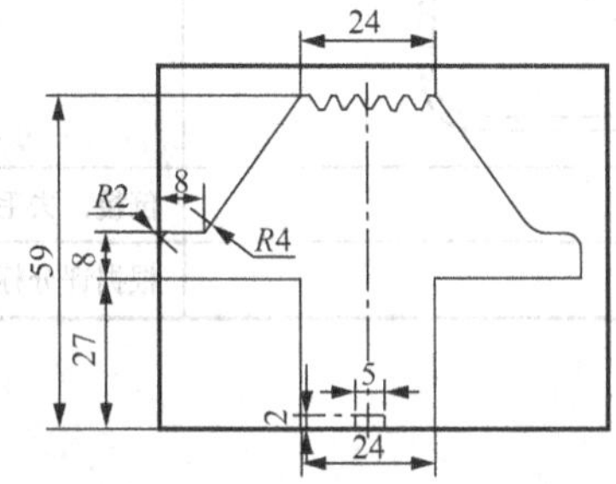	以两基准面为基准，划出加工轮廓线，按图示尺寸画出加工轮廓线
3	锯削		沿着加工线锯削，保留锉削余量
4	锉削	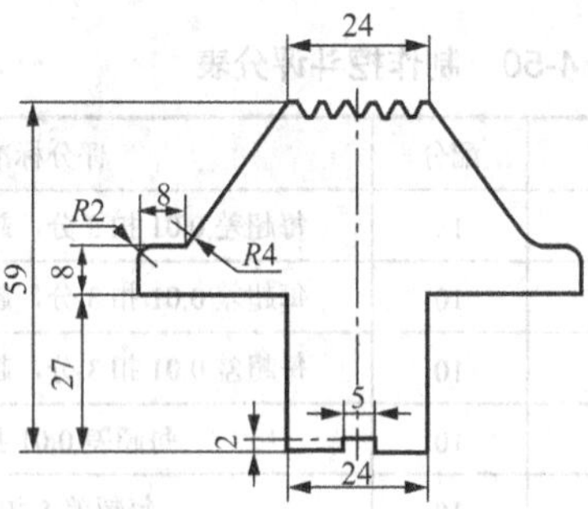	按照图样尺寸锉削各边，同时利用滚锉法锉削圆弧 R2mm、R4mm，锉至要求尺寸
5	折弯	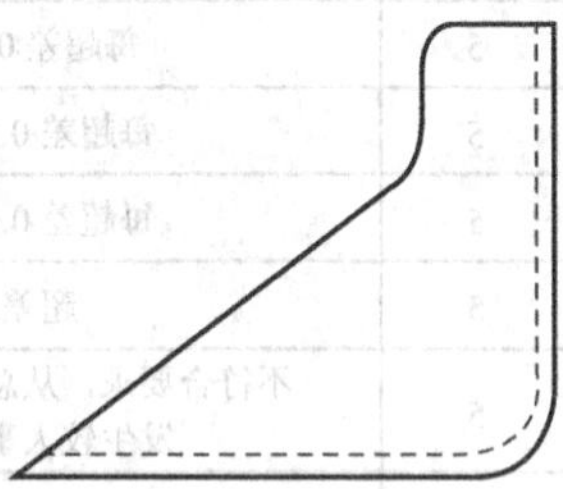	折弯完成斗形零件
6	定心		划线找出ϕ4mm 的中心，打上样冲眼
7	钻孔	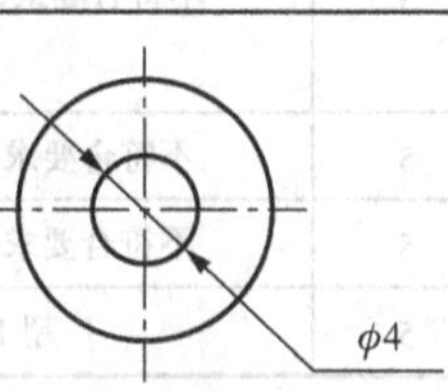	钻ϕ4mm 的孔
8	焊接		将步骤 5 折弯零件边缝进行焊接

续表

序号	步骤	图示	操作内容及注意事项
9	焊接	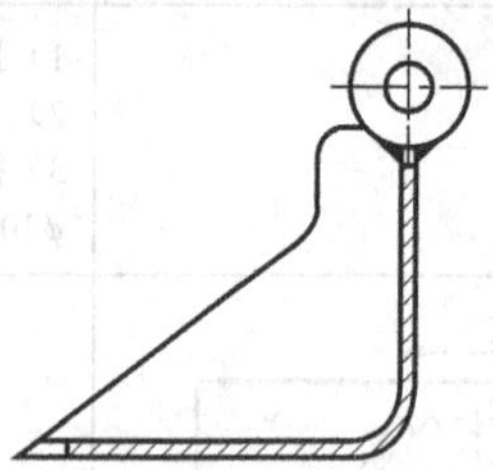	将步骤 7、8 中的两零件焊接在一起，保证焊接质量
10	修整		倒棱，去毛刺
11	交检		根据评分标准进行检查评分

任务评价

制作挖斗评分表见表 4-50。

表 4-50　制作挖斗评分表

考核项目	考核内容	考核要求	配分	评分标准	得分
主要项目	尺寸精度	32 ± 0.04	15	每超差 0.01 扣 3 分，超差 0.04 不得分	
		26 ± 0.04	10	每超差 0.01 扣 3 分，超差 0.04 不得分	
		$5^{0}_{-0.05}$	10	每超差 0.01 扣 3 分，超差 0.04 不得分	
		$\phi 4$	10	每超差 0.01 扣 2 分	
		60°	10	每超差 5 扣 1 分	
		24	5	每超差 0.01 扣 1 分	
一般项目	尺寸精度	*R*4	5	每超差 0.01 扣 0.5 分	
		3	5	每超差 0.01 扣 0.2 分	
	表面粗糙度	*Ra*6.3	5	超差不得分	
其他项目	安全	安全文明生产	5	不符合要求，从总分中扣 1～50 分，发生较大事故者不得分	
	工具设备使用	正确、规范使用工具、量具、刃具及设备，并做到合理保养	5	不符合要求，从总分中扣 1～10 分	
	其他	操作姿势	5	不符合要求，从总分中扣 1～5 分	
		工艺正确	5	不符合要求，从总分中扣 1～5 分	
工时定额	4h		5	超 1h 以上不得分	

项目五　小赛车的制作

本项目聚焦“小赛车制作”，包含底盘、驾驶室、车轮三大核心任务。通过钳工基本操作（锯削、锉削、钻孔等）与多工序精密加工，强化基准面垂直度、尺寸公差及表面粗糙度控制能力。同时，融入新能源汽车发展的思政元素，培养学生的工匠精神、创新能力和团队协作意识。项目完成后，将形成结构强度达标、装配适配性良好、各部件尺寸精度及表面质量符合图样要求的小赛车实体（图 5-1），实现钳工技能提升与思政素养培育的双重目标。

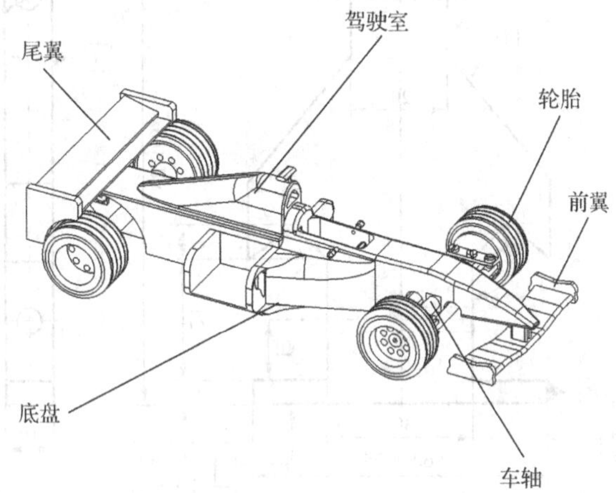

图 5-1　小赛车的结构示意图

项目目标

知识目标

对钳工基本操作技能和常用量具的测量方法进行复习巩固。

能力目标

根据零件的特点和图样要求，选择合适的加工工艺，并使用量具对加工后的零件进行检测。

思政目标

（1）培养精益求精的工匠精神，激发创新创意潜能，培育团队协作意识。

（2）结合新能源汽车发展趋势，培养学生技术创新能力，强化学生服务国家战略的使命担当，实现专业技能与思政素养的协同提升。

任务一　小赛车底盘的制作

任务描述

按照图 5-2 所示小赛车底盘零件图样要求，完成零件制作。

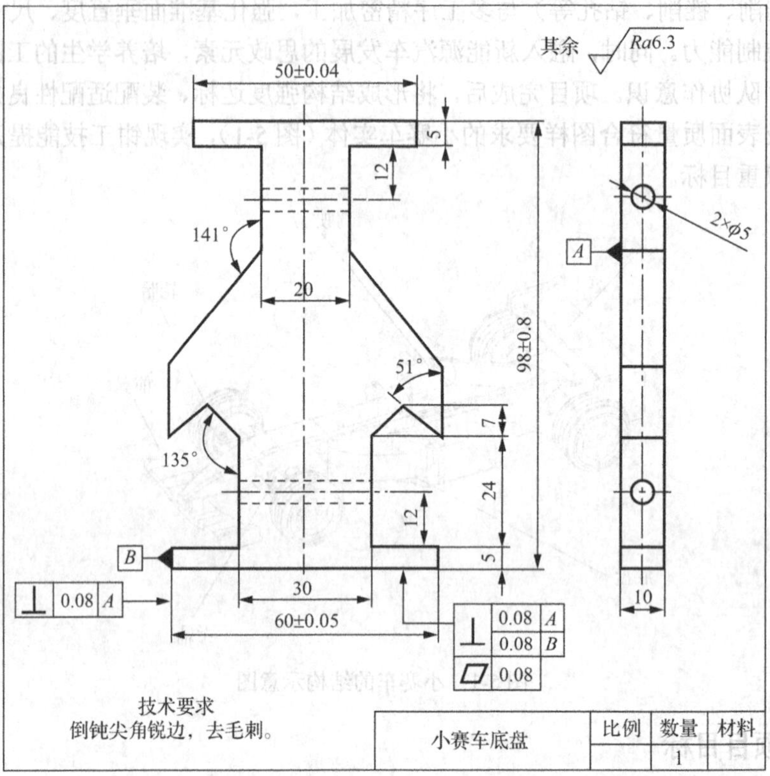

图 5-2　小赛车底盘零件图样

任务分析

本任务要求按照图样完成小赛车底盘零件制作。任务核心为多工序精密加工与尺寸控制。任务重点是保证基准面垂直度及平面度，严格把控关键尺寸（如 50 ± 0.04mm、60 ± 0.05mm、51° 等）及表面粗糙度 *Ra*6.3。加工工艺涉及排孔定位、锯削/錾削余量预留、锉削修整及ϕ5 孔加工。任务难点在于多尺寸累积公差控制、排孔定位精度及錾削后锉削平面的一致性，需要熟练运用游标卡尺、万能角度尺等量具检测，注意钻孔垂直度。同时落实安全规范操作（如砂轮机、台钻安全操作）与质量控制，严格执行 6h 工时，并确保结构强度与装配适配性。

任务实施

一、工作准备

1. 材料准备

制作小赛车底盘的材料清单见表5-1。

表5-1　制作小赛车底盘的材料清单

序号	材料名称	规格	数量	备注
1	Q235	62mm×102mm×10mm	2 件	2 件/人

2. 设备准备

制作小赛车底盘的设备清单见表5-2。

表5-2　制作小赛车底盘的设备清单

序号	名称	规格	数量	序号	名称	规格	数量
1	划线（测量）平板	500mm×400mm	8人共用一块平板	5	钳台		1工位/人
2	方箱（靠铁）	100mm×100mm	与平板配套	6	台虎钳	200mm	1个/人
3	台式钻床	Z512	8人共用一台	7	砂轮机		1
4	平口虎钳（带平行垫铁）	100mm	与台钻配套				

3. 工具、量具、刃具准备

制作小赛车底盘的工具、量具、刃具清单见表5-3。

表5-3　制作小赛车底盘的工具、量具、刃具清单

序号	名称	规格	精度	数量	序号	名称	规格	精度	数量
1	高度游标卡尺	0～200mm	0.02mm	1	14	锯条	齿距		2
2	游标卡尺	0～150mm	0.02mm	1	15	划规	150mm		1
3	直角尺	100mm×63mm	一级	1	16	划针			1
4	刀口形直尺	100mm	一级	1	17	钢直尺	200mm		1
5	万能角度尺	0°～320°	2″	1	18	样冲			1
6	扁锉	300mm	一号纹	2	19	手锤	0.5kg		1
7	扁锉	250mm	三号纹	1	20	软钳口			1副
8	扁锉	100mm	五号纹	1	21	锉刀刷			1
9	三角锉	150mm	四号纹	1	22	油漆刷	1～2in		1
10	塞尺	0.02～0.5mm		1组	23	钻头	ϕ5mm		1
11	钻夹头	ϕ12mm		1	24	机油煤油			适量
12	整形锉	6支/组		1	25	抹布棉纱			适量
13	锯弓	300mm		1					

二、工作步骤

制作小赛车底盘的操作步骤见表 5-4。

表 5-4 制作小赛车底盘的操作步骤

序号	步骤	图示	操作内容及注意事项
1	检查毛坯	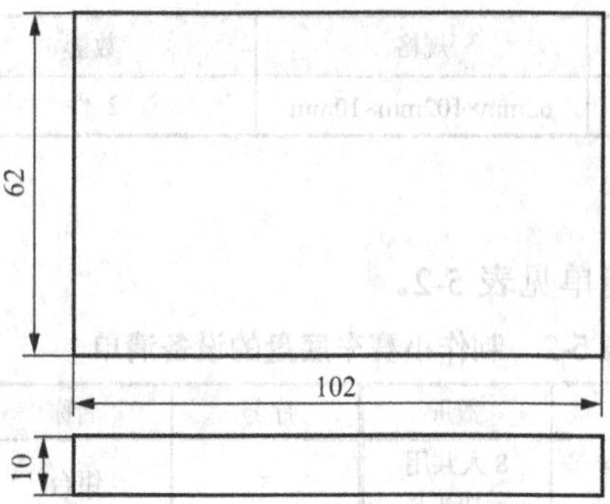	1）按图示检查毛坯 2）清理毛坯 3）检查毛坯尺寸
2	加工相邻两基准面		1）在平口虎钳上找正并夹紧毛坯 2）用精铣刀以小切削量加工第一基准面，保证平面度≤0.08mm，同时建立垂直基准 3）清理并测量加工面，确认平面度符合要求
3	划出加工线	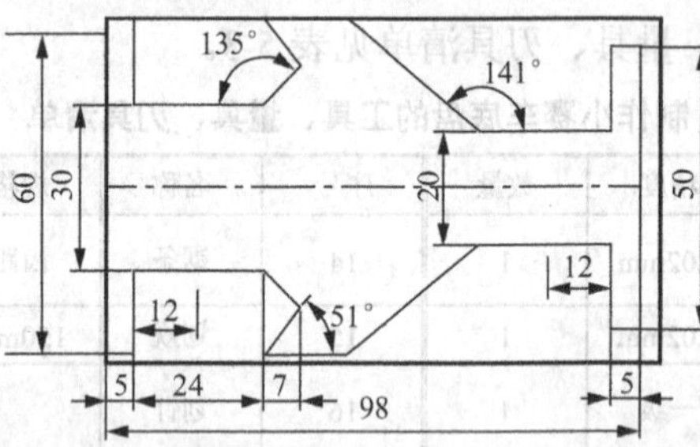	1）分别以两基准面为基准，划出加工轮廓线，以两线交点为中心，打上样冲眼 2）带角度位置的斜线用钢直尺和划针划出
4	定心	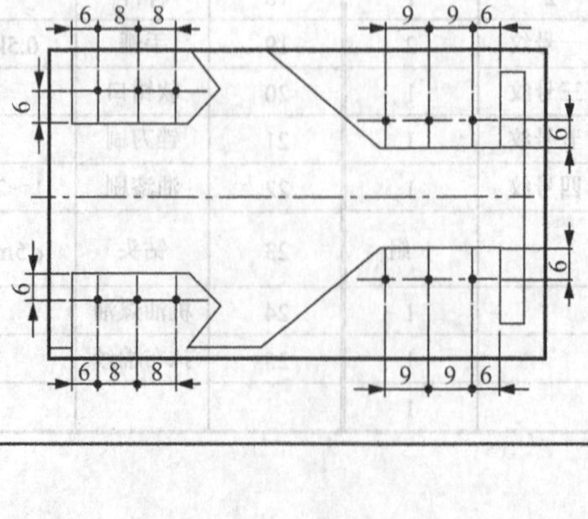	定钻排孔中心，注意留足锉削、錾削余量

续表

序号	步骤	图示	操作内容及注意事项
5	钻排孔	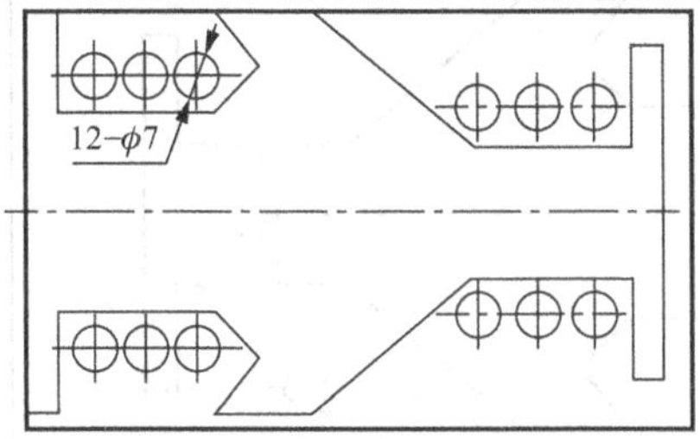	1）根据钻孔要求，先钻两角处孔，再钻中部孔 2）依次将四处需要去除的位置钻好排孔
6	锯削		去除基准面远端多余材料，沿凹件中部凹形加工边线，锯两条缝，并保留錾削余量
7	錾削		用錾子顶住排孔位置，通过锤击，将多余材料去除
8	锉削	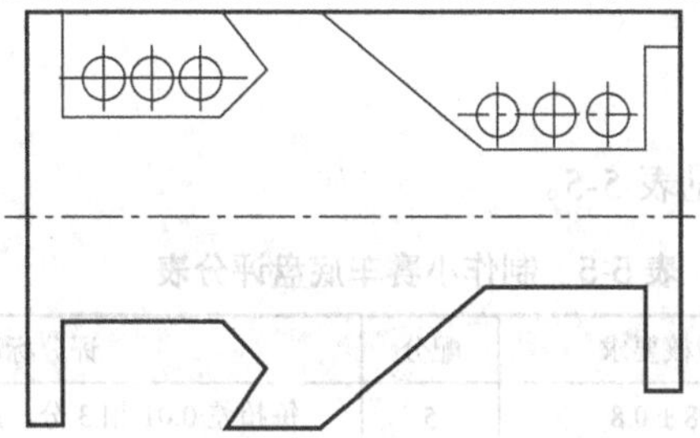	将錾削后的位置进行锉削，达到要求尺寸
9	锯削		去除基准面近端多余材料，沿凹件中部凹形加工边线，锯两条缝，并保留錾削余量
10	錾削		用錾子顶住排孔位置，通过捶击，将多余材料去除
11	锉削	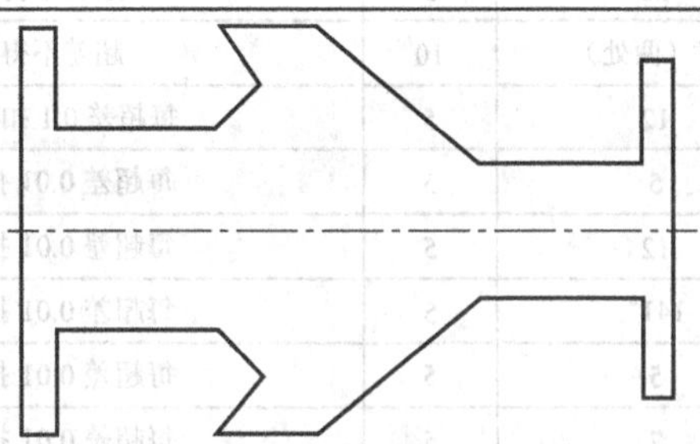	将錾削后的位置进行锉削，达到要求尺寸
12	定心	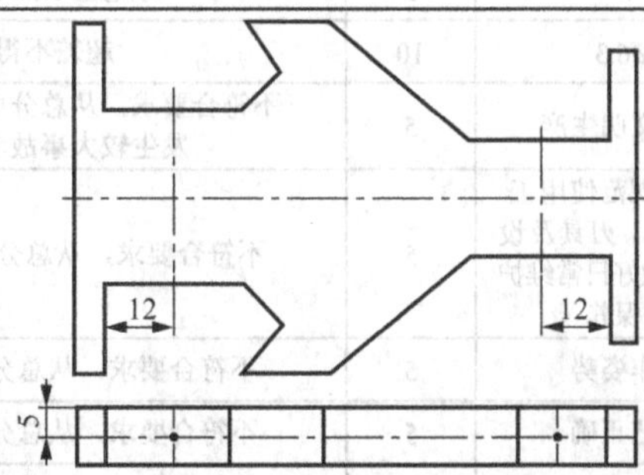	划线定ϕ5mm 的中心，并打好样眼

续表

序号	步骤	图示	操作内容及注意事项
13	钻孔	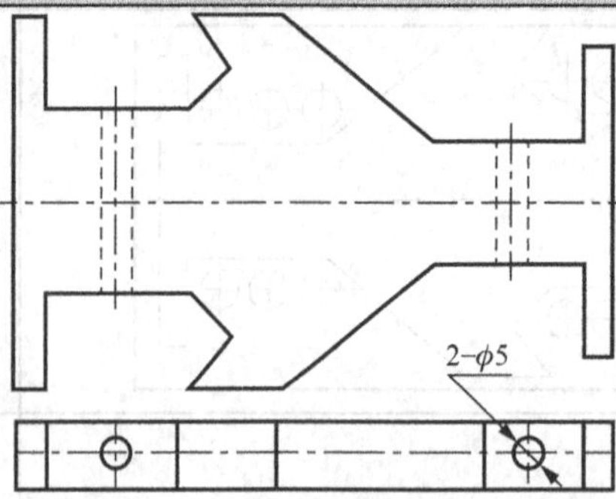	钻出 2 个通孔ϕ5mm
14	修整		倒棱，去毛刺
15	交检		根据评分标准进行检查评分

任务评价

制作小赛车底盘评分表见表 5-5。

表 5-5　制作小赛车底盘评分表

考核项目	考核内容	考核要求	配分	评分标准	得分
主要项目	尺寸精度	98 ± 0.8	5	每超差 0.01 扣 3 分，超差 0.03 不得分	
		60 ± 0.05	5	每超差 0.01 扣 3 分，超差 0.03 不得分	
		30	5	每超差 0.01 扣 3 分，超差 0.03 不得分	
		50 ± 0.04	5	每超差 0.01 扣 3 分，超差 0.03 不得分	
		20	5	超差不得分	
		51°（两处）	10	超差不得分	
一般项目	尺寸精度	12	5	每超差 0.1 扣 0.5 分	
		5	5	每超差 0.01 扣 1 分	
		12	5	每超差 0.01 扣 1 分	
		141°	5	每超差 0.01 扣 1 分	
		5	5	每超差 0.01 扣 1 分	
		7	5	每超差 0.01 扣 1 分	
	表面粗糙度	*Ra*6.3	10	超差不得分	
其他项目	安全	安全文明生产	5	不符合要求，从总分中扣 1～50 分，发生较大事故者不得分	
	工具设备使用	正确、规范使用工具、量具、刃具及设备，并做好日常维护和保养	5	不符合要求，从总分中扣 1～10 分	
	其他	操作姿势	5	不符合要求，从总分中扣 1～5 分	
		工艺正确	5	不符合要求，从总分中扣 1～5 分	
工时定额	6h		5	超 1h 以上不得分	

任务二　小赛车驾驶室的制作

任务描述

按照图 5-3 所示小赛车驾驶室零件图样要求，完成零件制作。

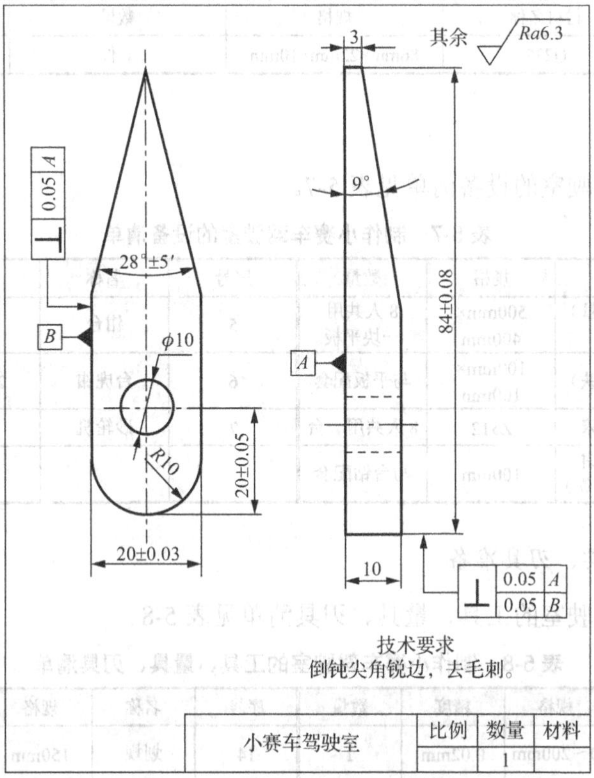

图 5-3　小赛车驾驶室零件图样

任务分析

本任务要求按照图样完成赛车驾驶室零件制作。任务重点在于保证基准面加工质量与 *R*10mm 圆弧成型，精确控制多维度尺寸公差、角度公差、表面粗糙度，确保尺寸精度及倒棱去毛刺等细节达到评分标准要求。加工工艺涉及划线、钻孔、锯削、锉削等。同时落实安全规范操作（如砂轮机、台钻安全操作）与质量控制，严格执行 3h 工时。

任务实施

一、工作准备

1. 材料准备

制作小赛车驾驶室的材料清单见表5-6。

表5-6 制作小赛车驾驶室的材料清单

序号	材料名称	规格	数量	备注
1	Q235	86mm×22mm×10mm	1件	1件/人

2. 设备准备

制作小赛车驾驶室的设备清单见表5-7。

表5-7 制作小赛车驾驶室的设备清单

序号	名称	规格	数量	序号	名称	规格	数量
1	划线（测量）平板	500mm×400mm	8人共用一块平板	5	钳台		1工位/人
2	方箱（靠铁）	100mm×100mm	与平板配套	6	台虎钳	200mm	1个/人
3	台式钻床	Z512	8人共用一台	7	砂轮机		1
4	平口虎钳（带平行垫铁）	100mm	与台钻配套				

3. 工具、量具、刃具准备

制作小赛车驾驶室的工具、量具、刃具清单见表5-8。

表5-8 制作小赛车驾驶室的工具、量具、刃具清单

序号	名称	规格	精度	数量	序号	名称	规格	精度	数量
1	高度游标卡尺	0～200mm	0.02mm	1	14	划规	150mm		1
2	游标卡尺	0～150mm	0.02mm	1	15	划针			1
3	直角尺	100mm×63mm	一级	1	16	钢直尺	200mm		1
4	刀口形直尺	100mm	一级	1	17	样冲			1
5	万能角度尺	0°～320°	2″	1	18	手锤	0.5kg		1
6	千分尺	50～75mm	0.01mm	1	19	软钳口			1副
7	半径规	7.5～14.5mm		1组	20	锉刀刷			1
8	扁锉	300mm	一号纹	2	21	油漆刷	1～2in		1
9	扁锉	250mm	三号纹	1	22	机油煤油			适量
10	扁锉	100mm	五号纹	1	23	抹布棉纱			适量
11	三角锉	150mm	四号纹	1	24	钻夹头	ϕ12mm		1
12	锯弓	300mm		1	25	钻头	ϕ9mm		1
13	锯条	齿距		2					

二、工作步骤

制作小赛车驾驶室的操作步骤见表 5-9。

表 5-9　制作小赛车驾驶室的操作步骤

序号	步骤	图示	操作内容及注意事项
1	检查毛坯	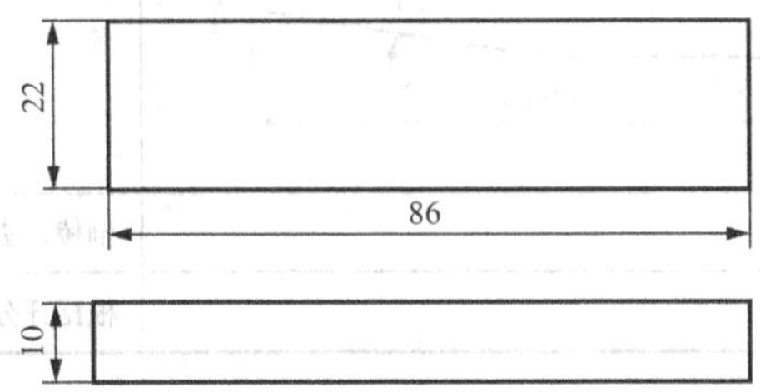	1）按图示检查毛坯 2）清理毛坯 3）检查毛坯尺寸
2	加工相邻两基准面		1）在平口虎钳上找正并夹紧毛坯 2）用精铣刀以小切削量加工第一基准面，保证平面度≤0.05mm，同时建立垂直基准 3）清理并测量加工面，确认平面度符合要求
3	划出加工线	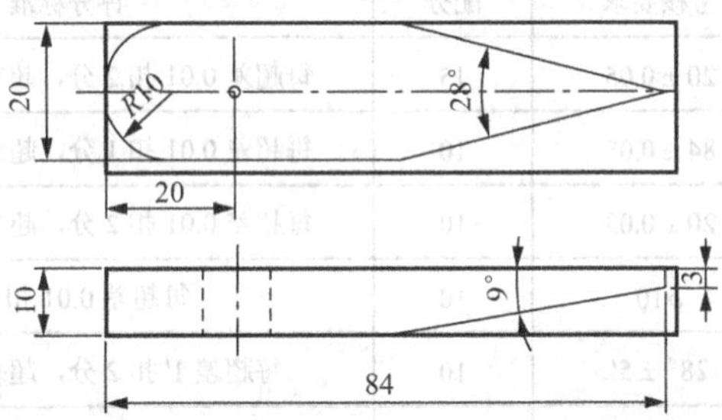	1）分别以两基准面为基准划出加工轮廓线，以两线交点为中心，打上样冲眼 2）带角度位置的斜线用钢直尺和划针划出
4	钻孔	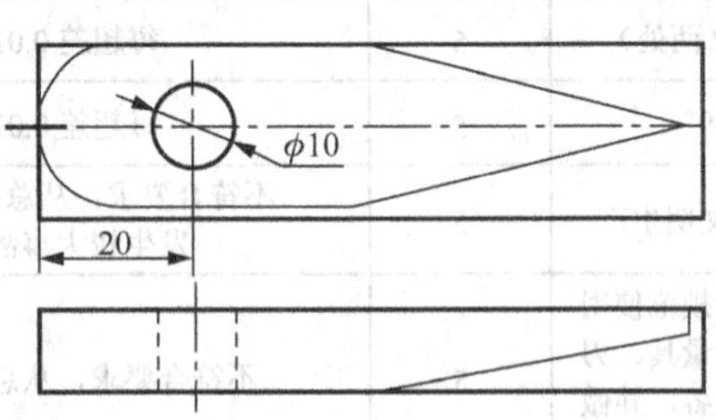	钻出ϕ10mm 孔
5	锯削		去除角度 28°处多余材料
6	锉削		将锯削后的位置进行锉削，达到要求尺寸

续表

序号	步骤	图示	操作内容及注意事项
7	锉削	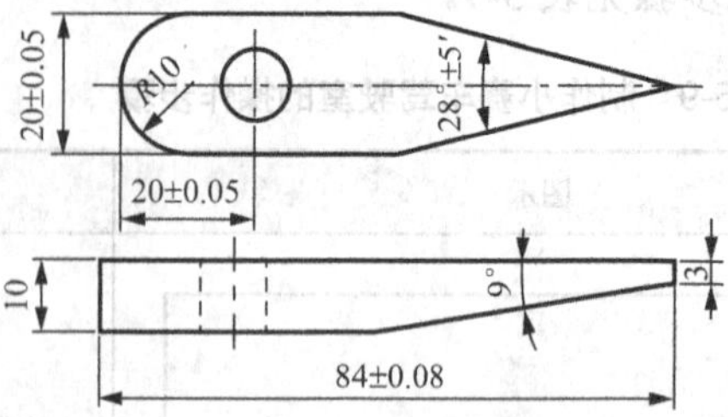	锉削圆弧 *R*10mm，达到要求
8	修整		倒棱，去毛刺
9	交检		根据评分标准进行检查评分

任务评价

制作小赛车驾驶室评分表见表 5-10。

表 5-10　制作小赛车驾驶室评分表

考核项目	考核内容	考核要求	配分	评分标准	得分
主要项目	尺寸精度	20 ± 0.05	15	每超差 0.01 扣 2 分，超差 0.03 不得分	
		84 ± 0.08	10	每超差 0.01 扣 1 分，超差 0.03 不得分	
		20 ± 0.03	10	每超差 0.01 扣 2 分，超差 0.03 不得分	
		ϕ10	10	每超差 0.01 扣 1 分	
		28° ± 5′	10	每超差 1′ 扣 2 分，超差 3′ 不得分	
一般项目	表面粗糙度	*Ra*6.3	10	超差不得分	
	尺寸精度	*R*10（两处）	5	每超差 0.01 扣 1 分	
		9°	5	每超差 0.01 扣 1 分	
其他项目	安全	安全文明生产	5	不符合要求，从总分扣 1～50 分，发生较大事故者不得分	
	工具设备使用	正确、规范使用工具、量具、刃具及设备，并做到合理保养	5	不符合要求，从总分扣 1～10 分	
	其他	操作姿势	5	不符合要求，从总分扣 1～5 分	
		工艺正确	5	不符合要求，从总分扣 1～5 分	
工时定额	3h		5	超 1h 以上不得分	

任务三 小赛车车轮的制作

任务描述

按照图 5-4 所示小赛车车轮零件图样要求，完成零件制作。

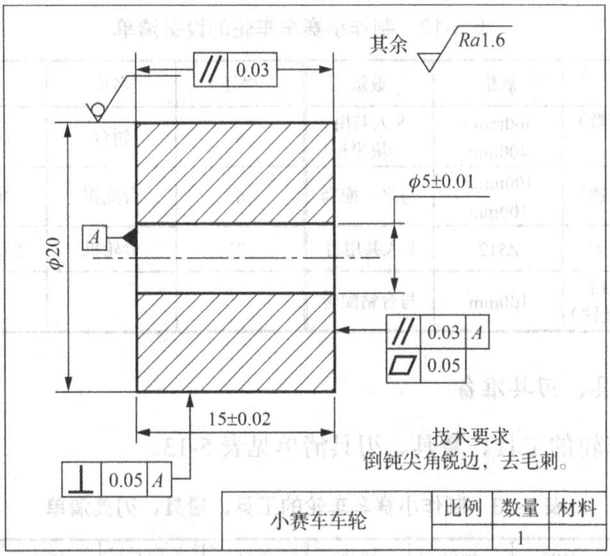

图 5-4 小赛车车轮零件图样

任务分析

本任务要求按照图样完成小赛车车轮零件制作。任务核心在于高精度尺寸（如 5±0.01mm、15±0.02mm）与表面质量控制；掌握圆柱形毛坯（ϕ20mm×72mm）的锯削余量预留、基准面锉削垂直度控制，以及钻孔（ϕ4.9mm）后铰孔的精加工工艺；严格使用千分尺、塞尺等检测平行度（0.03mm），确保钻孔定心精准，避免超差。同时落实安全规范操作（如砂轮机、台钻安全操作）与质量控制，严格执行 3h 工时，完成倒棱、去毛刺等细节处理。

任务实施

一、工作准备

1. 材料准备

制作小赛车车轮的材料清单见表 5-11。

表 5-11 制作小赛车轮胎的材料清单

序号	材料名称	规格	数量	备注
1	Q235	ϕ20mm×72mm	1 件	1 件/人

2. 设备准备

制作小赛车车轮的设备清单见表 5-12。

表 5-12 制作小赛车车轮的设备清单

序号	名称	规格	数量	序号	名称	规格	数量
1	划线（测量）平板	500mm×400mm	8 人共用一块平板	5	钳台	800mm	1 工位/人
2	方箱（靠铁）	100mm×100mm	与平板配套	6	台虎钳	200mm	1 个/人
3	台式钻床	Z512	8 人共用台	7	砂轮机	S3SL-250	
4	平口虎钳（带平行垫铁）	100mm	与台钻配套				

3. 工具、量具、刃具准备

制作小赛车车轮的工具、量具、刃具清单见表 5-13。

表 5-13 制作小赛车车轮的工具、量具、刃具清单

序号	名称	规格	精度	数量	序号	名称	规格	精度	数量
1	高度游标卡尺	0～200mm	0.02mm	1	15	锯条	齿距		2
2	游标卡尺	0～150mm	0.02mm	1	16	划规	150mm		1
3	直角尺	100mm×63mm	一级	1	17	划针			1
4	刀口形直尺	100mm	一级	1	18	钢直尺	200mm		1
5	万能角度尺	0°～320°	2″	1	19	样冲			1
6	千分尺	50～75mm	0.01mm	1	20	手锤	0.5kg		1
7	塞尺	0.02～0.5mm		1 组	21	软钳口			1 副
8	扁锉	300mm	一号纹	2	22	锉刀刷			1
9	扁锉	250mm	三号纹	1	23	油漆刷	1～2in		1
10	扁锉	100mm	五号纹	1	24	油石	自定截面		1～2
11	三角锉	150mm	四号纹	1	25	机油煤油			适量
12	钻花	ϕ5mm		1	26	抹布棉纱			适量
13	整形锉	6 支/组		1	27	钻夹头	ϕ10mmm		1
14	锯弓	300mm		1					

二、工作步骤

制作小赛车车轮的操作步骤见表5-14。

表5-14　制作小赛车车轮的操作步骤

序号	步骤	图示	操作内容及注意事项
1	检查毛坯	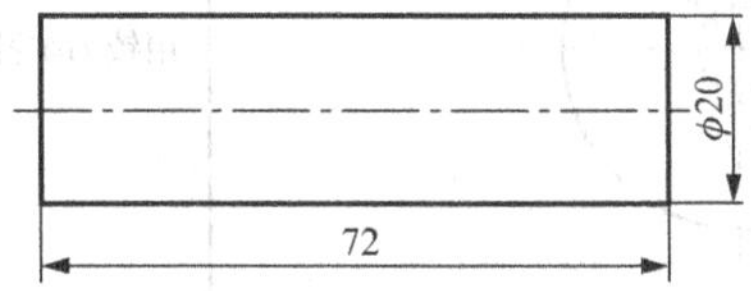	1）按图示检查毛坯 2）清理毛坯 3）检查毛坯尺寸
2	划出加工线	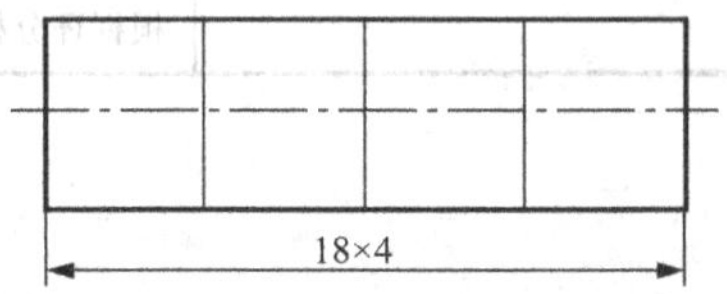	按轮胎宽度要求，分别划出锯削边界线，并保留1mm锉削余量
3	锯削	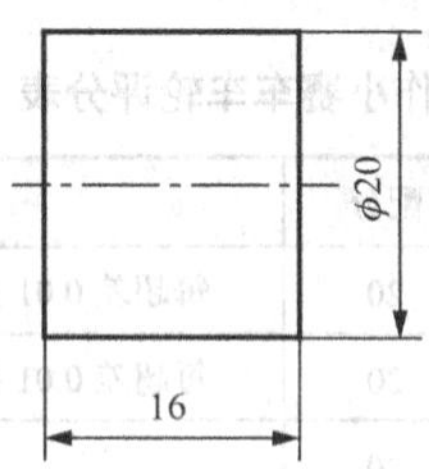	按要求锯出轮胎毛坯
4	锉削基准面	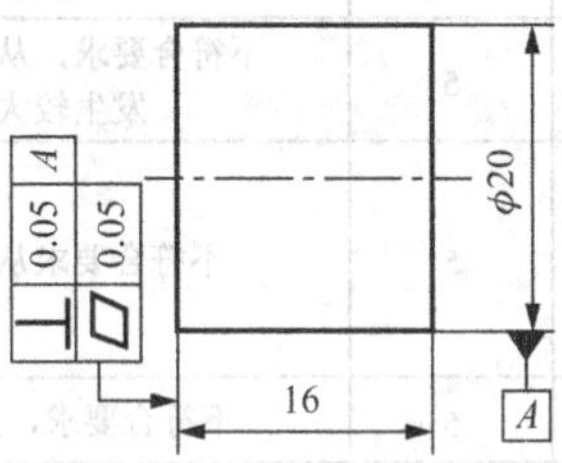	保证加工面与相邻面圆柱的垂直度
5	锉削	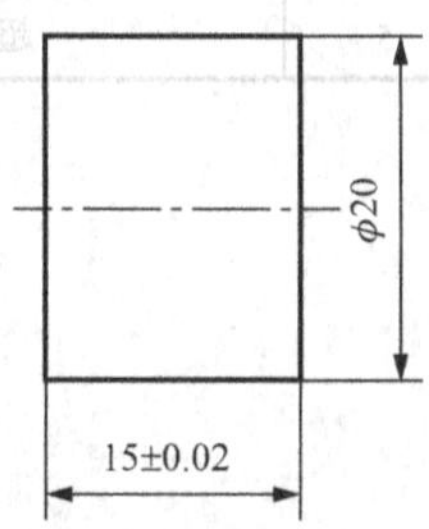	锉削基准面的对面平面，达到尺寸要求

续表

序号	步骤	图示	操作内容及注意事项
6	定心		定钻孔中心
7	钻孔		钻ϕ4.9mm 的孔
8	铰孔	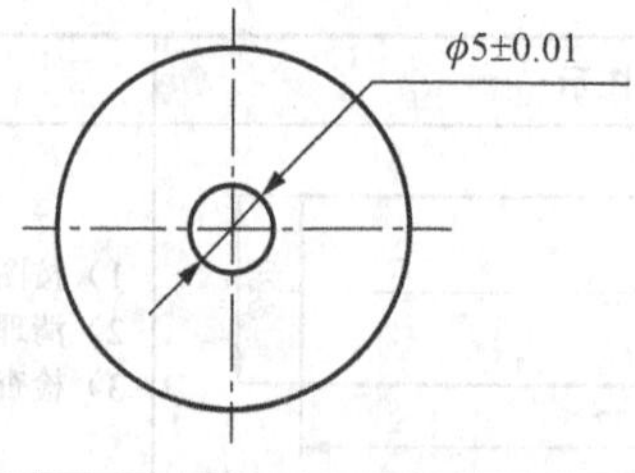	用铰刀扩孔，达到图样要求
9	修整		倒棱，去毛刺
10	交检		根据评分标准进行检查评分

任务评价

制作小赛车车轮评分表见表 5-15。

表 5-15 制作小赛车车轮评分表

考核项目	考核内容	考核要求	配分	评分标准	得分
主要项目	尺寸精度	$\phi5\pm0.01$	20	每超差 0.01 扣 4 分，超差 0.03 不得分	
		15 ± 0.02	20	每超差 0.01 扣 3 分，超差 0.04 不得分	
一般项目	表面粗糙度	Ra1.6	20	超差不得分	
	平行度	0.03	15	每超差 0.01 扣 3 分	
其他项目	安全	安全文明生产	5	不符合要求，从总分中扣 1～50 分，发生较大事故者不得分	
	工具设备使用	正确、规范使用工具、量具、刃具及设备，并做到合理保养	5	不符合要求从总分中扣 1～10 分	
	其他	操作姿势	5	不符合要求，从总分中扣 1～5 分	
		工艺正确	5	不符合要求，从总分中扣 1～5 分	
工时定额	3h		5	超 1h 以上不得分	

项目六　切 削 加 工

本项目以“切削加工”为核心技能，围绕三大任务展开，刀具的选用：通过分析材料特性、加工阶段（粗/精加工）与生产性质（批量/单件），训练学生匹配刀具材质、几何参数及冷却方式的能力，同时强化安全规范与成本意识。车削加工及质量检测：从原材料检验到成品检测全流程整合，涵盖工艺设计、设备操作与精密测量（尺寸、粗糙度、形位公差），培养“质量闭环”思维，提升团队协作精神。典型零件车削：以台阶轴为案例，贯通工艺规划、参数优化与问题诊断，通过端面车削、外圆精修等实操环节，深化工匠精神与技术创新意识。

本项目实现“选一做一检”一体化训练，助力学生掌握现代制造核心技能，践行精益生产理念与职业责任感。

任务一　刀具的选用

任务目标

1. 知识目标

（1）掌握不同材料性能，根据材料特性选择合适的刀具。

（2）理解切削加工原理，根据切削条件（切削速度、进给量、切削深度等）选择合适的刀具。

（3）熟悉常见刀具品牌。

（4）了解刀具冷却知识，能够根据不同加工环境和条件选择合适的冷却方式。

2. 能力目标

（1）根据实际生产要求，合理选择切削刀具的材料和品牌型号。

（2）根据加工材料特性，确定刀具的几何参数、切削量和加工工艺。

（3）基于刀具品质和材质知识，掌握刀具的保养方法。

（4）运用切削刀具的基本物理化学性质知识，具备在不同加工条件下的综合应用能力，确保加工过程高效且高质量。

3. 思政目标

（1）激发学生对刀具选用的兴趣，培养其主动学习和探索精神。

（2）强化刀具选用与操作的安全意识，培养学生安全规范操作的能力，降低事故发生风险。

任务描述

根据工件材料的切削性能选用刀具。不同的材料对刀具的磨损和切削性能有不同的要求，正确选择刀具可以显著提高加工效率和产品质量。

根据加工阶段选择刀具。半精加工、精加工阶段应优先选用寿命长、精度高的刀具，以确保工件的加工精度和产品质量。避免使用精度较低的刀具。

根据工件加工区域的结构特点选择刀具。因为不同的工件结构可能需要不同类型的刀具来适应其特定的加工要求，所以刀具的切削部分结构应与工件的结构特点相匹配。

此外，在单件小批量生产中，由于生产批量小、品种多，通常不需要高效率的专用设备和复杂刀具。为了降低成本和提高灵活性，一般采用普通的设备和简单的刀具来加工工件，这样可以适应不同零件的加工要求，便于根据生产需求快速调整设备和刀具。

正确选择切削加工刀具时，应综合考虑工件材料的切削性能、工件加工区域的结构特点以及加工阶段的需求，确保加工效率和产品质量。

任务分析

在切削加工中，刀具的选择是一个关键环节，直接影响加工效率、成本和工件的质量。选择合适的刀具不仅能提高生产效率，还能降低生产成本，同时保证加工质量。

（1）刀具类型选择。在机械加工过程中，须依据具体加工需求选择刀具类型。以车削加工为例，车刀是其适配的基础刀具类型；当涉及不同加工阶段（如粗加工、精加工）时，刀具选型须进一步细化。常见车刀类型有直头外圆车刀、弯头车刀、偏头车刀、车槽或切断车刀等，如图 6-1 所示。

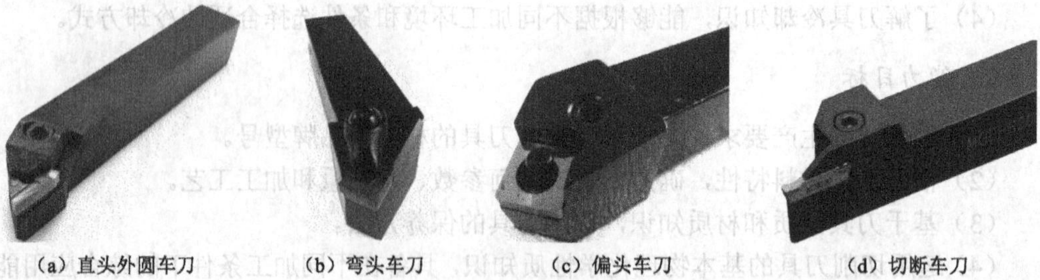

（a）直头外圆车刀　（b）弯头车刀　（c）偏头车刀　（d）切断车刀

图 6-1　车刀类型

（2）刀具材料选择。刀具材料的选择取决于工件材料的性质、加工要求和生产成本。例如，加工高硬度材料，需要选用硬质合金或金刚石涂层刀具；加工一般钢材，高速钢或硬质合金刀具是更经济的选择。常用刀具材料有高速钢、硬质合金、陶瓷、人造金刚石、碳素工具钢、高碳钢等。

（3）刀具几何参数选择。刀具的几何参数（如刃角、切削刃形状等）对切削性能有重要影响。合理的几何参数设计可以减少切削阻力，提高切削效率，同时减少工具磨损，延长刀具使用寿命。

（4）考虑生产性质。根据生产性质（如大批量生产、单件/小批量生产）选择合适的刀具。例如，在大批量生产中，选用专业刀具以提高生产效率；在单件/小批量生产中，选择更通用的标准刀具以降低成本。

（5）与机床匹配。刀具的选择应与所使用的机床相匹配，包括机床的类型（如立式机床或卧式机床）、主轴转速、进给速率等。不匹配的刀具可能导致加工质量下降或损坏机床。

（6）考虑加工表面粗糙度和精度。不同的加工表面粗糙度和精度要求，需要配置不同的刀具和切削参数。例如，精加工可能需要使用更精细的刀具和更低的切削速度，以保证表面质量。

（7）考虑经济性。在选择刀具时，除了考虑技术性能外，还应考虑经济性，包括刀具的购买成本、使用成本（如刀具更换频率）以及其对生产效率的影响。选择性价比高的刀具可以降低生产成本。

综上所述，切削加工刀具的选用是一个综合多种因素的过程，包括加工类型、材料、机床特性、经济性等。通过合理选择刀具，可以实现高效、低成本、高质量的加工目标。

相关知识

一、刀具的切削角度及其作用

刀具的结构如图 6-2 所示，切削角度及其作用如表 6-1 所示。

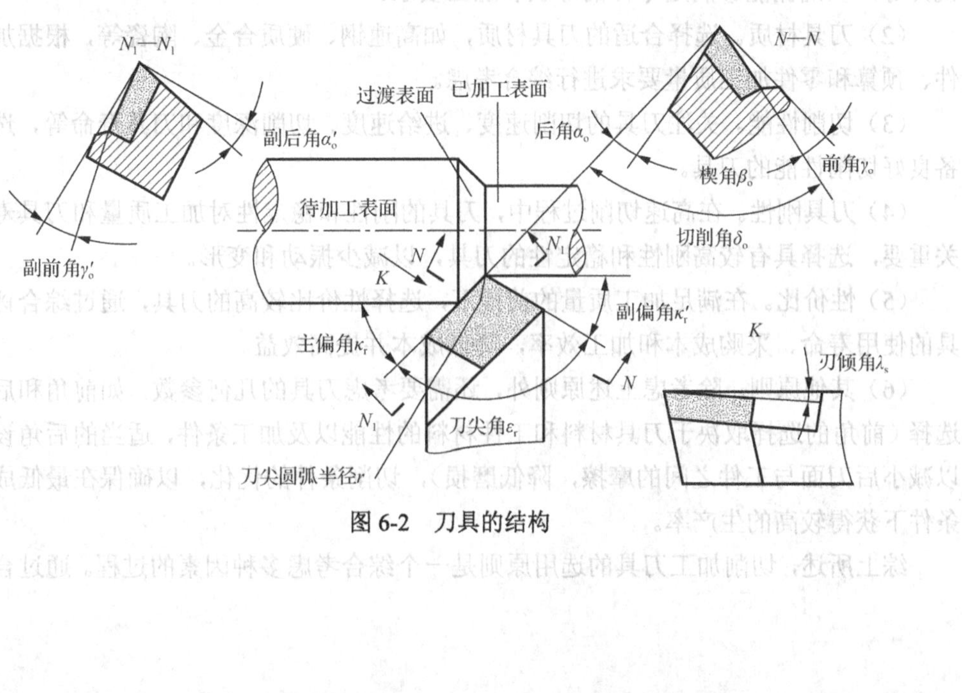

图 6-2 刀具的结构

表 6-1 刀具的切削角度及其作用

名称	代号	位置和作用
前角	γ_o	前刀面经过主切削刃与基面之间的夹角，在主截面内测量。它影响切削变形、切削与前刀面的摩擦，以及刀具强度
副前角	γ_o'	前刀面经过副切削刃与基面的夹角，在副截面内测量
后角	α_o	主后刀面与切削平面之间的夹角，在主截面内测量。主要作用是减小主后刀面与工件已加工表面之间的摩擦
副后角	α_o'	副后刀面与通过副切削刃并垂直于基面的平面之间的夹角，在副截面内测量。主要作用是减小副后刀面与工件已加工表面之间的摩擦
主偏角	κ_r	主切削刃与被加工表面之间的夹角，当切削深度和进给量一定时，改变主偏角可以使切削变薄或变厚，影响散热情况和切削力的变化
副偏角	κ_r'	副切削刃与加工表面之间的夹角，主要用来控制副切削刃与工件已加工表面之间的接触情况，避免副切削刃与已加工表面的过度摩擦，从而影响已加工表面的粗糙度
过渡偏角	κ_o	过渡刀刃与被加工表面之间的夹角，作用是增加刀尖强度
刃倾角	λ_s	主切削刃与基面之间的夹角，其作用是控制切削流出方向，增加刀刃强度，并能使切削力均匀
楔角	β_o	前刀面与后刀面的夹角，在主截面内测量，它影响刀头截面的大小
切削角	δ_o	前刀面和切削平面之间的夹角，在主截面内测量
刀尖角	ε_r	主切削刃与副切削刃在基面上投影的夹角，它影响刀头强度和导热能力
倒棱宽度	f	在前刀面刀刃上的狭窄平面，作用是增加刀刃强度

二、切削加工刀具选用原则

切削加工刀具的选用原则主要包括刀具的类型、材质、切削性能、刚性、性价比等。

（1）刀具类型。根据加工方式和用途选择合适的刀具类型，如车刀、孔加工刀具、铣刀等，以确保能够满足零件的形状和加工要求。

（2）刀具材质。选择合适的刀具材质，如高速钢、硬质合金、陶瓷等，根据加工条件、预算和零件加工质量要求进行综合考虑。

（3）切削性能。关注刀具的切削速度、进给速度、切削深度和刀具寿命等，选择具备良好切削性能的刀具。

（4）刀具刚性。在高速切削过程中，刀具的刚性和稳定性对加工质量和刀具寿命至关重要，选择具有较高刚性和稳定性的刀具，以减少振动和变形。

（5）性价比。在满足加工质量的前提下，选择性价比较高的刀具，通过综合评估刀具的使用寿命、采购成本和加工效率，降低成本并提高效益。

（6）其他原则。除考虑上述原则外，还需要考虑刀具的几何参数，如前角和后角的选择（前角的选择取决于刀具材料和工件材料的性能以及加工条件，适当的后角设计可以减小后刀面与工件之间的摩擦，降低磨损），切削条件的优化，以确保在最低成本的条件下获得较高的生产率。

综上所述，切削加工刀具的选用原则是一个综合考虑多种因素的过程。通过合理选择刀具，可以在确保加工效率和质量的同时，兼顾成本和安全性，从而实现高效、经济的加工过程。

三、切削加工刀具选用标准

切削加工刀具的选用是一个综合考虑多种因素的过程，以下是具体的选用标准。

（1）与被加工材料相匹配。刀具的选择应根据被加工材料的类型进行。例如，碳钢是最常见的加工材料，通常使用高速钢或硬质合金刀具；高温合金、钛合金需要选择硬度高、耐磨性好的硬质合金或陶瓷刀具；铝、复合材料、塑料及纯金属等非铁材料需要选择特定材质的刀具。大多数品牌提供了一系列刀具，并明确标注适合加工的材料类型。

（2）与机床相匹配。选择与机床相匹配的刀具至关重要。右手刀具适合逆时针旋转的机床，左手刀具适合顺时针旋转的机床。对于铣削，通用性强的刀具虽然覆盖更大的加工范围，但可能会牺牲刀具的刚性和切削效果。此外，如果机床有特定的尺寸和重量限制，选择刀具时也需要考虑这些因素。

（3）刀具规格。选择合适的刀具规格也很重要。一般来说，大规格的车刀刚性更好，更适合重切削；大规格的铣刀虽然价格高，但空切时间也更长，适合大面积加工。总体而言，大规格刀具的价格高于小规格刀具。

（4）可换刀片式选择。优先选择可换刀片式或可换刀头式的刀具，这样可以节省劳动力开支，同时保持稳定的加工效果。

（5）切削参数设置。针对不同的加工材料，如钢材、铝合金、不锈钢、铜合金等，需要设置合适的切削速度、进给速度和切削深度，以确保最佳的加工效率和质量。

（6）刀具材料及牌号。刀具材料的硬度、耐磨性、强度和韧性等性能直接影响其使用寿命和加工效果，选择时需要考虑材料的硬度、耐磨性、热硬性、化学惰性和工艺性等因素。

综上所述，切削加工刀具的选用是一个综合考虑多种因素的过程，包括与被加工材料的适配性、与机床的匹配性、刀具规格的选择、刀具材料及牌号的确定，以及切削参数的优化等。

四、切削加工刀具选用方法

选择合适的切削加工刀具需要综合考虑多个因素，以下是具体的选用方法。

（1）刀具的基本质量。确保刀口正直、均匀，刀背无明显的裂痕、夹砂、夹灰，以及发蓝发黄的地方，这些现象可能表明刀具存在质量问题，如钢质不纯净或热处理不当。

（2）匹配加工材料。根据被加工材料的类型选择合适的刀具材料和牌号。

（3）切削条件。根据切削速度、进给量和切削深度等条件选择合适的刀具。例如，高速切削需要刀具具有良好的耐热性。

（4）规格选择。避免选择过小规格的车刀，大规格的车刀提供更好的刚性；铣刀须考虑成本和加工效率的平衡来选择合适的规格。

（5）刀具几何形状。刀尖半径、前角、后角和切削刃角度等几何形状因素会影响切削性能和加工效果，须根据加工要求选择合适的几何形状。

（6）冷却方式。选择适当的冷却方式，如喷雾冷却或恒温冷却，以提高刀具的使用寿命和加工精度。

（7）品牌和质量。优先选择知名品牌的刀具，以获得更好的加工性能和减少故障及维护成本。高质量刀具通常使用更先进的材料和工艺，提供更稳定的切削性能和更长的使用寿命。

综上所述，选择合适的切削加工刀具需要综合考虑刀具的基本质量、与机床和材料的匹配性、规格选择、刀具类型、切削条件、几何形状、冷却方式以及品牌和质量等因素。

五、切削加工最常用的刀具材料

刀具材料主要分为工具钢、高速钢、硬质合金、陶瓷、超硬材料五大类。

（1）工具钢：包括碳素工具钢和合金工具钢。碳素工具钢硬度较低，主要用于制造低速、手动刀具，如锉刀、手动锯条等，适合简单的手动操作；合金工具钢硬度较高，用于制造低速、手动刀具，如手用丝锥、手用绞刀等，适合制造形状复杂且要求热处理变形小的刀具。

（2）高速钢：富含钨、钼、钒、铬等合金元素，具有良好的韧性、耐磨性和耐热性，适用于制造复杂形状的刀具，如成形车刀、铣刀、钻头等，可用于加工形状不规则的工件和高速切削。

（3）硬质合金：由碳化钨和钴等黏结剂组成，具有极高的硬度和耐磨性，适用于高速切削和硬材料加工。硬质合金分为钨钴类、钨钛钴类和添加钽（铌）类，分别适用于不同材料的加工。

（4）陶瓷：陶瓷刀具材料具有高硬度、高耐磨性和良好的耐热性，适用于高速切削和精密加工。

（5）超硬材料：包括金刚石和立方氮化硼，这些材料具有极高的硬度和耐磨性，适用于加工高硬度材料和精密加工。

在切削加工中最常用的刀具材料是高速钢和硬质合金。

任务实施

一、工作准备

（1）学习切削加工安全操作规程（机床急停按钮位置、刀具装夹规范、切削液使用注意事项）。

（2）熟悉个人防护要求（穿戴工装，佩戴防护眼镜，确保紧绷袖口，禁止戴手套操作旋转设备）。

二、工作步骤

（1）确定被加工材料的类型和性质。根据被加工材料的硬度、韧性和热处理状态来选择合适的刀具。例如，硬质材料需要使用硬质合金或涂层刀具，软质材料（如铝）可以使用高速钢刀具。

（2）选择合适的刀具材质。根据切削速度和加工要求选择合适的刀具材质。例如，高速钢是在钢中加入较多的钨、钼、铬、钒等合金元素的高合金工具钢，适用于低速切削和复杂刀具的制造，如铣刀、铰刀等。

（3）选择加工类型和切削参数。不同的加工流程（如铣削、钻孔、车削）等需要不同类型的刀具。每种加工类型对刀具的形状和切削参数（如转速、进给率、切削深度）有特定要求。

（4）评估加工精度要求，高精度加工需要选择尺寸精度高、平衡性好的刀具。精密加工通常选择小直径、高精度级别的刀具。

（5）选择刀片材质和槽型，刀片材质的韧性和槽型强度需要相互匹配。精加工、半精加工和粗加工需要不同类型的槽型，以确保最佳的切削效果。

（6）选择刀具规格和更换方式，选择合适的刀具规格，避免规格太小或太大。尽量选择可换刀片式或可换刀头式的刀具，以节省劳动力并获得稳定的加工效果。

通过以上步骤的实施，可以有效地选择适合特定加工需求的刀具，进而优化加工效率和产品质量。

任务二　车削零件加工及质量的检测

任务目标

1. 知识目标

（1）运用切削加工的基础知识，熟练操作机械加工工艺流程，包括车削加工、铣削加工和钻孔加工。

（2）运用切削加工知识，熟练操作各种切削工具和设备，如车床、铣床、钻床等进行零件加工。

（3）运用选择刀具和确定切削用量的基础知识，选择合适的刀具材质、规格和几何参数，合理确定切削用量和切削液的种类及使用方法。

（4）运用零件设计和加工知识，确定生产任务工单、合理安排工时、估算加工数量、了解零件的用途、识读图样、熟悉工艺卡。

2. 能力目标

（1）能够运用切削加工知识，确保加工精度、表面质量、材料适应性达到工艺要求。

（2）能够运用生产效率与周期知识，优化加工流程，提高加工效率，缩短生产周期，确保订单按时交付。

（3）能够运用成本控制与资源利用的知识，提高材料利用率，延长刀具寿命，确保能源使用和环保措施符合要求。

（4）能够运用行业内的新技术、新工艺知识，具备持续学习及创新能力。

3. 思政目标

（1）积极参与团队合作，具备高效沟通能力。

（2）培养工匠精神，具备遵守职业道德、守信、诚实的品质。

（3）培养学生在面对质量问题时的分析和解决能力，强化效率与质量意识。

（4）培养学生吃苦耐劳、踏实肯干、精益求精的工匠精神。在学习专业知识的同时，引导学生树立正确的人生观、世界观和价值观。

任务描述

本任务涵盖从原材料检验到成品检测的整个过程，确保产品质量符合标准。

1. 原材料检验

根据零件加工要求对进厂的原材料进行质量检查，确保原材料符合生产要求的标准。检查内容包括对原材料的尺寸、化学成分、物理性能等进行检测；记录原材料的检验结果，包括合格与不合格，对于不合格的材料，详细记录问题所在，以便与供应商沟通解决。

2. 零件加工

按照设计图样和工艺要求，使用适当的加工设备和工具进行零件的加工。设备包括车床、铣床、磨床等。在加工过程中，需要严格控制加工精度，确保零件的尺寸、形状和表面质量符合设计要求。

3. 质量检测

对加工完成的零件进行质量检测，包括尺寸检测、表面质量检测、性能测试等。涉及使用各种测量工具和设备，如卡尺、显微镜、硬度计等。对检测结果进行分析，确保零件的质量满足预定标准。对于不合格的零件，需要进行返工或报废处理。

4. 记录与报告

详细记录原材料检验、加工过程和检测结果，包括日期、操作人员、检验项目、检验结果等信息。编写质量检测报告，总结检测结果，提出改进建议，为后续生产和质量控制提供参考。

5. 持续改进

根据质量检测结果和生产过程中的问题，分析原因并提出改进措施，以提高产品质量和生产效率。定期对加工设备和检测设备进行维护和校准，确保设备的准确性和可靠性。

按照上述步骤，可以确保零件加工及检测任务的顺利进行，提高产品质量和生产效率。

任务分析

根据加工零件的材料、形状和加工要求，选择合适的车削刀具、夹具。对于复杂零件，可能需要使用特殊工模夹具，根据零件的复杂程度和精度要求，确定是否需要使用特殊加工方法。准备符合要求的零件材料，确定各个环节的检测方法，根据零件的设计要求，确定是否有特定部位需要重点检测，是否采用特定的检测方法。制定详细的加工工艺流程，选定合适设备，确定操作人员和班组。制定质量控制方法和检测方法，确保质量问题可追溯，确保按照产品质量控制体系的标准和要求进行零件质量和精度检测。系统地分析零件加工及检测任务，根据分析结果，提出有效的改进措施，从而提高生产效率和产品质量。

相关知识

一、车刀刀具材料的性能特点

（1）硬度和耐磨性：刀具材料的硬度必须高于工件材料的硬度，以保证切削过程的顺利进行，硬度越高，耐磨性越好。耐磨性是刀具材料抵抗磨损的能力，是硬度、组织结构和化学性能的综合反映，硬度和耐磨性好的材料能保持刀刃的锋利度和持久性。

（2）强度和韧性：刀具材料应具备较高的强度和韧性，以承受切削力、冲击和振动，防止刀具在切削过程中发生断裂或崩刃。

（3）耐热性：良好的耐热性能保证刀具在高温环境下仍能保持稳定的机械性能（如硬度、耐磨性、强度和韧性），还包括良好的抗氧化能力，减少刀具在高温下的磨损和变形。

（4）工艺性能和经济性：刀具材料应具备良好的加工性能，如锻造性能、热处理性能和焊接性能，以便于制造；刀具材料应考虑其性能价格比，确保生产效率和降低成本。

通过了解不同刀具材料的性能特点和适用范围，可以选择合适的刀具材料，从而提高加工效率和产品质量。

刀具材料的分类及其特性使其能够在各种加工环境中发挥最佳性能，满足不同的加工需求。

二、车床基本知识和基本操作

普通机床包括车床、铣床、刨床、磨床等，这些机床的核心部件是主轴，通常安装在主轴箱中，通过电机经皮带和不同传动比的齿轮传递扭矩，实现对工件的加工。

1. 车床的工作原理

车床的工作原理是通过主轴带动工件旋转，同时利用进给刀架控制刀具的移动，从而对工件进行切削加工，以达到所需的轮廓和尺寸精度。工件与主轴紧密连接，在主轴的驱动下旋转，进给刀架控制刀具的切削深度和速度，确保加工过程的精确性。

2. 车床的组成

普通机床主要由电动机、执行件和传动装置组成。电动机提供动力，执行件完成具体操作，传动装置负责传递动力。此外，普通机床还包括主轴箱、进给机构、刀架等部件。车床主要用于对旋转工件进行车削加工，在金属切削机床中地位重要，堪称所有机床的“母机”。车床的基本组成包括以下几个部分，如图 6-3 所示。

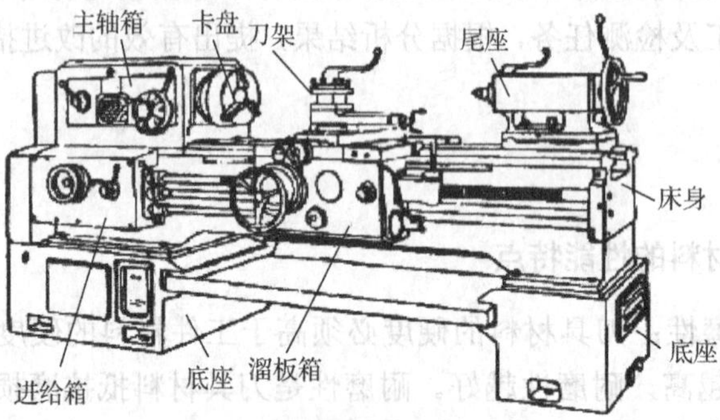

图 6-3 车床的基本组成

主轴箱：主轴箱用来带动车床主轴及卡盘转动，并使主轴得到不同的转速。

进给箱：将主轴的旋转运动传递给丝杠或光杠，并使丝杠或光杠得到不同的转速。

丝杠：用于车削螺纹，通过溜板箱使车刀按设定的传动比做精确的直线运动。

光杠：将进给箱的运动传递给溜板箱，使车刀做直线运动。

溜板箱：将丝杠或光杠的转动传递给溜板，使车刀做纵向或横向运动。

刀架：用于装夹车刀。

尾座：用于装夹细长工件和安装钻头、铰刀等工具。

床身：支撑和安装车床各部件，其导轨供纵溜板和尾座移动用。

车床的主要功能是对各种大小不同形状的旋转表面以及螺旋表面进行切削加工。此外，车床上还可以使用钻头、扩孔钻、铰刀、丝锥、板牙和滚花工具等进行相应的加工。

3. 车床的基本操作

车床可以对各种形状的旋转表面及螺旋表面进行切削加工，包括内外回转表面、端面和各种内外螺纹等。

（1）工作前准备：按规定润滑机床，检查各手柄是否到位，开慢车试运转 5min，确认一切正常后方能操作。卡盘卡爪要夹牢，开机时扳手不能留在卡盘或卡爪上。工件和刀具装夹要牢固，刀杆不应伸出过长；转动小刀架时要停车，防止刀具碰撞卡盘、工件或划破手。

（2）操作过程中的注意事项：工件运转时，操作者不能正对工件站立，身体不靠车床，脚不踏油盘。高速切削时，应使用断屑器和挡护屏。禁止高速反刹车，退车和停车要平稳。清除铁屑时，应用刷子或专用钩。用锉刀打光工件时，必须右手在前，左手在后；用砂布打光工件时，要用“手夹”等工具，以防绞伤。

（3）安全操作规程：在用工具、量具、刃具应放于附近的安全位置，做到整齐有序。车床未停稳时，禁止在车头上取工件或测量工件。车床工作时，禁止打开或卸下防护装置。临近下班时，应清扫和擦拭车床，并将尾座和溜板箱退到床身最右端。

任务实施

一、工作准备

（1）学习切削加工安全操作规程（熟悉机床急停按钮位置，掌握刀具装夹规范，了解切削液使用注意事项）。

（2）熟悉个人防护要求（穿戴工装、佩戴防护眼镜、确保袖口紧绷，禁止戴手套操作旋转设备）。

（3）检查车床状态。确认主轴空转无异响，导轨润滑正常。检查刀架移动是否灵活，丝杠与光杠传动有无卡滞。

二、工作实施

（1）材料准备：包括材料采购、检验和储存等环节，特别是材料检验方法的效率和准确性。

（2）加工工艺：采用的加工方法，如车床加工、铣床加工和钻床加工等，评估这些方法对加工精度和效率的影响。

（3）设备选型：根据产品需求和加工工艺的特点选择合适的设备，考虑设备的性能和生产需求是否匹配。

（4）人员组织：讨论人员配置和生产调度体系的有效性，以及技术人员的能力对生产效率和产品质量的影响。

（5）质量控制：按照产品质量控制体系的标准和要求进行，包括检测手段和流程，以确保产品的一致性和稳定性。

（6）检测方法：按照产品质量控制体系的标准和要求进行零件质量和精度检测，采用打表法、圆度测量仪、三坐标测量机等进行检测，确保操作规范和准确性。

（7）问题分析：识别加工和检测过程中可能出现的问题，如精度不稳定、效率低下等，并分析这些问题的原因，做好记录以备追溯。

（8）改进方案：提出具体的改进措施，如优化材料检验方法、调整加工工艺、改进设备选型、提升人员培训和生产调度等，以提高生产效率和产品质量。

（9）总结分析：强调改进方案的可能影响和预期效果，系统地分析零件加工及检测任务，提高生产效率和产品质量。

任务三　典型零件车削加工

任务目标

1. 知识目标

（1）掌握车削典型零件的工艺步骤和检测方法。

（2）掌握车外圆的工艺和操作步骤。

（3）熟悉实习场地的规章制度及安全文明生产要求。

2. 能力目标

（1）运用车削知识，车削台阶等典型零件。

（2）运用车削知识，编写典型零件加工工艺。

（3）运用刀具知识，选择合适的加工刀具。

3. 思政目标

（1）培养对典型零件加工的兴趣和爱好。

（2）提升工艺水平，锻造精益求精的工匠精神。

任务描述

运用识图知识和车削加工工艺，按照图 6-4 所示台阶轴零件图样进行加工，选择合适的车削的刀具、夹具，编写加工工艺、检测方法，确定加工质量。

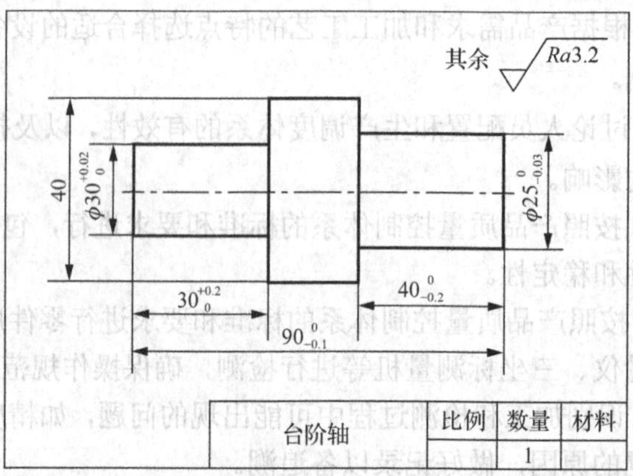

图 6-4　台阶轴零件图样

车削工件时，刀具的主切削刃要与工件表面有一定的夹角。工件伸出卡盘外的部分应尽可能短些，以减少振动和变形。

任务分析

车削台阶是车工基本的操作技能。台阶轴由端面和外圆等基本要素组成，端面和外圆是各类零件的基础。掌握端面和外圆加工的知识，是进行车削操作的必备工艺基础。

从图 6-4 可知，该台阶轴左右长度不对称，左边长度为 30mm，右边为 40mm，且左右长度误差也不一样。此外，左右外圆尺寸和误差要求也不相同，左边外圆直径为 30mm，误差范围为 0～0.02mm；右边外圆直径为 25mm，误差范围为-0.03～0mm。这些细节在加工和检测时应特别注意，以免出错。

相关知识

一、工件夹装

1. 夹装原则

车床上夹装工件，要求定位准确，即回转中心与车床主轴的轴线重合，夹紧可靠，能承受合理的切削力，保证加工安全并达到预期目标。

2. 常用夹装方法

（1）卡盘夹装。常用卡盘有自定心卡盘和单动卡盘两种。

① 自定心卡盘（图 6-5）：其三只卡爪均匀分布在卡盘的圆周上，可同步沿径向移动，以实现自动定心。自定心卡盘夹装工件时一般不需要找正，使用方便，夹紧力较小，适合夹装中小型圆柱形、正三边形或正多边形工件。

② 单动卡盘（图 6-6）：其四只卡爪均匀沿圆周方向分布，可逐个单独径向移动，夹装工件时须调节卡爪的位置进行校正。四爪单动卡盘夹紧力较大，但校正工件位置麻烦、费时，适用于单件、小批量生产，夹装非圆形工件。

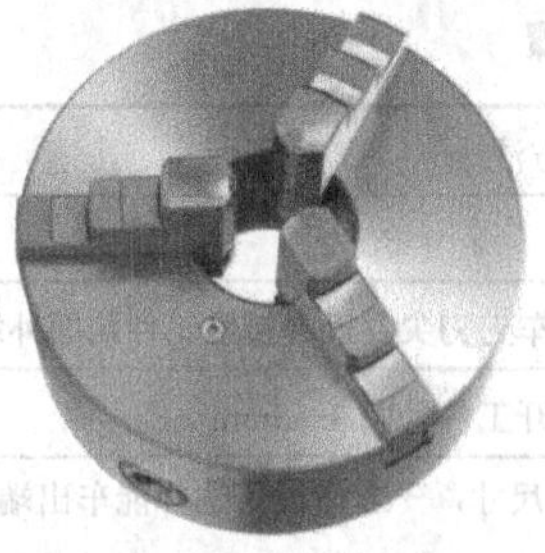

图 6-5 自定心卡盘

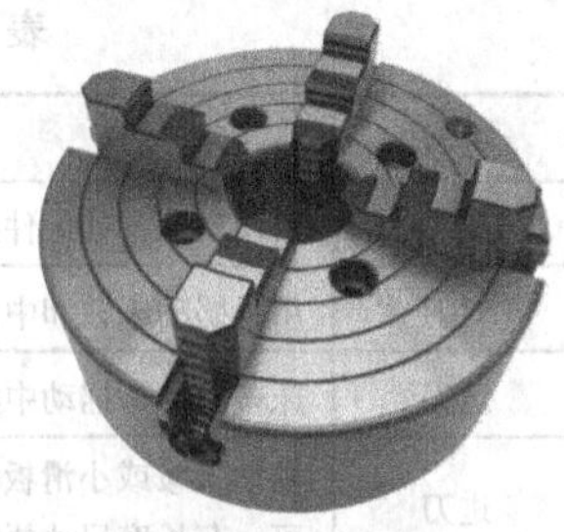

图 6-6 单动卡盘

（2）顶尖夹装，顶尖夹装包括两顶尖夹装和一夹一顶夹装两种方式。

① 两顶尖夹装：用两顶尖夹装工件，必须先在工件的两端面上钻出中心孔。前顶尖插入主轴锥孔或通过自定心卡盘车出锥角来代替，尾顶尖插入尾座套筒锥孔，两顶尖支承及定位预制有中心孔的工件，工件由安装在主轴上的拔盘通过鸡心夹头带动回

转。此方法适用于轴类零件的夹装，特别是多工序加工中对重复定位精度要求较高的场合，但由于顶尖工作部位细小，支承面较小，夹装不够牢靠，该方法不宜用于大的切削用量加工。

② 一夹一顶夹装：将工件一端夹在自定心卡盘中，在另一端钻出中心孔，用尾座顶尖插入中心孔进行支承，通过尾座的微调功能，确保工件的中心与车床主轴的轴线重合。此方法适合加工较长的轴类零件，以及对加工精度要求较高的场合，如多工序加工中需要重复定位的零件。

二、台阶轴车削方法

在同一工件上，几个直径不同的圆柱体像台阶一样连接，称为台阶工件，俗称“肩胛”。车削台阶工件时，需要兼顾外圆尺寸精度和台阶长度要求。

1. 台阶工件的技术要求

台阶工件的技术要求包括各外圆之间的同轴度、外圆和台阶平面的垂直度、台阶平面的平面度，以及外圆和台阶平面相交处的精度要求。

2. 车刀的选择

台阶轴车削常用 45°、75° 和 90° 车刀。初学者通常使用 45° 车刀加工端面，90° 车刀加工外圆。

3. 端面车削

（1）车削前的准备阶段。看设计图样、了解参数和工艺，理解加工内容，检测工件加工余量。选择 45° 车刀，安装车刀，夹装工件，选择切削用量，根据所需转速和进给量调节车床手柄位置。

（2）车端面的操作步骤见表 6-2。

表 6-2 车端面的操作步骤

步骤	内容	操作方法
1	开机床	启动车床，使工件旋转
2	对刀	用手摇动床鞍和中滑板的进给手柄到端面，使车刀刀尖靠近并接触工件端面外端
3	退刀	床鞍不动，摇动中滑板，手柄退出，使车刀离开工件外圆 3～5mm
4	进刀	摇动床鞍或小滑板手柄，车刀横向进给需要的尺寸，一般情况下选择能车出端面吃刀量即可。有长度尺寸要求时按下一步操作
5	试切削	中滑板横向进给车削，若需要控制工件长度，则横向进给车削 1～3mm 后，不动床鞍手柄，将车刀横向快速退出工件，停车测量工件。与要求的长度尺寸比较，再重新调整进给量
6	车削	试切好以后，记住刻度尺，作为下一次调整背吃量的起点。横向手动或机动走刀车出全程。但机动进给时要注意，当横向进给将要到达圆心时，要停止机动进给改用手动进给
7	退出	车出端面后，转动床鞍先纵向退出，再横向退出中滑板，停车

（3）车削端面质量要求及检验。车削端面的质量要求是平直、光洁。可采用钢直尺检查是否平直，严格时，也用刀口形直尺进行透光检查。

任务实施

一、工作准备

台阶轴是一种典型的车削加工工件，车削目的是使工件达到指定尺寸、端面粗糙度或垂直度，满足机械零件生产需求。车削台阶轴的过程包括选择合适的车刀、调整车床参数、控制切削深度和进给速度等，以确保加工精度和表面质量。此外，车端面的质量受车刀锋利程度、车床精度、切削参数等因素影响，优化这些因素可提高加工效率和质量。台阶轴加工顺序如下：车端面→粗车外圆→半精车外圆→倒角→跳投粗车外圆→半精车外圆→倒角。

二、工作实施

1. 图样分析

看图样，理解加工内容，并检测工件加工余量。

2. 安装

安装45°车刀、90°车刀，并装夹工件。

3. 选择切削用量

根据所需的转速和进给量调节车床上手柄的位置。

4. 材料

45号钢，ϕ45mm×95mm棒料，每人一根。

5. 设备、工量具准备

CA6140A车床，0～25mm、25～50mm千分尺，200mm游标卡尺。

6. 车削参数

（1）检查毛坯尺寸，ϕ45mm、长度95mm。

（2）装夹工件，将工件装夹在车床的三爪卡盘上，确保工件稳固，留出长度约70mm，用45°车刀车端面，车去余量。

（3）用90°车刀车外圆，ϕ40mm、ϕ25mm，留余量，保证台阶长度。

（4）调头夹住ϕ25mm外圆，用45°车刀车出端面，保证总长在89.9～90mm。

（5）粗车ϕ30mm外圆，留余量，保证长度30mm。

（6）精车ϕ30mm外圆到尺寸。

（7）调头装夹，用铜皮包住外圆ϕ30mm，找正，精车外圆到尺寸。

7. 质量检测

（1）外观检查，通过肉眼观察和手感触摸，检查端面是否有裂纹、毛刺、凹陷等缺陷。必要时，可以使用放大镜或显微镜进行更细致的检查，确保端面光滑、无明显的凹凸和色差。端面的平面度和粗糙度是评估质量的重要指标。

（2）尺寸测量，使用千分尺或游标卡尺精密测量工具，测量外圆直径、长度等尺寸是否符合设计要求。尺寸的准确性直接关系到零件的装配和使用效果。

（3）粗糙度检测，使用表面粗糙度仪，按照标准检测方法检测外圆的表面粗糙度，确保其达到规定的标准。表面粗糙度影响零件的耐磨性和使用寿命。

（4）垂直度和平行度检查，利用精密测量仪器，如光学平直仪，检查端面的垂直度和平行度，确保其符合设计要求。

8. 常见问题及解决方案

（1）端面不平，可能原因包括车刀刃磨或安装不正确，刀尖没有对准工件中心，吃刀深度过大等。解决方案是调整车刀的刃磨和安装，确保刀尖对准工件中心，合理控制吃刀深度。

（2）表面粗糙度差，可能原因包括车刀不锋利，手动走刀不均匀或太快等。解决方案是使用锋利的车刀，确保手动走刀均匀，调整切削参数。

9. 注意事项

（1）在整个加工过程中，要注意安全，确保车床的所有安全装置正常工作。

（2）切削时控制切削力和切削热，避免工件变形或刀具损坏。

（3）定期检查刀具的磨损情况，及时更换磨损严重的刀具，以保证加工质量。

通过以上步骤和注意事项，可以有效完成车削外圆加工工艺，确保加工质量和效率。

项目七　铣 削 加 工

本项目以“铣削加工”为核心技能，围绕铣刀选用、铣削加工及质量检测、典型零件加工三大任务，通过“选—做—检”全流程实训，助力学生掌握现代铣削核心技术，践行工匠精神与社会责任感。任务一聚焦铣刀选用，引导学生根据Q235钢、HT200铸铁等工件材料特性，结合粗铣、精铣加工阶段与经济性需求，科学匹配端铣刀、圆柱铣刀等刀具类型，确定主偏角、切入角等几何参数及转速、进给量等切削用量，培养“高效性与经济性统一”的职业素养；任务二强调铣削加工及质量检测，从工艺规划中的装夹校正、切削参数优化，到平面度、尺寸精度、粗糙度等精密检测，整合工序设计、ZX6350D铣床设备操作与团队协作，塑造“质量闭环”思维与环保意识；任务三以六面体铣削为例开展典型零件加工，通过基准定位、分阶段加工（粗铣余量5mm→精铣至*Ra*3.2μm）及噪声控制实践，深化精益生产理念与可持续发展观。

任务一　铣刀刀具的选用

任务目标

1. 知识目标

（1）掌握铣削刀具选用工艺知识，能够根据加工需求正确选用刀具，并合理确定切削参数。

（2）熟练运用铣削刀具设置知识，正确设置刀具参数和工件零点偏置。

（3）掌握铣削刀具加工工艺质量知识，能够区分各种常用铣削刀具的应用特点，并正确使用检测量具，对综合零件加工质量进行分析。

2. 能力目标

（1）运用铣刀加工效率和精度知识，精准选择合适的铣刀类型，提高加工效率。

（2）运用铣刀的刚性和耐用度知识，合理选用刚性和耐用度良好的铣刀，保障加工质量和生产效率，提高加工精度和表面质量。

（3）运用铣刀的几何角度和排屑性能知识，合理选择有利于切削效果和刀具寿命的关键参数，从而减少切削阻力，提高刀具耐用度。

3. 思政目标

（1）严格遵守铣刀的操作规程，培养良好的职业习惯，提高职业素养。

（2）强化质量检测意识，培育精益求精的工匠精神。

（3）通过铣削刀具选用教学，引导学生树立务实观念，依据加工对象合理选用刀具，注重经济性与高效性的统一，摒弃形式主义。

任务描述

本任务的核心内容是根据具体的加工任务要求，选择合适的铣刀类型和参数，以实现加工效率、质量和成本的最优平衡。

（1）工件材料和加工阶段：根据工件材料的硬度和性质，选择合适的铣刀材料。例如，加工高硬度材料时，应选择硬质合金铣刀；在粗加工阶段，选择刚性较好、排屑性能较高的大铣刀；在精加工阶段，选择精度较高的小铣刀。

（2）铣刀的几何参数：包括主偏角、切入角等。主偏角影响切削力和抗振性，螺旋角影响切屑厚度和进给率。例如，45° 主偏角的铣刀在加工铸铁件时具有较好的抗振性和耐用度。

（3）铣刀的尺寸：根据加工宽度和深度选择合适的铣刀直径，粗铣时铣刀直径较小，精铣时铣刀直径较大，以确保加工质量和效率。

（4）经济性和耐用性：选择综合成本较低的方案，尽管高质量的铣刀成本较高，但是其带来的加工效率和质量的提升可以使总体成本更低。

任务分析

本任务的主要工作如下：明确加工任务的要求，包括工件材料、几何形状、尺寸和加工精度等。根据分析结果，选择合适的铣刀类型，如圆柱形铣刀、面铣刀、立铣刀等。根据铣刀的类型和加工任务的要求，确定主偏角、螺旋角、直径等参数。在实际加工前进行模拟验证，确保选择的铣刀参数正确无误，并根据实际情况进行调整。

相关知识

一、铣刀选用基础知识

铣刀的选用主要涉及以下几个方面：铣刀直径选择、铣刀材料选择、铣刀角度选择以及适用场合和加工方式选择。这些选择将直接影响加工效果、工具寿命和生产成本。

1. 铣刀直径选择

铣刀直径选择主要取决于设备规格和工件的加工尺寸。不同类型铣刀的直径选择标准如下：

（1）平面铣刀，直径通常按 $D=1.5d$ 选取（d 为主轴直径），或在批量生产时按工件切削宽度的 1.6 倍选择刀具直径。常用平头铣刀如图 7-1 所示。

（2）立铣刀，直径选择需要考虑工件加工尺寸，并保证刀具所需功率在机床额定功率范围以内。常用立铣刀如图 7-2 所示。

（3）槽铣刀，直径和宽度应根据加工工件尺寸选择，确保切削功率在机床允许的功率范围之内。燕尾槽铣刀如图 7-3 所示。

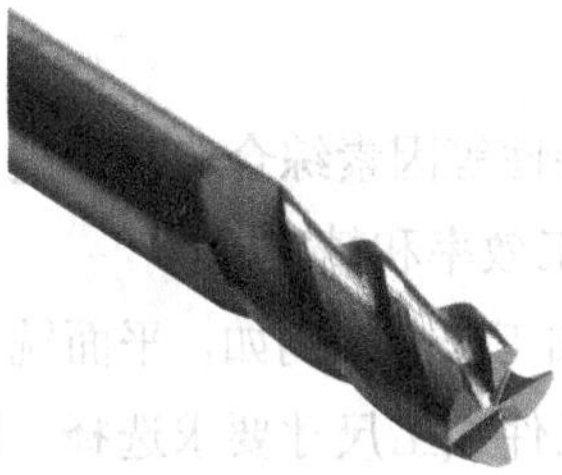

图 7-1 平头铣刀

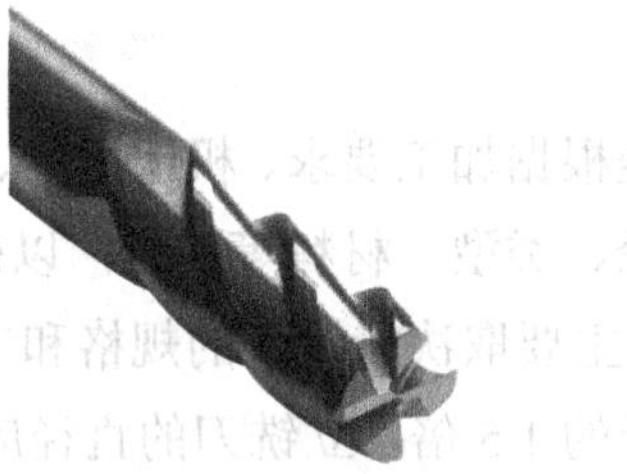

图 7-2 立铣刀

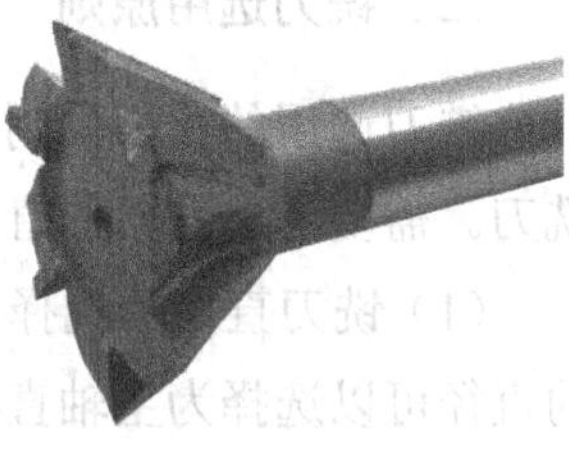

图 7-3 燕尾槽铣刀

2. 铣刀材料的选择

铣刀材料的选择须综合考量加工性能与工况需求，主要指标如下：

（1）高硬度和耐磨性。常温下，切削部分材料必须具备足够的硬度才能切入工件，同时需要具有高的耐磨性，以延长使用寿命。

（2）良好的耐热性。刀具在切削过程中会产生大量热量，材料应具备良好的耐热性，确保在高温下仍能保持较高的硬度。

（3）高强度和韧性。刀具在切削过程中要承受较大的冲击力，因此材料应具备高强度和良好的韧性，防止断裂和崩刃。

3. 铣刀角度的选择

铣刀的角度包括主偏角、前角和后角等，这些角度的选择会影响切削性能和刀具寿命：

（1）主偏角，影响径向切削力和抗振性能。主偏角越小，径向切削力越小，抗振性越好，但切削深度减小。

（2）前角，影响铣削强度和硬度。前角数值应根据工件材料和刀具材料综合选择，如硬质合金刀具铣削钢件时，前角通常取-150°～150°。

（3）后角，影响刀具磨损。适当加大后角可减少铣刀磨损，软材料取大值，硬材料取小值。

4. 铣刀适用场合和加工方式的选择

不同类型铣刀的功能特性与加工场景适配性差异显著，具体应用规则如下：

（1）圆柱形铣刀，用于卧式铣床加工平面，分为直齿和螺旋齿。直齿铣刀切削力较大，适合粗加工；螺旋齿铣刀切削平稳，适合精加工。粗齿结构适用于粗加工，细齿结构适用于精加工。

（2）面铣刀，用于立式铣床或龙门铣床加工平面，有粗齿和细齿之分。

（3）立铣刀，用于加工沟槽和台阶面，当有通过中心的端齿时可轴向进给。

（4）三面刃铣刀，用于加工各种沟槽和台阶面。

（5）锯片铣刀，用于加工深槽和切断工件，圆周上有较多刀齿。

二、铣刀选用原则

铣刀选用的核心原则是根据加工要求、机床性能、材料特性等因素综合选择合适的铣刀。需要考虑铣刀的直径、类型、材料等因素，以确保加工效率和精度。

（1）铣刀直径的选择，主要取决于设备的规格和工件的加工尺寸。例如，平面铣刀的直径可以选择为主轴直径的 1.5 倍，立铣刀的直径应根据工件加工尺寸要求选择，保证刀具功率在机床额定功率范围内。

（2）铣刀类型的选择，根据加工型面和材料的不同而有所差异。例如，加工平面时常用硬质合金面铣刀；加工凸台和凹槽时使用高速钢立铣刀；对于自由曲面加工，球头铣刀较为适用。

（3）铣刀材料的选择，依据被加工材料的性能进行选择。例如，加工钛合金、高强度钢等难加工材料时，应选择耐磨性好的可转位硬质合金铣刀。

（4）其他考虑因素，包括机床性能、加工阶段和区域特点等。例如，粗加工时选择刚性好的大直径铣刀，精加工时选择精度高的铣刀。此外，还要考虑刀具的排屑性能和切削速度。

三、铣刀材料的选用

铣刀的主要材料包括高速钢和硬质合金。高速钢具有较高的热稳定性、强度、韧性和硬度，适合各类刀具要求，尤其是形状复杂的刀具。硬质合金具有耐高温、高硬度和良好的耐磨性，适合高速切削和加工硬材料。

任务实施

一、工作准备

（1）安全教育，讲解铣刀选择过程中各种安全事故和注意事项。

（2）准备存放铣刀刀具场地，方便加工使用。

二、工作实施

（1）确定被加工材料的类型和性质，根据被加工材料的硬度、韧性和热处理状态来选择合适的铣刀刀具。例如，硬质材料需要使用常温下硬度高、耐磨性好的刀具，软质材料如铝，则可以使用较低级刀具，以便获取性价比高的铣刀刀具。

（2）选择合适的刀具材质，根据铣削速度和加工要求，选择合适的刀具材质。

（3）选择加工类型和铣削参数，不同的加工流程如铣削、钻孔、车削等需要不同类型的刀具。每种加工类型对刀具的形状和切削参数（如转速、进给率、切削深度）有特定要求。

（4）评估加工精度要求，高精度加工需要选择尺寸精度高、平衡性好的刀具。精密加工通常选择小直径、高精度级别的刀具。

（5）选择刀片材质和槽型，刀片材质的韧性和槽型强度需要相互匹配。精加工、半精加工和粗加工需要不同类型的槽型，以确保最佳的切削效果。

（6）选择合适的刀具规格，避免规格太小或太大。尽量选择可换刀片式或可换刀头式的刀具，以节省劳动力并获得稳定的加工效果。

（7）记录和总结。记录好每次选用的铣刀刀具和加工材料，如有质量问题做到可追溯到加工过程的铣刀刀具。

通过以上任务实施，可以有效地选择出最适合特定加工需求的刀具，进而优化加工效率和产品质量。

任务二　铣削零件加工及质量检测

任务目标

1. 知识目标

（1）掌握铣削加工的基础理论与标准化操作流程。

（2）运用铣削加工的操作技能，操作各种铣削工具和设备进行零件加工。

（3）正确选择和使用铣削刀具、铣削液，严格遵循安全操作规程，具备环保意识。

（4）熟悉零件的设计和加工要求，了解如何根据生产任务工单明确工时、加工数量等要求，理解零件的用途、功能和分类，并能识读图样和工艺卡，根据零件特征正确选择铣削加工方法和工具。

2. 能力目标

（1）运用铣削加工知识，具备加工平面、沟槽、各种成形面的能力。

（2）运用生产效率与周期知识，能够通过卧式铣床、立式铣床、龙门铣床等设备，实现高效率、短周期加工，满足订单要求。

（3）结合成本控制与资源利用，具备提高材料利用率、延长铣刀寿命，并使能源消耗与环保要求达标的能力。

（4）借助团队技能与培训，具备应对复杂多变的铣削加工任务、提升整体技能水平的能力。

3. 思政目标

（1）关注铣削行业内的新技术、新工艺知识，树立持续学习的意识与创新思维。

（2）在工作中与同事密切配合，强化团队协作精神，提升沟通协调效率。

（3）遵守职业道德、守信、诚实，增强企业法律、法规意识，严格遵守铣削操作安全规程，筑牢安全与责任意识。

任务描述

本任务的核心内容是利用铣削技术对零件进行加工，以满足特定的尺寸、形状和表面质量要求。铣削是一种使用旋转的多刃刀具对工件进行切削的加工方法，适用于加工平面、沟槽、各种成形面以及模具的特殊形面等。

本任务铣削图 7-4 所示零件表面，注意加工精度。

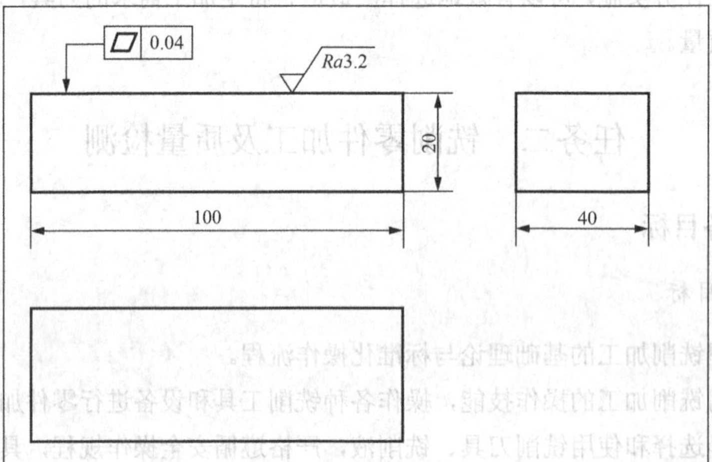

铣削平面	比例	数量	材料
		1	

图 7-4　铣削平面零件图样

任务分析

铣削加工零件前需要明确任务目的和要求，然后进行工艺分析，分析零件的形状、结构、尺寸特点，判断是否存在妨碍铣削刀具运动的部位、加工干涉或加工盲区，以及零件的最大形状尺寸是否超出机床的最大行程。接着选择加工参数，根据零件的材料、结构和尺寸，选择合适的铣刀类型、切削参数（如转速、进给量等），保障加工效率和精度。加工过程涵盖零件装夹、刀具安装及具体加工步骤，需要记录在加工过程中遇到的问题及采取的解决方案，如加工件变形、切削参数设置不合理等。同时，要注重安全操作与保养，遵守铣削加工安全规程，采取设备保养维护措施，操作时佩戴适当安全防护装备，并对铣床定期清洁、润滑和检查，确保设备长期稳定运行。

在平面铣削机械加工过程中会产生振动，振动不仅会造成工件精度的降低，同时会产生较大的噪声，对环境和人体产生不利影响。探寻降低振动的方法，培养健康意识和环境意识。

相关知识

一、铣削零件加工工艺

铣削零件加工工艺包括如下几方面。

（1）设计零件和工艺：使用计算机辅助设计软件绘制零件图样，标出要铣削的孔或凹槽的尺寸及位置。

（2）准备工件：将零件固定在机床上，确保位置正确，并进行测量，确认铣刀的位置。

（3）选择铣刀和设置参数：根据加工要求选择合适的铣刀，调节切削深度、切削速度和进给速度等参数。

（4）开始铣削：启动机床，开始铣削加工，过程中根据需要调整切削深度，确保加工精度。

（5）检查和调整：加工完成后，对零件进行检查，确保尺寸精度和表面粗糙度达到要求，必要时进行改进。

二、铣削零件质量检测标准

铣削零件的质量检测标准主要包括尺寸检验、外观检验和线性公差等方面的要求。

铣削零件的尺寸检验应按照《产品几何技术规范（GPS）几何公差 检测与验证》（GB/T 1958—2017）、《光滑极限量规 技术条件》（GB/T 1957—2006）的规定进行。在检过程中，需要特别注意尺寸的精度和公差，例如，粗铣时的加工精度为IT11～IT13，表面粗糙度为5～20μm；半精铣时的加工精度为IT8～IT11，表面粗糙度为2.5～10μm；精铣时的加工精度为IT7～IT8，表面粗糙度为0.63～5μm。

在环境要求方面，检验应在温度控制在20℃以下的标准环境下进行，以减少温度变化对测量结果的影响。同时，保持检验场所的清洁度和防尘，避免腐蚀性气体和振源的干扰，以确保测量结果的准确性和可靠性。

外观检验主要通过目视检查进行，确保工件表面无明显的缺陷，如裂纹、毛刺等。线性公差方面，铣削零件的加工精度一般可达IT7～IT8，表面粗糙度为1.6～6.3μm，这些指标直接关系到零件的使用性能和寿命。

具体的检测项目包括下料尺寸确认、毛坯检验、加工余量、垂直度、平行度、表面粗糙度、尺寸公差等。使用的量具包括游标卡尺、游标高度尺、量表等，这些工具的精度和正确使用对于保证检测结果的准确性至关重要。

三、铣削零件质量检测方法

铣削零件质量检测方法主要包括以下几种。

（1）感觉检查法：这是一种不用检查设备，仅凭检查人员的直观感觉来鉴别零件技术状况的方法。这种方法简便，适用于大量拆检零件的缺陷判断，但不适合精度要求较高的零件，且要求检查人员有丰富的经验。

（2）仪器、工具检查法：大量检查工作使用仪器和工具进行，包括通用量具、专用量具、机械式仪器、光学仪器和电子仪器等。这些工具根据不同的原理和种类，用于精确测量零件的各项指标。

（3）物理检查法：利用电、磁、光、声、热等物理量通过工件引起的变化来探测零件技术状况，这种方法通常用于检查零件内部的隐蔽缺陷，且不损坏零件本身，属于无损检验范畴。

具体的检测项目和方法如下。

（1）尺寸和形状检测：使用游标卡尺、游标高度尺、量表等量具测量工件的尺寸和形状，确保其符合设计要求。

（2）平面度和垂直度检测：通过端面铣刀铣削平面的精度检测，反映 X 轴和 Y 轴运动的平面度及主轴中心对 X-Y 运动平面的垂直度。

（3）孔距精度和孔径分散度检测：通过测量孔的位置和直径，确保孔距精度和孔径分散度符合要求。

（4）直线铣削精度检测：利用球杆仪进行两轴联动的圆弧插补测试，分析圆弧的半径变化和弧线轨迹特征，判断机床的误差元素。

应用实例和工具说明如下。

（1）光滑极限量规：用于检测工件的尺寸和形状，确保其符合设计要求。

（2）直线尺寸量规：用于检测工件的长度、宽度、高度和深度等尺寸。

（3）高度量规和深度量规：常用的有板式和台阶式两种结构，用于检测工件的高度和深度。

通过上述方法和工具的综合应用，可以有效地确保铣削零件的质量符合设计要求和使用标准。

任务实施

一、工作准备

1. 分析图纸

（1）形体分析。矩形坯件，外形尺寸不大，宜采用机用平口钳装夹。

（2）选择毛坯。毛坯是尺寸为 110mm×50mm×25mm 的矩形体。

（3）加工精度分析。加工平面的尺寸为 100mm×40mm，平面度公差为 0.04mm。

（4）工件材料为 Q235 碳素结构钢。材料的切削性能好，可选用高速钢铣刀，也可以选用硬质合金铣刀。

2. 制订铣削加工工艺、工艺准备

（1）平面加工工序过程。根据图样的精度要求，本工序拟在立式铣床上采用机夹式硬质合金端铣刀进行加工。

加工过程如下：坯件测量→安装机用平口钳→装夹工件→安装机夹式硬质合金端铣刀→粗铣平面→精铣平面→检验平面。

（2）选择铣床。选用 ZX6350D 铣床。

（3）选择工件装夹方式。选择机用平口钳装夹工件。考虑毛坯工件比较薄，故采用平行垫铁垫高工件，保证工件高出平口钳 8～12mm。

（4）选择刀具，根据图样给定的平面宽度尺寸，选择机夹式硬质合金端铣刀，其规格外径为 80mm，齿数为 4。

二、工作实施

1. 坯件检验

检验坯件的形状和表面质量，检查工件是否有凹陷加工余量，加工余量是否够用。

2. 安装机用平口钳

（1）安装前，将机用平口钳的底面与工作台面擦干净，若有毛刺、凸起，应用磨石修磨平整。

（2）检查平口钳底部的定位键是否紧固，定位键定位面是否安装在同一方向。

（3）平口钳安装在工作台中间的 T 形槽内，钳口位置居中。用手拉动平口钳底盘，使定位键向 T 形槽一侧贴合。

（4）用 T 形螺栓将机用平口钳压紧在工作台面上。

3. 装夹和找正工件

用铜锤敲击工件，使工件与垫铁贴合，其高度应保证工件加工余量上平面高于钳口。

4. 切削用量的选择

（1）粗铣，取铣削速度为 80m/min，每齿进给量为 0.18mm，主轴转数为 300r/min，每分钟进给量为 216mm。

（2）精铣，取铣削速度为 100mm/min，每齿进给量为 0.10 mm，主轴转数为 475r/min，每分钟进给量为 190mm。

（3）粗铣时的背吃刀量为 3mm，精铣时的背吃刀量为 1mm，铣削宽度一次完成。

5. 对刀、粗铣、精铣平面

（1）起动主轴，调整工作台，使铣刀处于工件上方，对刀时轻轻擦拭毛坯表面，然后铣刀退出。

（2）纵向退刀后，按粗铣吃刀量 3mm 上升工作台，用纵向进给铣去切削余量。

（3）检验工件余量，按余量上升工作台，用纵向进给精铣去切削余量。

（4）用刀口形直尺检验工件平面的平面度。

（5）用游标卡尺检验 12mm 厚度尺寸。

任务三　典型零件铣削加工

任务目标

1. 知识目标

（1）掌握铣削加工基础理论，包括切削原理、刀具磨损机制等知识，理解不同工件材料特性对铣削加工的影响。

（2）熟悉铣削基本工艺，能够制定典型零件从毛坯到成品的加工工艺流程，明确各工序的技术要求与参数范围。

（3）系统掌握铣削加工工具知识，包含铣刀类型、规格参数、适用场景，以及切削液选用原则与冷却方式选择依据。

2. 能力目标

（1）结合铣削加工要求，能根据零件功能与性能需求合理选择加工材料。

（2）运用生产效率与工艺优化知识，通过合理配置设备与参数，实现加工效率提升与周期控制，满足订单交付要求。

（3）基于成本控制与资源利用原则，具备团队协作高效化、设备器材利用率最大化、能源消耗与环保指标达标的综合管控能力。

3. 思政目标

（1）引导学生关注铣削行业新技术、新工艺动态，培养主动学习、勇于攻克技术难点的创新意识。

（2）通过典型零件铣削加工实践，强化学生严谨细致的工作态度，提升应对复杂铣削工艺挑战的责任意识。

任务描述

运用识图知识和铣削加工工艺，按照图 7-5 所示，将方铁铣削成六面，选择硬质合金铣刀、夹具，编写加工工艺，检测方法，加强过程质量监控检测，确定加工质量。

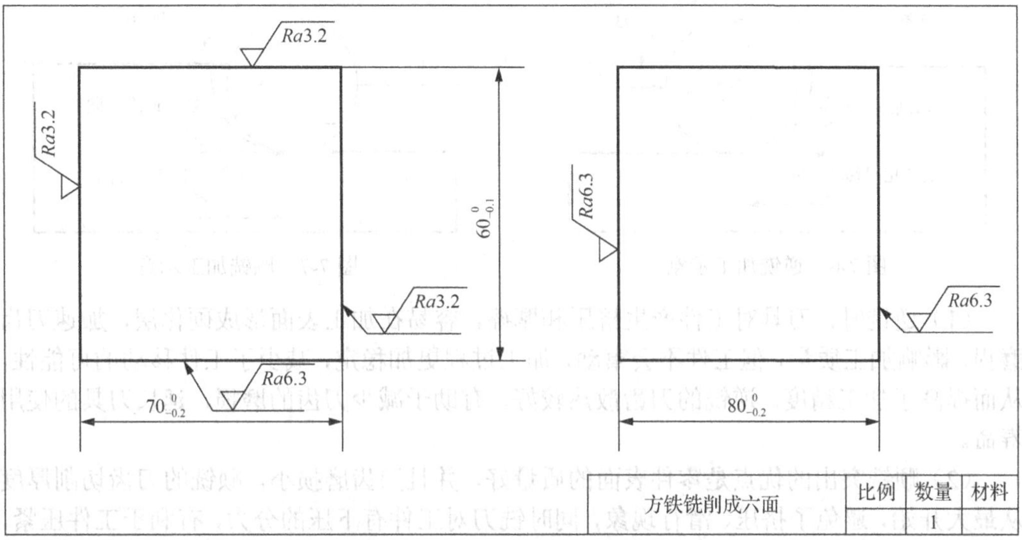

图 7-5 方铁铣削成六面零件图样

任务分析

根据方铁铣削成六面的任务要求，长×宽×高的尺寸为 80mm×70mm×60mm。在万能铣床上，采用圆柱铣刀铣削工件，毛坯各加工尺寸余量为 5mm，材料为 HT200。

注意不同面的表面粗糙度不同，各个尺寸误差也有差异，在精铣时要特别处理。

（1）装夹并校正，装夹并校正机用平口虎钳。

（2）选择并装夹铣刀，选择ϕ80mm×80mm 圆柱铣刀。

（3）选择铣削用量，根据表面粗糙度的要求，一次铣去全部余量达到 Ra=3.2μm 是比较困难的，因此分粗铣和精铣两次完成。

① 粗铣铣削用量，主轴转速为 118r/min，进给速度为 60mm/min，铣削宽度为 2mm。

② 精铣铣削用量，主轴转速为 180r/min，进给速度为 37mm/min，铣削宽度为 0.5mm。

相关知识

铣削加工是一种常见的机械加工方法，它通过旋转刀具来去除工件上的材料，从而得到所需形状和精度的零件。铣床根据不同的工件形状和大小，可以选择不同的刀具进行铣削操作。铣削加工的精度高，适用于不同材质工件加工。

铣削加工主要有两种方法：周铣和端铣。周铣包括逆铣和顺铣，端铣包括对称铣和不对称铣。

1．周铣

周铣是通过铣刀的圆周刃进行切削，分为逆铣和顺铣两种方式，加工示意图如图 7-6 和图 7-7 所示。

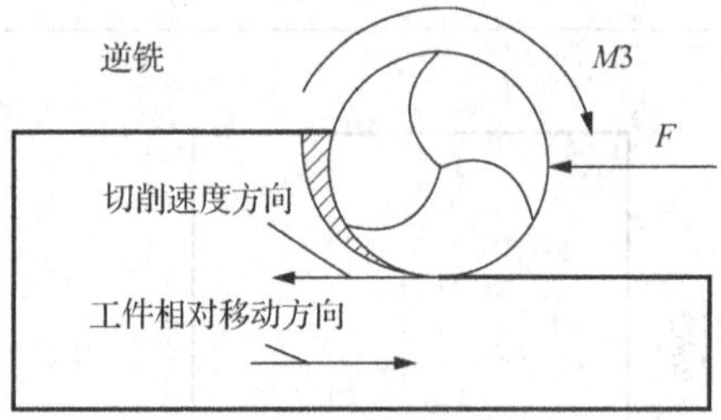

图 7-6　逆铣加工示意

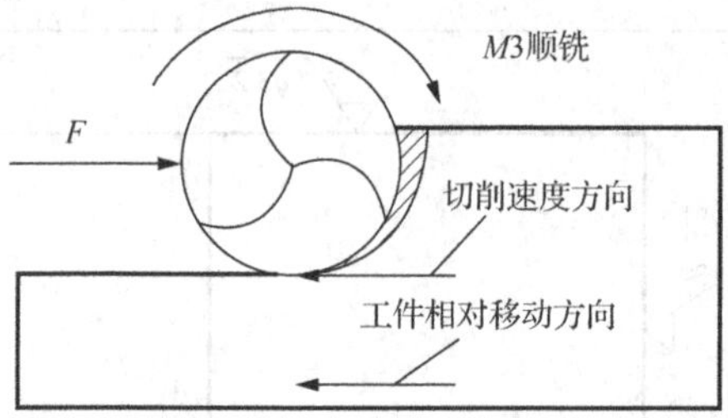

图 7-7　顺铣加工示意

（1）逆铣时，刀具对工件产生挤压和摩擦，容易在加工表面形成硬化层，加速刀齿磨损，影响加工质量，但工件不会窜动，加工过程更加稳定，减少了工件移动的可能性，从而提高了加工精度。逆铣的刀齿散热较好，有助于减少刀齿的磨损，延长刀具的使用寿命。

（2）顺铣突出的优点是零件表面的质量好，并且刀齿磨损小。顺铣的刀齿切削厚度从最大开始，避免了挤压、滑行现象，同时铣刀对工件有下压的分力，有利于工件压紧，从而提高加工质量和刀具的使用寿命。顺铣时压紧力平稳、刀刃磨损慢、消耗功率小，切削力的垂直分力向下，有压紧工件的趋势，有利于工件的加紧，因此加工质量比较好。此外，刀齿在工件已加工表面没有滑行，摩擦比较小，刀具使用寿命较高。但顺铣有可能导致丝杠间隙增大，使铣削过程不平稳。顺铣突出的优点在于能有效提升零件表面质量并降低刀齿磨损。其刀齿切削厚度从最大开始，避免了挤压、滑行现象，减少了刀齿与工件表面的摩擦；同时，铣刀对工件产生向下的分力，使得压紧力平稳，有利于工件的稳固夹紧，进而提高加工质量与刀具使用寿命。此外，顺铣时消耗功率小，切削过程更为节能。不过，顺铣存在潜在风险，有可能导致丝杠间隙增大，致使铣削过程出现不平稳的情况。

2. 端铣

端铣是利用铣刀的端面进行切削的一种加工方法，具有生产效率高、切削平稳、加工质量好等特点。加工时，铣刀端面和圆周上的刀刃同时工作，能够提供较大的切削力，适用于加工大型零件的平面和曲面。

端铣刀因同时参与工作的刀刃数量多，能够有效降低加工表面的粗糙度。端铣刀的端部切削刃作为副切削刃，起到辅助切削的作用；分布在圆柱或圆锥面上的主切削刃承担主要切削任务。

与周铣相比，端铣具有以下优点。

（1）修光作用：端铣的副切削刃对已加工表面有修光作用，能降低表面粗糙度。周铣的工件表面可能有波纹状残留面积。

（2）切削力稳定：端铣刀同时参加切削的齿数较多，切削力的变化较小，工件振动较小。

（3）刚性好：端铣刀的刀杆伸出较短，刚性好，不易变形，可以使用较大的切削用量。

（4）加工质量高：端铣的加工质量通常较好，适用于高精度的加工需求。

端铣的应用场景具体如下。

（1）平面加工：端铣适用于加工平面，能够提供较高的加工精度和较低的表面粗糙度。

（2）水平精加工：端铣刀专门用于水平方向的精加工，适用于各种工件的平面加工。

（3）模具制造：在模具制造中，端铣用于加工各种成形面和特殊形面，如花键、齿轮和螺纹等

任务实施

一、工作准备

1. 图样分析

从图样可知，长方形工件属于较典型的平面型铣削工件，工件图形对称，加工时选择A面作为定位基准面，以保证其他各个表面和这个基准面的垂直度和平行度要求。

2. 加工准备

（1）材料准备。材料45钢，尺寸为85mm×45mm×50mm。

（2）工具、量具、刃具参数见表7-1。

（3）确定切削用量。粗铣，n=485r/min，v_f=485r/min，α_p=4～5mm。精铣 n=750r/min，v_f=300r/min，α_p=0.4～0.6mm。

（4）选择铣床。选用ZX6350D铣床。

表7-1 工具、量具、刃具参数

序号	名称	规格	精度	数量
1	游标卡尺	0～200mm	0.02mm	1把
2	表架	—	—	1套
3	硬质合金面铣刀	直径100mm，齿数6	—	1把
4	百分表	0～10mm	0.01mm	1只
5	百分表	0～10mm	0.01mm	1只
6	直角尺	125mm×80mm	0级	1把
7	规划和划针	—	—	1套
8	铜锤	—	—	1把

二、工作步骤

（1）工件夹装。采用机用虎钳夹装，找正并夹紧。

（2）确定铣削方法。采用不对称逆铣，铣刀中心与工件中心位移量 K=0.1D=10mm（D为铣刀直径），先依次粗铣六面，然后用同样的方法顺序精铣六面。

（3）按照图样要求铣削六面，然后进行相关尺寸测量看是否符合要求，如存在差异进行精细调整。

项目八　数 控 加 工

本项目围绕数控加工技术展开，通过四大递进式任务构建核心技能体系：从数控编程基础入手，掌握G/M代码应用与工艺规划能力；进阶至数控车床和铣床的专项操作，完成圆柱零件车削与轮廓铣削；最终在加工中心实现多工序复合加工。每个任务均设置知识、能力、思政三维目标，以铝件铣槽、钢件车削等典型加工案例为载体，贯穿零件分析、参数优化、程序编写到质量检测的完整生产流程。着重培养学生工艺设计、机床操作、程序调试等实战能力，同时强化精益求精的工匠精神与技术创新意识，为现代智能制造领域输送高素质技术人才奠定基础。

任务一　数控加工及数控编程基础

任务目标

1. 知识目标

（1）掌握数控加工的基本原理，具备加工工件的基本能力。

（2）掌握数控编程的基础知识和基本方法，如数控程序的结构、指令代码（G代码、M代码等），能够识别程序的功能指令及作用，读懂和分析简单的数控程序。

2. 能力目标

（1）能够根据零件图样和加工要求，熟练编写数控加工程序，确保程序的正确性和可执行性。能够运用手工编程和计算机辅助编程两种方式，提高编程效率和质量。

（2）掌握数控机床的基本操作技能，包括机床的开机、关机、对刀、试切、程序输入与调试等基本操作，能够正确操作数控机床进行零件加工，并保证加工精度和表面质量。

（3）具备初步的数控加工工艺设计能力，能根据零件的结构特点和技术要求，合理选择加工方法、加工顺序和切削参数，制定高效的加工工艺方案，提高生产效率和加工质量。

3. 思政目标

（1）通过数控加工及编程的学习和实践，让学生深刻认识到数控加工在现代制造业中的重要性，激发学生对专业的热爱和敬业精神。引导学生树立精益求精的工匠意识，注重加工质量，追求卓越，培养成为具有高素质的数控技术人才。

（2）鼓励学生在数控编程和加工过程中，积极探索新的编程方法、优化加工工艺，培养学生的创新意识和创新能力。

任务描述

数控加工程序编写是将设计图样转化为机床可以理解和执行的指令的过程。这里以一个简单的数控铣削加工为例，展示如何编写一个基本的数控加工程序。

根据给定零件工程图编写数控加工程序。零件图样如图 8-1 所示，矩形零件的尺寸为 100mm×50mm，零件材料为铝，切削深度为 2mm。

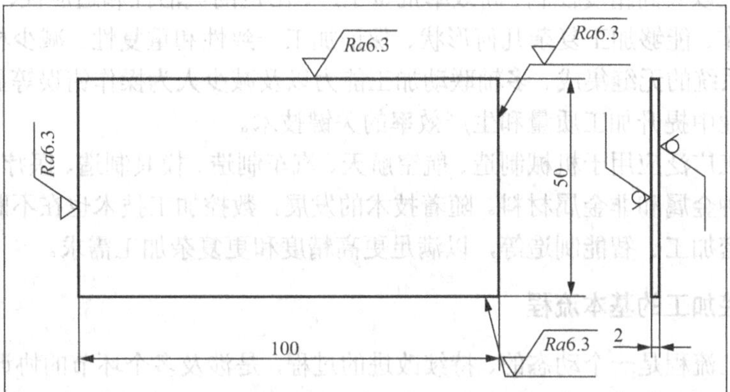

矩形零件	比例	数量	材料
		1	

图 8-1 矩形零件图样

任务分析

通过选定合适的加工参数，编写数控程序，体验数控编程与加工的全过程，不断积累经验，并根据加工结果反馈及时调整编程策略与加工参数，结合实际应用中的加工要求和机床特性加以调整，达到优化加工工艺的目的。

相关知识

一、数控技术的定义

数控（numerical control，NC）技术是一种利用数字化信息对机床运动及加工过程进行控制的技术。它涉及计算机、自动控制、精密测量和机械制造等多个领域，是现代制造业中提高生产效率和加工精度的关键技术之一。

数控技术以其程序控制、高自动化、高精度加工、良好的灵活性、高生产效率、广泛的适用范围、易于与其他系统集成以及减少材料浪费等特点，显著提升了金属切削加工的效率和质量，实现了从设计到制造的无缝对接。

随着技术的发展，数控技术也在不断进步，出现了如计算机数控（computer numerical control，CNC）、直接数控（direct numerical control，DNC）、柔性制造系统（FMS）和计算机集成制造系统（computer integrated manufacturing system，CIMS）等更高级的应用形式，这些技术的发展极大地推动了制造业的现代化进程。

二、数控加工的定义

数控加工（numerical control machining）是一种利用计算机控制机床进行机械加工的方法。它是数控技术在机械加工领域的具体应用，通过计算机程序来控制机床的运动轨迹和加工参数，以实现对工件的精确加工。

数控加工以其高精度控制、高效率批量生产、出色的灵活性和适应性、高度自动化、减少人工操作、能够加工复杂几何形状、保证加工一致性和重复性、减少材料浪费、与CAD/CAM 系统的无缝集成、多轴联动加工能力以及减少人为操作错误等显著特点，成为现代制造业中提升加工质量和生产效率的关键技术。

数控加工广泛应用于机械制造、航空航天、汽车制造、模具制造、医疗器械等行业，用于加工各种金属和非金属材料。随着技术的发展，数控加工技术也在不断进步，如高速加工、精密加工、智能制造等，以满足更高精度和更复杂加工需求。

三、数控加工的基本流程

数控加工流程是一个动态的、持续改进的过程，是涉及多个环节的协调和优化的复杂过程，需要综合考虑零件设计和工艺规划、数控编程、机床准备与调试、机床操作、质量控制等多个方面，以确保零件加工的精度和效率。随着智能制造和工业 4.0 的发展，数控加工也在不断地向自动化、智能化方向发展。

1. 零件设计和工艺规划

零件设计和工艺规划是整个机械加工过程中至关重要的一步，它直接影响后续加工的可行性、效率和成本。通过细致的规划，可以确保加工过程顺利进行，并最终生产出符合设计要求的高质量零件。

零件设计主要根据其在部件中的位置和安装关系以及具体功能，使用 CAD 软件设计零件的几何形状和尺寸，并确定其材料、尺寸公差、表面粗糙度等，同时还需要全面考虑加工工艺及经济性，必要时结合实际加工工艺修改设计。

工艺规划主要是分析零件图样，了解零件的形状、尺寸、公差、表面粗糙度等要求；确定加工方法，如车削、铣削、钻削、磨削等；设计合理的加工工艺路线，包括加工顺序、夹具设计、刀具选择等。

2. 数控编程

数控编程是将工艺规划转化为数控机床可以识别和执行的代码。这些代码可以是 G 代码（ISO 标准）或 M 代码（机床制造商自定义的代码）。G 代码用于控制机床的运动，M 代码用于控制机床的辅助功能。数控编程既可以通过手工方式完成，也可以借助计算机辅助编程（CAM）软件，根据 CAD 模型自动生成数控加工程序。手工编程适合简单的零件，复杂的零件适合使用 CAM 软件，可以大幅提高编程效率和准确性。

根据零件加工要求编写包含机床运动指令和参数的数控程序后，通常进行程序仿真，即在计算机上模拟加工过程，以检查程序的正确性和可行性。

3. 机床准备

编程工作结束后，根据加工零件的材料、形状和尺寸选择合适的数控机床，如数控车床、数控铣床、数控加工中心等。对于一种数控机床无法完成全部加工工艺的，还需要分步选择机床进行加工。

数控机床确定后，需要进行必要的准备工作，这些准备工作主要包括机床校准（各轴和主轴处于正确的位置）、刀具安装与校准（刀具的种类、位置和角度符合加工要求）、夹具安装与调试（保证工件定位准确），以确保机床和工具处于正确的位置和状态。

4. 调试阶段

此阶段的主要工作是将编写好的数控程序通过网络或 USB 接口传输到数控机床，并进行调试，以确保机床能够按照程序正确运行。

数控程序可通过多种方式，如分布式数字控制（distribute numerical control，DNC）网络、CF 卡、USB 等，传输到数控机床的控制系统中。通常在没有刀具接触工件的情况下运行程序，检查机床运动是否正确，然后进行首件加工，检查加工质量，并根据需要调整程序和机床参数。

5. 加工阶段

（1）启动加工。在确认所有设置无误后，启动数控机床进行加工。

（2）监控加工。在加工过程中监控机床的运行状态，处理任何突发情况，如刀具磨损、材料问题或机床故障，确保加工的顺利进行。

（3）批量加工。确认首件加工合格后，开始批量加工。

6. 质量检验

加工完成后，需要对加工的零件进行质量检验，如尺寸测量、外观检查等，确保其符合设计要求。

（1）首件检验。加工完成后，对首件产品进行检验，确保加工质量符合要求。

（2）过程控制。在批量加工过程中，定期抽检，确保加工质量的稳定性。

7. 后处理

后处理主要包括去毛刺、清洗和防锈处理，记录和分析，以及程序存储与数据备份工作。

（1）去毛刺。对加工完成的零件进行去毛刺处理。

（2）清洗和防锈。根据需要对零件进行清洗，去除切削液和碎屑，然后进行防锈处理，以保护表面。

（3）记录和分析。记录加工过程中的关键数据，如切削参数、加工时间等，同时分析加工中出现的问题，并提出解决方案。

（4）程序存储与数据备份。保存数控程序，对数控加工过程中的数据进行备份，供以后需要时使用。

8. 维护与保养、改进及升级

（1）维护和保养。对数控机床进行日常维护保养，包括清洁、润滑、检查等。定期对机床进行精度检测和调整，确保机床长期稳定工作，并保持良好的精度和性能。

（2）优化改进。根据加工结果和机床性能，不断优化数控程序。同时可根据实际加工情况，改进加工工艺，提高效率和质量。

（3）硬件与技术升级。根据加工需求，及时对机床硬件进行升级，如更换更高精度的伺服系统、更高性能的数控系统等。随着技术的发展，定期更新 CAD/CAM 软件和数控系统软件，以提高加工效率和质量。

四、数控加工编程基础

1. 数控编程国际标准

数控编程遵循的国际标准具体如下：

（1）ISO 标准。国际标准化组织（ISO）制定了一系列关于数控编程的标准，其中最重要的是《自动化系统与集成——机床数字控制——程序格式和地址字定义》（*Automation systems and integration—Numerical control of machines—Program format and definitions of address words*）（ISO 6983：2009）和《工业自动化系统与集成——物理设备控制——计算机数控的数据模型》（*Industrial automation systems and integration—Physical device control—Data model for computerized numerical controllers*）（ISO 14649：2020）。ISO 6983：2009 是用于数控机床的 G 代码标准，规定了各种指令的格式和功能。ISO 14649：2020 是用于数控编程的统一数据模型标准，定义了一套通用的数据模型，使不同的数控系统可以通过这套模型来交换和共享数据。

（2）ANSI 标准。美国国家标准协会（American National Standards Institute，ANSI）制定了一系列关于数控编程的标准，如《用于定位、轮廓和轮廓/定位数控机床的可互换变量块数据格式》（*Interchangeable Variable Block Data Format for Positioning, Contouring, and Contouring/Positioning Numerically Controlled Machines*）（EIA 274-D），通常被称作“数控编程的公共语言”，与 ISO 标准在多个方面相似，但也设计了一些专门针对美国地区使用者的特定要求。

（3）DIN 标准。德国工业标准（Deutsche Industrie Normen，DIN）对数控编程同样有所贡献，如《机床的数字控制、格式、一般要求》（*Numerical control of machines, format; general requirements*）（DIN 66025-1）和《工业自动化；机床的数控；格式、准备和辅助功能》（*Industrial automation; numerical control of machines; format, preparatory and miscellaneous functions*）DIN 66025-2），这一标准与 ISO 6983 较为相似，为德国及欧洲的制造商和工程师提供了一套共同的编程语言。

（4）其他国家和地区的标准。除了上述主要的三个标准，世界各地的国家和地区也有自己的数控编程标准。例如，日本工业标准（Japanese Industrial Standards，JIS）和中国国家标准（GB）都对数控编程有自己的规定。

（5）中国主导的国际标准。中国主导的机床数控系统系列国际标准 ISO 23218：2022 发布，包括《工业自动化系统与集成——机床数控系统 第 1 部分：数控系统要求》（*Industrial automation systems and integration — Numerical control systems for machine tools — Part 1: Requirements for numerical control systems*）（ISO 23218-1：2022）和《工业自动化系统与集成——机床数控系统 第 2 部分：数控系统集成的要求》（*Industrial automation systems and integration — Numerical control systems for machine tools — Part 2: Requirements for numerical control system integration*）（ISO 23218-2：2022），标志着中国在机床数控系统领域进入体系化发展的新阶段。这些标准确保数控编程的统一性和互操作性，让不同国家和地区的数控机床能够准确理解和执行编程指令，对于提高全球制造业的互操作性和生产效率具有重要的作用。

2. 数控编程常用代码

法那科（FANUC）和西门子（SIEMENS）是数控系统领域的两大主要制造商，它们各自有着不同的数控代码体系。FANUC 和 SIEMENS 系统在功能指令和格式规范上既有相似之处，也有各自的特点。FANUC 系统以其简洁明了和易于上手的特点在小型数控机床上广泛使用，SIEMENS 系统以其功能完备性和灵活性在更广泛的应用范围内被采用。用户在选择数控系统时，应根据具体的应用需求和个人技术背景来决定。表 8-1 是两大系统在功能指令、格式规范等方面的一些异同点。

表 8-1 FANUC 和 SIEMENS 系统在功能指令和格式规范等方面的异同点

比较点	FANUC	SIEMENS
G 代码和 M 代码	主要使用 G 代码和 M 代码来控制机床的运动和功能。G 代码用于控制机床的轴运动，M 代码用于控制机床的功能和操作	使用 G 代码和 M 代码，但部分功能使用直观的英文指令来实现，这使得编程更加直观和易于理解
固定循环指令	通过 G 代码实现	使用 CYCLE、SLOT 等指令，这些指令更直观，方便用户加工
用户编程	使用宏程序编程，变量用#键加上数字键表示	使用计算参数 R 和程序跳转编程，变量称为计算参数，从 R0-R299
编程语言和结构	使用 KAREL 应用语言编程	使用 STEP 7 编程软件，其编程语言主要是基于指令列表（statement list，STL）和梯形图（ladder diagram，LAD）
编程方式	更多地使用文本编程，需要手动输入代码来实现控制逻辑	通常采用图形化编程界面，可以通过拖动和连接元件进行编程，这使得编程更直观和易于理解
程序格式	采用 ASCII 码格式，即将 G 代码和 K 代码按照 ASCII 码的形式输入数控系统	采用文本格式，即将 G 代码和 M 代码按照一定的格式书写在一个文本文件中，然后将该文件加载到数控系统中运行

常用数控编程代码功能分类如表 8-2 所示。

表 8-2 常用数控编程代码功能分类

代码	功能	使用范围
G	准备功能	用于控制机床的运动方式和加工操作
M	辅助功能	用于控制机床的辅助动作
F	进给功能	用于指定刀具的进给速度
S	主轴转速功能	用于设定主轴的转速
T	刀具功能	用于选择刀具和刀具补偿号等

3. 数控编程格式与规范

1）程序结构

数控程序的基本结构一般包括程序号、程序段、程序结束指令等部分。程序号用于标识不同的程序，通常由字母 O 和数字组成；程序段是程序的主体部分，包含各种功能代码和坐标值信息，每个程序段以特定的代码（如分号“；”）结束；程序结束指令（如 M02 或 M30）用于表示程序的结束，并可控制机床的一些后续动作，如主轴停止、切削液关闭、程序指针复位等。

2）坐标值表示方法

在数控编程中，坐标值的表示方法包括绝对坐标和增量坐标两种方式。绝对坐标是指刀具或工件在机床坐标系中的实际坐标位置，以坐标原点为基准进行计量；增量坐标是指刀具相对于前一位置的坐标增量。在编程时，根据加工工艺和编程习惯，可以选择使用绝对坐标编程（G90 模式）或增量坐标编程（G91 模式），并通过实例展示两种坐标表示方式在程序中的应用和区别。

3）编程指令格式

各种编程指令的格式规范，如 G 代码指令的格式通常为 G××××××，其中××表示 G 代码的组别，××××表示具体的代码值；M 代码指令一般为 M××，××为具体的 M 代码编号；F 代码指令格式为 F××××，××××表示进给速度值；S 代码指令格式为 S××××，××××表示主轴转速值；T 代码指令格式为 T××××，前两位××表示刀具号，后两位××表示刀具补偿号等。在编程过程中必须严格按照指令格式编写程序，否则数控系统将无法正确识别和执行指令，导致加工错误。

五、常用数控加工编程指令

数控加工程序是一系列指令的集合，用于控制数控机床进行加工操作。

1. 常见的准备功能指令

数控加工中的准备功能指令（G 指令）是用于指定机床运动方式和控制系统工作状态的重要命令。

（1）G00：快速定位（快速进给），用于将刀具快速移动到指定位置，不涉及加工。

（2）G01：直线插补（切削进给），用于以指定的进给速度沿直线移动刀具到指定位置。

（3）G02：顺时针方向圆弧插补，用于生成顺时针方向的圆弧路径。

（4）G03：逆时针方向圆弧插补，用于生成逆时针方向的圆弧路径。

（5）G04：定时暂停，用于在加工过程中实现短暂的暂停。

（6）G17、G18、G19：平面选择指令，分别用于选择 XY 平面、XZ 平面和 YZ 平面进行加工。

（7）G20：英制尺寸（FANUC 系统）。

（8）G21：公制尺寸（FANUC 系统）。

（9）G28、G30：回到参考点。

（10）G40：取消刀具半径补偿。

（11）G41：刀具半径左补偿。

（12）G42：刀具半径右补偿。

（13）G43：刀具偏置——正（刀具长度正补偿）。

（14）G44：刀具偏置——负（刀具长度负补偿）。

（15）G50：最高转速设定。

（16）G54～G59：工作坐标系设定，用于设定不同的工件坐标系。

（17）G60：准确路径方式（精），用于确保在多轴联动时的精确路径。

（18）G61：准确路径方式（中）。

（19）G62：准确路径方式（粗）。

（20）G73：深孔钻循环。

（21）G80：固定循环取消，用于取消固定循环指令。

（22）G90：绝对尺寸，用于绝对编程方式。

（23）G91：相对尺寸，用于相对编程方式。

（24）G92：预制坐标，用于设定坐标系偏移。

（25）G94：每分钟进给（单位为 mm/min）。

（26）G96：恒线速度控制。

（27）G97：主轴以 RPM（r/min）控制。

这些指令是数控编程中的基础，它们定义了刀具的移动路径、速度、平面和补偿等关键参数，以确保加工过程的精确性和效率。不同的数控系统可能有不同的指令集，因此在使用时应参考具体机床的编程手册。

2. 常见的辅助功能指令

数控加工中的辅助功能指令（M 代码）主要用于控制机床的辅助装置，如主轴的启停、刀具更换、冷却液的开关等。以下是一些常用的辅助功能指令。

（1）M00：程序暂停。

（2）M01：程序选择性停止。

（3）M02：程序结束。

（4）M03、M04、M05：主轴正转启动、反转启动、主轴停止。

（5）M06：换刀。

（6）M07、M08、M09：冷却液控制（雾状、液状、关闭）。

（7）M19：主轴定位。

（8）M29：刚性攻螺纹循环。

（9）M30：程序结束并回到程序起始位置。

（10）M31：程序结束并开启冷却液。

（11）M48、M49：进给倍率增加、减小。

（12）M50、M51：主轴松开刀具、夹紧刀具。

（13）M52、M53：启动主轴、停止主轴。

（14）M98：调用子程序。

（15）M99：返回主程序或结束子程序。

（16）M101～M110：辅助功能 1 至辅助功能 10，这些指令可以用于机床特定的辅助功能，具体功能由机床制造商定义。

这些指令是数控编程中的基础，它们控制数控机床的运动和辅助功能。不同的数控系统可能有不同的指令集，因此在使用时应参考具体机床的编程手册。

3. 常用的进给功能指令

数控加工中的进给功能指令主要用来控制刀具的移动速度和路径。以下是一些常用的进给功能指令。

（1）G93：进给率模式，用于以每分钟进给量控制刀具移动速度。在这种模式下，F 指令后跟数值，表示每分钟进给量。

（2）G94：单位每转进给模式，用于以主轴每转进给量控制刀具移动速度。在这种模式下，F 指令后跟数值，表示每转进给量。

（3）G95：恒定表面速度控制，用于保持刀具切削点的恒定线速度，适用于不同直径的工件加工。在这种模式下，S 指令后跟数值，表示主轴转速。

（4）G0：快速定位，用于以最快速度移动刀具到指定位置，不涉及加工。通常不涉及 F 指令，但某些系统允许指定快速移动速度。

（5）G1：直线插补，用于以指定的进给速度沿直线移动刀具。在这种模式下，F 指令后跟数值，表示进给速度。

（6）G2/G3：圆弧插补，用于以指定的进给速度沿顺时针或逆时针方向的圆弧移动刀具。在这种模式下，F 指令后跟数值，表示进给速度。

（7）G81～G89：各种固定循环指令，用于钻孔、镗孔等操作，其中包含进给速度控制。在这种模式下，通过 F 指令指定进给速度。

（8）G20/G21：单位选择，分别用于选择英制单位（英寸）和公制单位（毫米）。在这种模式下，影响 F 指令中进给速度的单位。

（9）G53：使用机床坐标系，有时与进给速度结合使用，特别是在没有指定 G0 或 G1 时的快速移动。

（10）G60：单方向定位，用于精确定位，确保到达位置的精确性。

（11）G64：连续模式，用于确保在执行 G00 快速移动后，以 G01 指定的进给速率继续加工。

这些指令的具体使用和组合根据不同的数控系统和机床型号会有所不同，因此在编程时应参考具体机床的编程手册。进给功能指令的正确使用对于保证加工效率和加工质量至关重要。

4. 转速功能指令

数控加工中用于控制主轴转速的功能指令主要包括以下几种。

（1）G50：用于设定主轴的最高转速。格式为 G50S____，其中 S 后面跟的是主轴最大转速值，单位为 RPM。

（2）G96：用于在车削过程中保持恒定的切削线速度。格式为 G96S____，其中 S 后面跟的是要设定的线速度，单位为 m/min。

（3）G97：取消恒线速度控制，切换回恒定转速控制模式。当使用 G97 指令后，主轴转速将按照 S 代码指定的转速运行。

（4）S 代码：直接用于设定主轴转速的代码，单位通常是 RPM。例如，S120 表示设定主轴转速为 1200rpm。

这些指令允许数控程序根据加工需求精确控制主轴的转速，以适应不同的加工条件和材料，确保加工效率和工件质量。在实际编程和操作中，应根据具体的数控系统和机床编程手册进行相应的指令使用。

5. 刀具功能指令

数控加工中涉及刀具功能的操作和控制指令具体如下。

（1）T 指令：用于选择刀具。在数控加工中，T 指令主要与刀具的选择和使用相关。以下是 T 指令的一些具体含义和应用。

① 刀具选择。Tn：n 表示刀具编号。这个指令用于选择预设刀具库中编号为 n 的刀具。例如，T01 表示选择编号为 01 的刀具。

② 刀具偏置调用。Tn.m：n 表示刀具编号，m 表示刀具偏置号。这个指令用于选择刀具的同时调用刀具偏置值，用于刀具长度或半径补偿。例如，T01.02 表示选择编号为 01 的刀具，并使用编号为 02 的偏置值。

③ 取消刀具补偿。TnM06：在某些系统中，M06 可以与 T 指令结合使用，表示换刀动作。TnM06 表示换到编号为 n 的刀具，并执行换刀动作。

④ 无刀具状态。T0 或 T00：在某些系统中，T0 或 T00 可以表示无刀具状态，这在某些操作如刀具退回刀库时会用到。

（2）G40：取消刀具半径补偿。使用此指令来取消刀具半径补偿，使刀具回到无补偿状态。

（3）G41：刀具半径左补偿，用于在刀具的左侧进行半径补偿，通常用于轮廓加工。

（4）G42：刀具半径右补偿，用于在刀具的右侧进行半径补偿，通常用于轮廓加工。

（5）G43：刀具长度正补偿（刀具偏置——正），用于增加刀具长度的补偿值。

（6）G44：刀具长度负补偿（刀具偏置——负），用于减少刀具长度的补偿值。

（7）G49：取消刀具长度补偿（刀具偏置 0），用于取消刀具长度的补偿。

（8）M06：自动换刀，用于在加工过程中自动更换刀具。

这些指令在数控编程中扮演着重要的角色，它们确保刀具能够正确选择、更换以及在加工过程中进行适当的补偿，以保证加工精度和效率。在实际应用中，应根据具体的数控系统和机床编程手册进行相应的指令使用。

6. 常用数控编程指令及其功能

常用的数控编程指令及其功能，包括快速定位、直线插补、圆弧插补和刀具半径补偿等。这些指令是数控编程的基础，广泛应用于各种加工任务中。

（1）快速定位（快速进给）指令（G00）。用于使刀具以机床设定的最快速度从当前位置移动到目标位置，不进行切削加工，主要用于刀具的空行程运动，如快速接近工件、快速退刀等。G00 指令的编程格式，如 G00 X_ Z_，其中 X、Z 为目标位置的坐标值。

（2）直线插补指令（G01）。用于控制刀具以指定的进给速度沿直线轨迹进行切削加工，是数控编程中最常用的指令之一。G01 指令的编程格式为 G01 X_ Z_ F_，其中 X、Z 为直线终点的坐标值，F 为刀具的进给速度。

（3）圆弧插补指令（G02、G03）。用于控制刀具沿圆弧轨迹进行切削加工。圆弧插补指令的编程格式，以 G02 为例，格式为 G02 X_ Z_ I_ K_ F_或 G02 X_ Z_ R_ F_，其中 X、Z 为圆弧终点坐标值，I、K 为圆心相对于圆弧起点在 X、Z 方向上的坐标增量（圆心坐标减去起点坐标），R 为圆弧半径，F 为刀具进给速度。对于 G03 指令，格式相同，仅插补方向为逆时针。

（4）刀具半径补偿指令（G41、G42、G40）。在数控车床加工中，由于刀具具有一定的半径，为了保证加工精度，需要在编程时考虑刀具半径对加工轨迹的影响。刀具半径补偿指令（G41 左刀补、G42 右刀补）可以根据刀具半径值自动计算刀具中心轨迹。刀具半径补偿指令的编程格式，如 G41 G01 X_ Z_ D_，其中 D 为刀具半径补偿号，在数控系统中预先设置了刀具半径补偿值与补偿号的对应关系。G40 指令用于取消刀具半径补偿，在程序结束或不需要刀具半径补偿时必须及时使用 G40 指令，以避免刀具中心轨迹出现错误。

7. 机床坐标系

1）定义与建立原则

机床坐标系（machine coordinate system，MCS）是机床上固有的坐标系，用于确定刀具和工件的相对位置及运动方向。

机床坐标系的建立遵循右手笛卡儿直角坐标系规则，通过定义 X 轴、Y 轴和 Z 轴的正方向以及原点位置，为数控机床的加工提供了精确的定位基准。在数控车床中，X 轴和 Z 轴是主要的加工坐标轴，其正方向和原点位置的设定方法直接影响加工精度和编程的准确性。

机床坐标系是数控机床的固有基准坐标系，由机床制造商在出厂时精确设定，构成数控系统运行的基础框架。其核心特征如下：

（1）原点固定。原点（又称机械原点或零点）是机床上的物理参考点，通过限位开关或高精度编码器永久定位，确保机床每次启动后坐标基准的一致性。

（2）坐标轴规范。采用右手笛卡儿坐标系：X 轴、Y 轴、Z 轴两两垂直，构成三维空间基准；旋转轴（A、B、C）遵循右手螺旋定则，与直线轴协同定义复杂运动轨迹。

（3）系统唯一性。每台机床仅对应一个机床坐标系，开机后必须通过回零操作（如 G28 指令）激活，否则数控系统无法识别机床实际位置。

2）坐标轴方向的确定原则（ISO 841 标准）

（1）直线轴（X 轴、Y 轴、Z 轴）。

Z 轴：定义为机床的主轴轴线方向。刀具远离工件的方向为正（如车床的刀具向床头箱移动为+Z）。

X 轴：车床上 X 轴垂直于 Z 轴，指向远离工件旋转中心的方向为正。铣床/加工中心上 X 轴为水平方向，面对主轴时向右为正。

Y 轴：根据右手定则确定（Z×X=Y）。

（2）旋转轴（A 轴、B 轴、C 轴）。

A 轴：绕 X 轴的旋转，正向为右手螺旋方向。

B 轴：绕 Y 轴的旋转。

C 轴：绕 Z 轴的旋转（如车床的工件旋转）。

3）机床原点与参考点

机床原点即机床坐标系的原点，是机床制造厂家在机床上设置的一个固定点，通常位于机床的某个特定位置（如主轴端面中心或卡盘后端面中心与主轴轴线的交点等），其位置在机床出厂时已确定并存储在数控系统中。

机床参考点是机床上的一个固定点，用于在机床启动后建立机床坐标系，通过回参考点操作，机床各坐标轴可以找到其在机床坐标系中的准确位置，一般参考点与原点之间有固定的坐标值关系，参考点的位置由机床制造厂家确定并可在数控系统中进行设置和调整。

8. 工件坐标系

1）定义与设定方法

工件坐标系（work coordinate system，WCS）是编程人员在编程时根据工件的形状、尺寸和工艺要求在工件上建立的坐标系，其目的是方便编程和加工过程中的尺寸计算。

在数控机床中设定工件坐标系是确保加工精度和效率的关键步骤。以下是设定工件坐标系的一般方法和步骤。

（1）理解坐标系。世界坐标系通常指的是机床自身的坐标系。工件坐标系是根据实际加工需求定义的坐标系，用于描述工件在机床中的位置和方向。

（2）确定坐标轴。Z 轴通常是垂直于工件装夹面的主轴。X 轴水平且平行于工件装夹面，根据机床类型（如车床、铣床）确定具体方向。

（3）设定工件坐标系。

方法一：直接设定加工原点。G54～G59 指令：这些 G 代码用于设定不同的工件坐标系。MDI 方式：在数控系统的参数设置页面中，输入坐标值来设定加工坐标系。

方法二：通过刀具起始点设定加工坐标系。数控系统对刀具起始点的位置都是已知的，可以将其作为参考点。

（4）使用对刀仪或试切法设定坐标系。试切法是指通过刀具对工件的试切削，在数控系统中测量并输入坐标值。对刀仪是使用接触式传感对刀仪，自动测量并设定工件坐标系。

（5）操作步骤如下。

① 装夹工件：将工件固定在机床上。

② 确定 Z 轴：通常选择一个垂直于工件装夹面的主轴作为 Z 轴。

③ 确定 X 轴：根据机床类型确定 X 轴的方向。

④ 试切或测量：通过试切或使用量具测量，确定工件坐标原点。

⑤ 输入坐标值：将测量得到的坐标值输入数控系统中，设定工件坐标系。

⑥ 验证坐标系：使用数控系统的模拟功能，验证坐标系的准确性。

注意如下事项：①精确度：提高输入的精确度，减少误差。②安全性：确保机床处于安全状态，避免误操作。③校准：定期校准机床，确保坐标系的一致性和准确性。④文档记录：记录坐标系的设置过程和参数，便于后期参考和调试。

通过上述步骤，可以有效地设置数控机床的工件坐标系，确保加工的精度和效率。不同的数控系统有不同的具体操作指令和方法，但基本原理是相似的。

2）工件坐标系与机床坐标系的关系

在加工过程中，数控系统根据工件坐标系中的编程指令，结合机床坐标系中的实际位置信息，控制刀具相对于工件进行精确运动，从而实现对工件的加工。

工件坐标系与机床坐标系是数控加工中两个重要的参考系统，它们之间的关系对于确保加工精度和效率至关重要。

（1）参考关系。机床坐标系是机床自身的固定参考系统，通常由机床制造商设定，用于确定机床各轴的位置。工件坐标系是用户根据加工需求设定的，用于确定工件在机床中的位置和方向。

（2）坐标原点。机床坐标系的原点通常是机床的机械参考点，如机床的回零点。工件坐标系的原点是用户根据工件的加工要求设定的，可以是工件上的任意一点，如工件的加工基准点。

（3）坐标轴方向。机床坐标系的轴向是固定的，由机床的设计决定。工件坐标系的轴向可以根据工件的加工要求进行设定，通常与机床坐标系的轴向平行。

（4）坐标转换。数控系统需要将工件坐标系中的坐标转换为机床坐标系中的坐标，以控制刀具的运动。这种转换基于工件坐标系相对于机床坐标系的位置和方向。

（5）编程和操作。编程时，程序员通常使用工件坐标系来编写程序，因为这样可以更方便地根据工件的实际尺寸和形状来确定刀具的运动轨迹。在机床操作过程中，操作者需要确保工件坐标系正确设置，以便刀具能够准确地到达预定的加工位置。

（6）偏移和补偿。工件坐标系的设定通常涉及偏移量，即工件坐标系原点相对于机床坐标系原点的位置。这种偏移可以通过 G54～G59 等 G 代码指令在数控系统中进行设定。

（7）加工精度。工件坐标系的准确设定对于保证加工精度至关重要，任何偏差都可能导致加工误差。机床坐标系提供了一个稳定的参考框架，工件坐标系的设定直接影响加工的准确性。

（8）动态变化。机床坐标系是固定的，不会随加工过程变化。工件坐标系可能会因为刀具磨损、工件位移等因素而需要动态调整。

总的来说，工件坐标系是相对于机床坐标系设定的，它们之间的准确关系对于数控加工的精度和可靠性至关重要。数控系统通过复杂的算法将工件坐标系中的坐标转换为机床坐标系中的坐标，以实现精确的加工控制。

任务实施

一、工作准备

（1）分析零件。

（2）确定工件坐标系原点位置。将工件坐标系原点定位于工件的一角，如左下角。

（3）确定加工工艺路线。

选择切削刀具：对于平面加工，可以选择一个平底铣刀。

确定进刀点：选择工件的一角作为进刀点。

确定加工轨迹：从进刀点开始，先沿 X 轴方向移动到对边，然后沿 Y 轴方向移动到对边，最后返回起点。

（4）选择合理的主轴转速和进给速度。

主轴转速设置为 1500r/min，进给速度设置为 100mm/min。

二、工作步骤

1. 编写加工程序

```
Gcode （程序开始）
G21；（设置单位为毫米）
G17；（选择 XY 平面）
G90；（绝对编程模式）
G54；（选择工件坐标系 1）
（初始化刀具位置）
G00 G43 H01 Z50 M08；（快速移动到安全高度 Z50，激活刀具长度补偿 H01，开启冷却液）
G00 X0 Y0；（快速定位到工件原点上方）
S1500 M03；（主轴转速 1500r/min，主轴正转）
G4 P1；（暂停 1 秒，等待主轴达到指定转速）
（加工路径）
G00 Z5；（快速移动到接近工件的安全高度）
G01 Z-2 F50；（以 50mm/min 的速度切入到加工深度 Z=-2mm）
G01 X100 F100；（以 100mm/min 的进给速度沿 X 轴移动到 X100）
G01 Y50；（以 100mm/min 的进给速度沿 Y 轴移动到 Y50）
G01 X0；（以 100mm/min 的进给速度沿 X 轴移动回 X0）
G01 Y0；（以 100mm/min 的进给速度沿 Y 轴移动回 Y0）
G00 Z50；（快速抬刀到安全高度）
（程序结束）
G00 X0 Y0；（快速定位回工件原点上方）
M09；（关闭冷却液）
M05；（主轴停止）
G49；（取消刀具长度补偿）
M30；（程序结束并复位）
```

2. 校验

在实际运行程序之前，需要对程序进行校验，确保没有错误。这通常涉及在机床上进行模拟运行，检查刀具路径是否正确。

3. 运行

在确认程序无误后，可以在数控机床上运行程序，进行实际加工。这个例子展示了一个非常简单的数控加工程序的编写过程。实际应用中，加工程序可能会更加复杂，涉及更多的刀具选择、切削参数和加工策略。

任务二 数控车床及加工编程

任务目标

1. 知识目标

（1）掌握数控车床的基本组成与工作原理，了解数控车床的床身、主轴、刀架、尾座等主要部件的功能与结构，理解数控车床的坐标系统及其运动方向。

（2）熟悉数控车床加工编程的基础知识，掌握数控车床编程的常用指令及其功能，学会使用编程指令进行简单几何形状的加工编程，了解数控车床加工中的刀具补偿、进给速度（F 指令）、主轴转速（S 指令）等参数的设置方法。

（3）了解数控车床加工工艺与切削参数选择，认识常见车削加工类型（如外圆车削、端面车削、螺纹车削等）的特点与工艺要求，能够根据工件材料、加工精度要求等选择合适的切削速度、进给量和切削深度等切削参数。

2. 能力目标

（1）能够正确地启动和停止数控车床，进行机床的日常维护与保养，掌握数控车床的操作面板的使用方法，能够根据加工程序和工艺要求，准确地安装和调整刀具，进行工件的装夹与定位。

（2）能够根据给定的零件图样，编写简单的数控车床加工程序，具备对加工程序进行调试和优化的能力，能够根据加工过程中的实际情况调整程序和切削参数，确保加工质量和加工效率。

（3）具备对加工表面质量进行初步判断的能力，了解影响加工表面质量的因素，如切削参数、刀具状态等。

3. 思政目标

（1）通过数控车床操作和加工编程的学习，让学生认识到每一个操作步骤和程序指令都可能影响加工质量和生产安全，从而养成严谨细致的工作习惯，树立高度的责任心。

（2）强调加工过程中的质量意识，引导学生在加工过程中严格遵守工艺要求和操作规程，确保加工出的产品符合质量标准，培养学生的质量意识和工匠精神。

（3）鼓励学生在小组讨论和实践中相互交流、相互学习，分享编程经验和操作技巧，提高团队整体的学习效果和工作效率，培养学生的集体荣誉感和团队意识。

任务描述

任务一：数控车床基本操作。

完成数控车床的基本操作，按操作规程对数控机床进行开机、关机操作，正确操作数控机床面板，设置主轴正反转、主轴转速，调整进给速度，设置刀具参数、刀位选择和刀位转换，完成数控机床的日常维护。

任务二：数控编程与加工。

根据给定零件工程图编写数控加工程序并完成零件加工。零件工程图如图8-2所示，圆柱形零件的直径为50mm，长度为100mm。零件材料为普通碳素钢。

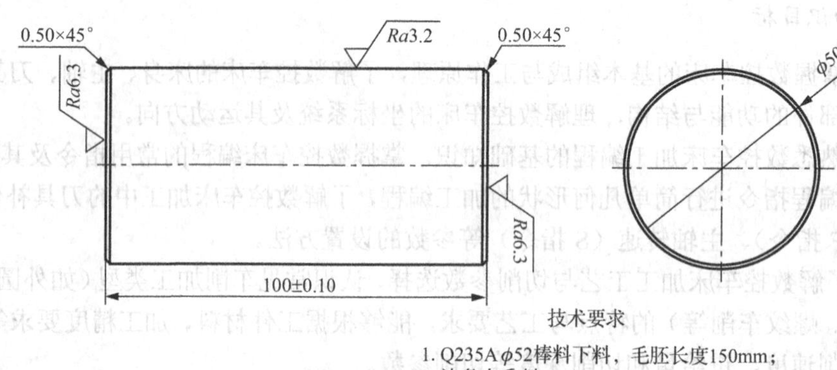

圆柱形零件	比例	数量	材料
		1	

图 8-2 圆柱形零件工程图

加工参数如下：普通碳素钢ϕ52mm×150mm；外圆车刀；主轴转速为1000r/min；进给速度为0.2mm/r。

任务分析

按操作规程完成数控车床的基本操作。根据一个简单的数控车床编程示例进行学习，并结合实际案例拓展相关知识，指出实际数控车床编程会根据零件的复杂程度（如带有圆锥、圆弧、螺纹等形状）、机床的系统差异（如西门子系统等）和加工工艺要求（如切槽、钻孔等多种加工方式组合）而更加复杂多样。

相关知识

一、数控车床发展概述

数控车床的发展经历了几个关键阶段，每个阶段都有重要的技术突破，推动了数控技术的进步和成熟。

1. 初始发展阶段（20世纪40年代末～50年代）

世界上第一台数控机床（NC）于1952年在美国诞生。这一时期的数控系统主要基于电子管和继电器，通过打孔纸带输入指令，实现基本的路径控制。这一时期的技术突破标志着从手动和机械控制向数字控制的转变，为后续的自动化和精密加工奠定了基础。

2. 计算机数控（CNC）阶段（20 世纪 60 年代）

随着数字计算机技术的发展，数控系统开始使用数字编码的指令来控制机床的运动，这些指令通常以 G-code 和 M-code 的形式存在。计算机数控系统的引入使数控机床变得更加先进和准确，能够执行更复杂的加工操作，如线性插补和圆弧插补等，大幅提升了加工精度和效率。

3. 多轴联动与柔性制造系统（FMS）（20 世纪 70～80 年代）

多轴联动技术的发展，使得数控机床能够进行更复杂的空间曲面加工。同时，柔性制造系统（FMS）和计算机辅助设计/制造（CAD/CAM）技术的发展，使数控机床的应用更加广泛。多轴联动技术扩展了数控机床的加工范围和灵活性，而 FMS 和 CAD/CAM 技术的应用则进一步提升了生产效率和加工质量。

4. 基于 PC 的数控系统（20 世纪 90 年代）

个人计算机（personal computer，PC）的发展使数控系统开始基于 PC 平台，实现更高性能的计算和更复杂的控制算法。基于 PC 的数控系统推动了数控技术的数字化、网络化发展，提高了系统的灵活性和可扩展性。

5. 智能化与绿色化阶段（21 世纪初至今）

随着人工智能、云计算、大数据等技术的应用，数控机床开始向智能化和自动化方向发展。智能化技术如智能传感、物联网、大数据等与 CNC 技术相结合，推动了数控机床的自主学习和智能决策能力。智能化技术的应用提高了生产效率和质量稳定性，同时绿色化技术的应用使数控机床更加节能环保，符合可持续发展的需求。电子技术和计算机技术在数控系统中的应用演变，从最初的电子管和继电器，到集成电路和大规模集成电路，再到现代的基于 PC 的数控系统，每一步的技术进步都极大地推动了数控车床的性能提升和应用范围的扩展。这些技术的突破不仅提高了数控车床的加工精度和效率，也使数控车床能够适应更加复杂和多变的加工需求。

二、数控车床的工作原理

数控车床是一种通过数控系统控制机床运动和加工过程的自动化机床。它利用预先编写的加工程序，自动完成零件的加工任务，具有高精度、高效率和高自动化程度的特点。数控车床的工作原理主要包括以下几个关键步骤：数据输入、译码、刀具补偿计算、插补运算、位置控制和电机驱动等。

1. 数据输入

操作人员将加工程序代码（通常为 G 代码和 M 代码）输入数控系统中。这些代码定义了刀具的运动轨迹、速度、刀具选择等参数。

2. 译码

数控系统内部的译码器将输入的程序代码解析为数控系统可以执行的指令。

3. 刀具补偿计算

根据刀具半径补偿和刀具长度补偿的设置，系统计算出实际的刀具路径。这确保了刀具在加工过程中能够按照预定的轨迹进行切削。

4. 插补运算

数控系统的插补器根据译码后的指令和刀具补偿计算结果，生成刀具的实际移动路径。插补运算是数控系统中最核心的计算过程，它负责将直线和圆弧等简单轨迹转换为机床运动的控制信号。

5. 位置控制

位置控制单元接收来自插补运算的控制信号，并将其转换为电机驱动信号，控制伺服电机按照预定轨迹移动，从而带动刀具进行加工。

6. 电机驱动

伺服电机接收位置控制单元的信号，驱动机床的各个轴按照计算出的路径移动，实现对工件的精确加工。

这个流程是一个闭环系统，实际工作中还包括反馈环节，即通过编码器或光栅尺等反馈装置实时监测机床的实际位置，并将信息反馈给数控系统，系统根据反馈信息调整控制信号，确保加工精度。

三、数控车床的组成结构

数控车床是一种高精度、高效率的自动化机床，主要由机床主体、数控系统、驱动系统组成，每个部件都有其独特的结构特点和功能。

1. 机床主体

（1）床身是数控车床的基础部件，通常由高强度铸铁或焊接钢结构制造，以确保足够的刚性和稳定性。床身的设计需要考虑其承载能力、抗振性和热稳定性。床身主要支撑和连接车床的所有部件，如主轴箱、进给系统、刀架等，保证车床整体的稳定性和精度。

（2）主轴箱包含主轴和其驱动电机，通常采用高精度轴承支撑，以确保主轴的高速旋转和精确定位。主轴箱的结构设计需要考虑主轴的转速范围、转矩需求和刚性。主轴箱用于夹持工件或车刀，并实现高速旋转，是车床的核心部件之一。它直接影响加工效率和加工质量。

（3）进给系统包括伺服电机、滚珠丝杠、导轨等部件，负责车床的切削进给运动。

进给系统的设计需要考虑快速响应、高精度和低摩擦，控制车床的 X 轴、Z 轴（或其他坐标轴）的运动，实现车刀相对于工件的精确位置移动，以进行切削加工。

（4）刀架（刀具系统）是用于夹持车刀的部件，可以是手动刀架或自动换刀装置（automatic tool changer，ATC）。自动换刀装置能够提高加工效率，减少换刀时间。刀架的结构设计需要考虑刀具的更换速度、刀具夹持的稳定性和刀具库的容量。夹持车刀并将其定位到正确的加工位置，自动换刀装置还能在不同的加工工序中快速更换车刀，以适应不同的加工需求。

（5）尾座用于支撑工件，通常由铸铁制造，设计上需要有足够的刚性和调整灵活性。在车削过程中支撑工件的一端，确保工件在加工过程中的稳定性和精度。

（6）冷却系统包括冷却液泵、冷却液管路和冷却液喷嘴等，设计上需要确保冷却液能够有效地到达切削区域。在加工过程中对刀具和工件进行冷却，以防止过热，从而提高加工效率和工件表面质量。

这些部件共同构成了数控车床的基本结构，每个部件都对车床的性能和加工能力有着重要的影响。

2. 数控系统

数控系统是数控车床的大脑，通常由计算机硬件和软件组成，负责解释和执行加工程序，控制车床的运动和切削过程。数控系统的主要功能是接收加工程序代码，通过内部处理后输出控制信号，指挥车床的各个部件协同工作，实现精确的自动化加工。

（1）数控装置（CNC controller）包括三个核心部分：①输入装置，接收数控程序，可以是键盘输入、磁盘输入、CAD/CAM 系统直接通信方式输入或直接数控(DNC）输入。②处理装置，核心计算机系统，负责解释和处理输入的数控程序，通常采用多个微处理器，以程序化的软件形式实现数控功能。③输出装置，将处理结果以脉冲信号形式输出到伺服系统。

（2）伺服系统（servo system）包括三个核心部分：①伺服电机，接收来自数控装置的控制指令，驱动机床各轴运动。②编码器，提供反馈信号，用于监测各轴的实际位置信息。③伺服控制器，根据编码器反馈的信息与控制指令进行比较，调整伺服电机的转速和转向。

（3）传动系统（transmission system），包括齿轮、皮带、滚珠丝杠等，将伺服电机的转动转化为机床各轴的运动。

（4）测量系统（measuring system），包括编码器、光栅尺、激光干涉仪等，实时检测机床的运动状态和加工精度，为控制系统提供反馈信息。

（5）辅助系统（auxiliary system），包括冷却系统、润滑系统、排屑系统等，保证机床的正常运行和加工质量。

（6）可编程逻辑控制器（PLC），代替传统的机床电器逻辑控制装置，使系统更小巧，灵活性、通用性、可靠性更好。

（7）主轴驱动装置和进给（伺服）驱动装置，控制主轴和进给轴的精确运动。

（8）操作面板（operator panel），提供用户界面，用于手动输入程序、调整参数和监控机床状态。

（9）显示装置（display unit），通常为液晶显示器（liquid crystal display，LCD）显示，提供对谈式校刀功能，显示机床状态和程序信息。

（10）存储装置（storage unit），用于存储数控程序，早期使用纸带、磁带、磁盘，现在普遍使用硬盘。

这些组成部分共同工作，实现了数控车床的自动化控制和精密加工。数控系统的软件和硬件设计思路以及各部件的具体实现方式，会根据不同的生产厂家和系统类型有所差异，但其基本原理和构成是相似的。

3. 驱动系统

伺服驱动系统是数控机床的关键组成部分，用于将数控系统的指令转化为机床各坐标轴的精确运动。伺服驱动系统通常分为直流伺服系统和交流伺服系统，它们在控制方式、速度和位置反馈机制上有所不同。

进给驱动系统是数控车床的核心部分，负责将数控系统发出的指令转化为机床各坐标轴的精确运动。以下是进给驱动系统的基本工作流程。

（1）数控系统指令：数控系统根据输入的程序代码，生成运动指令信号。

（2）信号变换及功率放大：进给驱动系统接收数控系统发出的指令信号后，通过驱动器进行信号变换和功率放大。

（3）驱动电机：驱动电机（如步进电机、直流伺服电机、交流伺服电机）接收放大后的信号，转换为机械运动。

（4）传动机构：传动机构（如滚珠丝杠、齿轮、导轨）将电机的旋转运动或直线运动转换为机床坐标轴的直线运动。

（5）位置检测装置：位置检测装置（如编码器）实时监测机床的实际位置和速度，提供反馈信息。

（6）闭环控制：控制单元根据反馈信息与指令信号进行比较，调整电机的运动，确保精确的位置控制。

4. 驱动系统性能指标对加工质量的影响

进给驱动系统的性能指标对数控车床的加工质量有着直接和重要的影响。高性能的进给驱动系统能够提高加工精度、效率和表面质量，满足高精度和复杂零件的加工需求。

（1）定位精度：定位精度是指机床运动部件到达预定位置的能力。高定位精度可以确保加工零件的尺寸精度，直接影响加工质量。

（2）重复定位精度：重复定位精度是指机床在多次运动到同一位置时的一致性。高重复定位精度可以保证加工过程中的一致性和稳定性，对复杂零件的加工尤为重要。

（3）速度响应：速度响应或动态响应是指进给系统对速度变化的响应速度。良好的速度响应可以减少加减速过程中的误差，提高加工效率和表面质量。

（4）加速度：高加速度可以缩短机床从静止到工作速度的时间，提高生产效率，同时在轮廓加工中减少过渡误差。

（5）调速范围：宽调速范围可以适应不同的加工要求，从高速粗加工到低速精加工，提高加工灵活性。

（6）系统稳定性和可靠性：高稳定性和可靠性意味着系统能够在各种环境下长时间稳定工作，减少故障率，保证加工的连续性和质量。

（7）抗干扰能力：良好的抗干扰能力可以确保系统在受到外部干扰时仍能保持精确控制，提高加工的稳定性。

四、数控车床的分类

1. 按车床主轴位置分类

按车床主轴位置可将数控车床分为卧式数控车床、立式数控车床。两者在加工工艺、工件装夹、刀具布置等方面有着显著的差异。

1）卧式数控车床

（1）主轴布局：主轴平行于水平面，适合加工轴向尺寸较长的工件。

（2）床身导轨：通常采用超音频淬火，具有耐磨性强、精度高的特点。

（3）主轴系统：结构先进，转速平稳，切削性能较高。

（4）传动系统：纵、横向常采用滚珠丝杆传动，动态响应优良，噪声低。

适用范围：①适合加工轴向尺寸较长或小型盘类零件的车削加工。②适合大批量生产。③可车削加工多种零件的内外圆、端面、切槽、任意锥面、球面及公、英制螺纹、圆锥螺纹等。

2）立式数控车床

（1）主轴布局：主轴垂直于水平面，适合加工径向尺寸较大的盘类零件。

（2）立柱和底座：通常由高强度铸铁制成，具有良好的稳定性和抗振性。

（3）刀架：配备多个刀架，并能快速换刀。

（4）工作台：在水平面内，由导轨支撑，具有良好的刚性，切削过程平稳。

适用范围：①适合加工大型轮毂、风力涡轮机叶片、飞机发动机等大型和重型工件。②广泛应用于航空航天生产、汽车工业生产、重型机械制造等领域。

卧式数控车床与立式数控车床的对比分析见表8-3。

表8-3 卧式数控车床与立式数控车床的对比分析

分析项目	卧式数控车床	立式数控车床
加工工艺	由于主轴水平布局，适合加工长杆状工件，且可以设置多个自动进给装置，适合批量加工	由于主轴垂直布局，适合加工径向尺寸较大的工件，且刀架多、换刀快，适合复杂形状的加工
工件装夹	工件垂直定向并夹紧在主轴两侧，适合加工小型、中型的工件	工件的重量直接加载在工作台上，适合承载大型和重型工件
刀具布置	刀具布置在主轴上方或单侧，适合加工过程中的径向切削	刀具布置在主轴上方或单侧，适合加工过程中的径向切削

总的来说，卧式数控车床和立式数控车床各有优势，选择时需要根据具体的加工需求、工件特性以及车间条件来决定。

2. 按控制轴数分类

按控制轴数分类，有两轴数控车床、三轴数控车床以及多轴数控车床，不同轴数车床能够实现的加工复杂程度不同。两轴数控车床主要控制 X 轴（横向）和 Z 轴（纵向进或主轴轴线方向）进给。这种配置是最基本的数控车床形式，适用于大多数旋转对称零件的车削加工。三轴数控车床在两轴的基础上增加了 C 轴（围绕 Z 轴的旋转），允许工件定位以便执行铣削、镗孔和攻螺纹等操作。这种配置的车床可以进行更复杂的加工，如多面体加工。多轴数控车床通常指四轴或五轴数控车床，它们在三轴的基础上增加了额外的旋转轴（如 A 轴和 B 轴），能够实现更复杂的空间曲面加工。

以下将从加工复杂程度和工作方式两个方面，详细探讨不同类型数控车床的特点。

1）加工复杂程度

（1）两轴数控车床：加工复杂程度较低，主要用于旋转对称零件的车削加工，如轴类零件的外圆、内孔加工。

（2）三轴数控车床：加工复杂程度中等，可以进行多面体加工，如复杂凹槽、六角形、偏心孔等。

（3）多轴数控车床：加工复杂程度高，能够进行复杂空间曲面的加工，如螺旋面、扭曲面等，适用于航空航天、医疗器械等领域。在加工过程中，各轴的协同运动是实现复杂加工的关键。

2）工作方式

（1）两轴数控车床。

- X 轴：横向进给，控制刀具沿工件径向移动。
- Z 轴：纵向进给，控制刀具沿工件轴向移动。
- 协同工作：X 轴和 Z 轴可以独立或联动运动，进行基本的车削和镗孔操作。

（2）三轴数控车床。

- X 轴：横向进给，控制刀具沿工件径向移动。
- Z 轴：纵向进给，控制刀具沿工件轴向移动。
- C 轴：围绕 Z 轴旋转，控制工件的旋转，实现多面加工。
- 协同工作：X 轴和 Z 轴进行直线插补，C 轴提供工件的旋转，实现复杂的铣削和钻孔操作。

（3）多轴数控车床（以五轴为例）。

- X 轴：横向进给，控制刀具沿工件径向移动。
- Z 轴：纵向进给，控制刀具沿工件轴向移动。
- C 轴：围绕 Z 轴旋转，控制工件的旋转，实现多面加工。
- A 轴和 B 轴：额外的旋转轴，允许刀具或工件绕 X 轴和 Y 轴旋转，进行复杂曲面加工。

- 协同工作：X、Z 轴进行直线插补，C 轴、A 轴和 B 轴提供多角度旋转，实现复杂空间曲面的精确加工。

举例说明：两轴数控车床加工一个简单的轴类零件，如轴承外圈，只需 X 轴和 Z 轴的直线运动。三轴数控车床加工一个汽车零件，如凸轮轴，需要 X 轴和 Z 轴的直线运动以及 C 轴的旋转来完成多面体的铣削加工。多轴数控车床加工一个航空航天零件，如涡轮叶片，需要 X 轴、Z 轴的直线运动和 C 轴、A 轴、B 轴的旋转来完成复杂的空间曲面加工。

通过增加轴数，数控车床能够实现更复杂的加工，减少加工时间和设置次数，提高加工精度和效率。

五、数控车床操作面板与基本操作

1. 操作面板布局与功能介绍

1）系统操作面板

数控系统操作面板上包含数字键、字母键、功能键（如程序编辑键、参数设置键、刀具补偿键、自动运行键、手动操作键等），以及旋钮和显示屏。以下是各部件的功能概述。

（1）数字键和字母键：用于输入程序代码、坐标值、参数等信息。

（2）功能键。

- 程序编辑键：在程序编辑模式下，用于输入、修改、删除程序。
- 参数设置键：用于进入参数页面并进行修改和调整。
- 刀具补偿键：用于设置刀具补偿参数。
- 自动运行键：用于控制程序的启动、暂停和停止。
- 手动操作键：用于手动控制机床运动和操作。

（3）旋钮，用于调整一些系统参数，如主轴转速倍率、进给速度倍率等，通过旋转旋钮可以在一定范围内改变主轴转速和进给速度的设定值，以适应不同的加工需求。

（4）显示屏，用于显示当前操作模式、程序内容、坐标位置、报警信息等。操作人员可通过显示屏查看和理解这些信息，并根据提示进行相应操作。

2）机床操作面板

机床操作面板上包含多种按键、开关和指示灯，用于控制机床的运动和辅助功能。以下是各部件的功能及操作方法。

（1）按键，包括主轴正反转控制键、主轴停止键、切削液开关键、手动进给轴选择键、手动快速移动键、手摇脉冲发生器（手轮）等。

- 主轴正反转控制键：用于控制主轴的旋转方向，在手动操作模式下，按下主轴正转键，主轴将按照设定的转速顺时针旋转。
- 主轴停止键：用于停止主轴的旋转。
- 切削液开关键：用于控制切削液的开启和关闭。

- 手动进给轴选择键：用于选择需要手动移动的坐标轴（X 轴或 Z 轴），然后通过手动快速移动键或手摇脉冲发生器控制该坐标轴的手动进给运动。
- 手动快速移动键：可使坐标轴以机床设定的快速移动速度运动。
- 手摇脉冲发生器：可以通过旋转手轮精确控制坐标轴的微量移动，手轮上通常有刻度和倍率选择开关，通过调整倍率可以改变手轮每旋转一格所对应的坐标轴移动量。

（2）开关，包括机床电源开关、急停开关等。机床电源开关用于控制机床的通电和断电，急停开关在紧急情况下用于立即停止机床的所有运动，保障人员和设备安全。

（3）指示灯，用于显示机床的各种状态信息，如主轴运行指示灯、切削液工作指示灯、坐标轴回零指示灯等，通过观察指示灯的状态可以直观了解机床的当前工作状态。

2. 机床的启动与停止

1）开机前准备工作

开机前需要进行各项准备工作，包括检查机床外观是否正常，有无损坏或异物；检查各坐标轴的运动部件是否处于正常位置，如滑板是否在行程范围内、刀架是否处于安全位置等；检查切削液液位是否充足，切削液管路是否畅通；检查刀具是否安装正确且牢固，刀具的类型和尺寸是否符合加工要求；检查工件是否安装在卡盘上并夹紧可靠，工件的装夹位置是否正确等。开机前必须认真做好各项准备工作，确保机床处于安全、正常的状态，避免因准备工作不足而导致设备损坏或事故发生。

2）开机操作步骤

机床开机的操作步骤如下：打开机床总电源开关，此时机床电气系统开始通电，数控系统进行自检和初始化操作，观察数控系统显示屏上的信息，等待系统自检完成且无报警信息后，按下机床操作面板上的“系统启动”按钮，数控系统正式启动并进入待机状态。在开机过程中，注意观察机床的动作和显示屏的提示信息，如发现异常情况（如报警信息、异常声响、异味等）应立即停止开机操作，并检查原因，排除故障后再重新开机。

3）关机操作步骤

机床关机的操作步骤如下：关机前应先将机床各坐标轴移动到安全位置，如 X 轴、Z 轴移动到机床行程的中间位置，刀架退回到远离工件的位置，主轴停止旋转等，按下机床操作面板上的“系统停止”按钮，数控系统开始执行关机程序，此时显示屏上会显示关机进度信息，等待数控系统完全关闭后，再关闭机床总电源开关。在关机过程中要按照正确的步骤操作，避免因关机不当而导致数控系统数据丢失或机床硬件损坏等问题。

3. 手动操作

1）手动回零操作

机床在开机后，各坐标轴的位置是不确定的，通过手动回零操作可以使机床坐标轴回到机床坐标系的原点位置，建立准确的机床坐标系，为后续的自动加工或手动操作提供基准。

手动回零的操作步骤如下：将机床操作面板上的“工作方式选择”开关切换到“回零”模式，分别按下 X 轴和 Z 轴的“回零”按钮，此时机床坐标轴以设定的回零速度向机床原点方向移动，当坐标轴回到原点位置时，相应的回零指示灯会亮起，表示该坐标轴回零完成。在回零过程中，要注意观察坐标轴的运动方向和位置，确保回零过程安全、顺利，避免坐标轴超程或与其他部件发生碰撞。

2）手动进给操作

手动进给的操作步骤如下：将机床操作面板上的“工作方式选择”开关切换到“手动”模式后，通过手动进给轴选择键选择需要移动的坐标轴（X 轴或 Z 轴），按下“手动进给”按钮并保持，坐标轴将按照设定的手动进给速度移动，松开按钮则坐标轴停止移动。也可以通过旋转“进给速度倍率”旋钮来调整手动进给速度的大小，以满足不同的操作需求。此外，还可以使用手摇脉冲发生器（手轮）进行手动进给操作，将“工作方式选择”开关切换到“手轮”模式，选择手轮控制的坐标轴（X 轴或 Z 轴）和手轮倍率，然后通过旋转手轮来精确控制坐标轴的移动量，手轮每旋转一格，坐标轴将按照选定的倍率移动相应的距离，手轮操作适用于对坐标轴进行微量调整或进行一些精细的手动加工操作。

任务实施

一、工作准备

加工一个圆柱，设圆柱的直径和长度分别为 50mm、100mm，材料为普通碳素钢。

任务一：熟悉对应型号数控车床的操作规程。

任务二：具体内容如下：

（1）根据零件工程图，明确技术要求和加工内容，设零件毛坯尺寸为ϕ52mm×150mm。

（2）确定工件坐标系原点位置。将工件坐标系原点定位于工件的一角，例如左下角。

（3）确定加工工艺路线。

选择机床设备：选卧式数控车床（如 CK6150 卧式数控车床）。

选择切削刀具：选用 1 把 93° 硬质合金外圆车刀，刀具号设为 T01。

确定进刀点：选择工件的一角作为进刀点。

确定加工方案：端面加工，外圆粗车循环，精车循环。

（4）选择合理的主轴转速和进给速度。

主轴转速：选定为 1000r/min。

进给速度：选定为 0.2mm/r。

（5）编制加工程序（以 FANUC 系统为例）。

```
（程序号和初始设置）
O0001；（程序编号）
```

N10 G99 G21；（设定每转进给模式（单位 mm/r），并选择公制单位（单位 mm））

N20 T0101；（选择 1 号刀具，并调用刀具补偿 1）

N30 M03 S1000；（主轴正转，主轴转速 1000 r/min）

（加工起始点定位）

N40 G00 X52.0 Z2.0；（快速定位到加工起始点，X 方向预留 2mm 的安全距离）

（端面加工）

N50 G94 X-1.0 Z0.0 F0.2；（采用端面切削循环指令，车削端面，进给速度为 0.2mm/r）

N60 G00 Z2.0；（快速定位，退刀到 Z 方向的安全位置）

（外圆粗车循环）

N70 G71 U2.0 R1.0；（外圆粗车循环，每次切削深度单边切 2mm，每次切削后，刀具沿 Z 向退刀量 1mm）

N80 G71 P90 Q140 U0.5 W0.1 F0.2；（精车余量设置为 X 方向 0.5mm（直径值），Z 方向 0.1mm，进给速度 0.2mm/r。P90 和 Q140 分别表示精车轮廓的起点和终点行号）

（精车轮廓）

N90 G00 X0.0； 快速移动到精车轮廓起始点）

N100 G01 Z0.0；（以直线插补方式（切削进给运动），从 N90 位置沿 Z 向走刀到 Z0.0）

N110 X50.0；（直线插补，从 Z0.0 沿 X 向走刀到 X50.0，车削圆柱外圆，直径为 50mm）

N120 Z-100.0；（直线插补，从 X50.0 沿 Z 向走刀到 Z-100.0，车削长度为 100mm 的圆柱外圆）

N130 X52.0；（从 Z - 100.0 沿 X 向退刀到 X52.0（退刀））

N140 G00 Z2.0；（快速定位，Z 轴退到 Z2.0 位置）

（精车循环）

N150 G70 P90 Q140；（执行精车循环，从 P90 到 Q140 的轮廓进行精加工）

（程序结束）

N160 M05；（主轴停止转动）

N170 M30；（程序结束，返回程序开头）

二、工作步骤

1. 任务一操作步骤

1）开机与关机

（1）数控车床的开机顺序如下：①合上数控车床电气柜总开关，机床正常送电；②接通操作面板电按钮，给数控系统上电；③向右转动、拔出急停开关。

（2）数控车床的关机顺序如下：①按下急停开关；②按下操作面板断电按钮；③断开数控车床电气柜总开关。

2）数控机床面板操作

（1）控制 X 轴、Z 轴返回机床参考点。

（2）手动移动坐标轴。

① 点动运行方式下，X 轴、Z 轴正负方向移动。

② 点动快速运行方式下，X 轴、Z 轴正负方向移动。

③ 点动进给速度调整，分别调为 20%、50%、100%、120%，并控制 X 轴、Z 轴正负方向移动。

④ 增量运行方式下，X 轴、Z 轴正负方向移动。

⑤ 增量运行方式下增量值调整，分别调为×1、×10、×100、×1000，X 轴、Z 轴正负方向移动。

（3）手动控制主轴正反转，主轴速度修调为 10%、50%、100%，查看主轴转速。

（4）刀位选择和刀位转换，选择刀具为 T0202、T0404。

（5）MDI 运行，输入指令。

（6）自动运行操作，能调用指定的原有程序。

3）数控机床日常维护

数控机床日常维护内容如下：接通电源前的检查；接通电源后的检查；机床运转后的检查。

2. 任务二操作步骤

（1）工件装夹。毛胚尺寸为ϕ52mm×150mm，用自定心卡盘夹持ϕ52mm 外圆，使工件伸出卡盘 120mm。

（2）刀具装夹。将 93° 硬质合金外圆车刀装在 1#刀位，刀具号 T01。

（3）对刀。

（4）将程序 O0001 输入并调试。程序校验在实际运行程序之前，需要对程序进行校验，确保没有错误。这通常涉及在机床上进行模拟运行，检查刀具路径是否正确。

（5）自动运行程序，完成加工。运行程序在确认程序无误后，可以在数控机床上运行程序，进行实际加工。

三、工艺分析

1. 刀具选择

选用外圆车刀，刀具号设为 T01。

2. 切削参数选择

主轴转速：根据刀具材料、工件材料和加工要求确定。

进给速度：考虑表面粗糙度等因素。

四、编程代码（以 FANUC 系统为例）

```
O0001;（程序号）
  N10 G99 G21;（设定每转进给模式，公制单位）
  N20 T0101;（选择刀具 1，调用刀具补偿 1）
  N30 M03 S1000;（主轴正转，转速 1000r/min）
  N40 G00 X52.0 Z2.0;（快速定位到加工起始点，X 方向预留 2mm 的安全距离）
  N50 G94 X - 1.0 Z0.0 F0.2;（车削端面，采用端面切削循环指令）
  N60 G00 Z2.0;（退刀）
  N70 G71 U2.0 R1.0;（外圆粗车循环，每次切削深度 2mm，退刀量 1mm）
  N80 G71 P90 Q140 U0.5 W0.1 F0.2;（精车余量 X 方向 0.5mm，Z 方向 0.1mm，进
给速度 0.2mm/r）
```

```
N90 G00 X0.0;（精车轮廓起始点）
N100 G01 Z0.0;
N110 X50.0;（车削圆柱外圆）
N120 Z - 100.0;
N130 X52.0;（退刀）
N140 G00 Z2.0;（退刀到安全位置）
N150 G70 P90 Q140;（精车循环）
N160 M05;（主轴停止）
N170 M30;（程序结束并返回开头）
```

任务三　数控铣床及加工编程

任务目标

1. 知识目标

（1）掌握数控铣床的结构与工作原理，了解数控铣床的基本组成，包括床身、主轴、工作台、刀库（若有）、控制系统等部件的功能与结构，掌握数控铣床的坐标系统（X、Y、Z 轴）及其运动方向，以及刀具与工件之间的相对运动关系。

（2）熟悉数控铣床加工编程基础，掌握数控铣床编程的常用指令及其功能，学会使用编程指令进行简单的平面轮廓（如矩形、圆形）、槽、孔等几何形状的加工编程，了解数控铣床加工中的刀具补偿（刀具半径补偿、长度补偿）、进给速度（F 指令）、主轴转速（S 指令）等参数的设置方法。

（3）了解铣削加工工艺与切削参数选择，认识常见铣削加工类型（如平面铣削、轮廓铣削、孔加工等）的特点与工艺要求，能够根据工件材料、加工精度要求等选择合适的切削速度、进给量和切削深度等切削参数。

2. 能力目标

（1）具备数控铣床操作能力，能够正确地启动和停止数控铣床，进行机床的日常维护与保养，掌握数控铣床的操作面板的使用方法，包括程序输入、编辑、程序运行与暂停等操作，能够根据加工程序和工艺要求，准确地安装和调整刀具，进行工件的装夹与定位。

（2）具备一定的编程与调试能力，能够根据给定的零件图纸，编写简单的数控铣床加工程序，包括平面轮廓、槽、孔等加工内容，具备对加工程序进行调试和优化的能力，能够根据加工过程中的实际情况调整程序和切削参数，确保加工质量和加工效率。

（3）具备加工质量检测与分析能力，能够根据检测结果分析加工误差产生的原因，如编程错误、刀具磨损、机床精度问题等，并提出相应的解决措施。

3. 思政目标

（1）通过数控铣床操作和加工编程的学习，让学生认识到每一个操作步骤和程序指令都可能影响加工质量和生产安全，从而养成严谨细致的工作习惯，树立高度的责任心。

（2）在数控铣床加工编程的实践教学中，组织学生进行小组合作学习，让学生在团队中分工协作，共同完成加工任务，培养学生的团队协作精神和沟通能力。

（3）引导学生关注数控加工领域的最新技术和发展趋势，激发学生的学习兴趣和探索精神，培养学生的自主学习能力和实践能力，为学生未来的职业发展和技术创新奠定基础。

任务描述

根据给定零件图样编写数控加工程序并完成零件加工。零件图样如图 8-3 所示，矩形铝板的尺寸为长 200mm×宽 150mm×厚 20mm，以 FANUC 系统为例编写数控代码，在矩形铝板上铣削一个圆形凹槽和一个方形凸台。圆形凹槽位于铝板中心，直径为 60mm，深度为 5mm。方形凸台位于圆形凹槽一侧，边长为 40mm，高度为 8mm，凸台中心距离圆形凹槽中心在 X 向为 70mm，在 Y 向为 0mm。

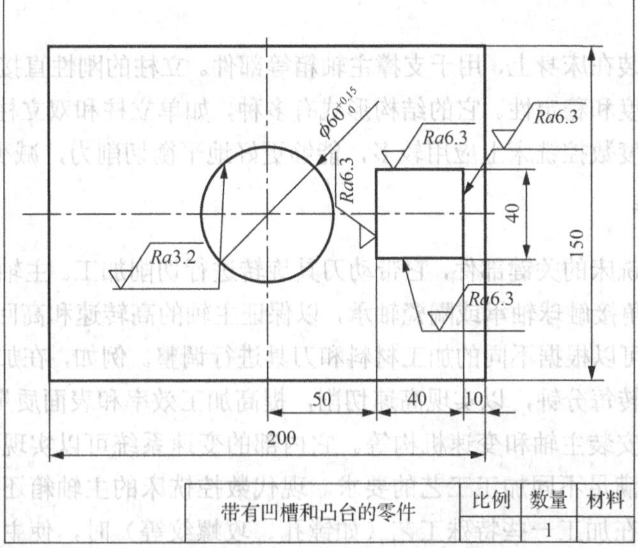

带有凹槽和凸台的零件	比例	数量	材料
		1	

图 8-3 带有凹槽和凸台的零件图样

加工精度要求：圆形凹槽和方形凸台的高度尺寸公差控制在±0.05mm。

表面粗糙度要求：圆形凹槽内表面 *Ra*3.2μm，方形凸台表面 *Ra*6.3μm。

任务分析

通过对零件工程图纸进行分析，确定合适的工艺流程，以 FANUC 系统为例编写数控代码，在一块矩形铝板上铣削一个圆形凹槽和一个方形凸台。

在实际加工中，需要根据机床的具体性能、刀具的实际情况以及工件的装夹等因素，对切削参数进行适当的调整和优化，以确保加工的顺利进行和加工质量的要求。同时，在加工前要进行刀具半径补偿等相关参数的设置，并且对程序进行校验和模拟运行，避免出现错误导致工件报废或机床损坏。

相关知识

一、数控铣床主要构成

数控铣床是一种在机械加工领域广泛应用的自动化机床。它通过数字化的控制指令，精确地控制刀具相对于工件的运动轨迹、速度、进给量等参数，从而加工出各种复杂形状的零件。与传统铣床相比，数控铣床具有加工精度高、生产效率高、加工质量稳定、能完成复杂型面加工等诸多优点。数控铣床的基本构成及特点如下。

1. 基础部件

床身是数控铣床的基础支撑部件，承受机床的全部重量和切削力，通常采用优质铸铁制造，具有足够的刚度和稳定性。床身内部有合理的筋板布局，以增强其抗振性和承载能力。例如，在一些大型数控铣床中，床身的结构设计会更加厚重，以适应大切削力的加工需求。

立柱垂直安装在床身上，用于支撑主轴箱等部件。立柱的刚性直接影响机床在垂直方向上的加工精度和稳定性。它的结构形式有多种，如单立柱和双立柱，双立柱结构在一些大型、高精度数控铣床上应用较多，能够更好地平衡切削力，减少机床变形。

2. 主轴部件

主轴是数控铣床的关键部件，它带动刀具旋转进行切削加工。主轴通常采用高精度的轴承支撑，如角接触球轴承或陶瓷轴承，以保证主轴的高转速和高回转精度。主轴的转速范围较广，可以根据不同的加工材料和刀具进行调整。例如，在加工铝件时，主轴转速可高达数万转每分钟，以实现高速切削，提高加工效率和表面质量。

主轴箱用于安装主轴和变速机构等。它内部的变速系统可以实现主轴的无级变速或有级变速，以满足不同加工工艺的要求。现代数控铣床的主轴箱还可配备主轴定向准停装置，用于在加工一些特殊工艺（如镗孔、攻螺纹等）时，使主轴准确地停止在特定位置。

3. 进给系统

进给伺服电机是进给系统的动力源，它接收数控系统的指令，精确地控制工作台、滑板等部件的运动。伺服电机具有响应速度快、定位精度高的特点，能够实现高速、高精度的进给运动。

滚珠丝杠螺母副是将伺服电机的旋转运动转化为直线运动的关键传动部件。滚珠丝杠采用优质合金钢制造，具有高精度的螺纹，与螺母之间通过滚珠滚动摩擦，传动效率高、摩擦力小、精度保持性好。它的精度等级直接影响机床的定位精度和重复定位精度。例如，在一些高精度数控铣床上，会采用 C3 级甚至更高精度等级的滚珠丝杠。

导轨用于支撑和引导工作台等部件的运动。常见的导轨类型有直线导轨和静压导轨。直线导轨具有摩擦系数小、运动轻便、精度高的优点，广泛应用于中小型数控铣床；静压导轨通过压力油在导轨面之间形成一层油膜，实现完全的液体摩擦，具有极高的精度和抗振性，常用于大型、高精度数控铣床。

4. 控制系统

数控系统是数控铣床的核心控制部分，它由硬件和软件组成。硬件包括中央处理器、存储器、输入输出接口等。数控系统的软件包含系统软件和应用软件。系统软件负责管理和控制整个机床的运行，如坐标轴的控制、插补运算、刀具补偿等；应用软件根据不同的加工任务进行编程和操作，如零件加工程序的编写、加工参数的设置等。操作面板是人机交互的界面，操作人员通过操作面板向数控系统输入指令、设置参数、启动和停止机床等。操作面板上通常有各种按键、旋钮和显示屏。显示屏可以显示机床的运行状态、加工参数、报警信息等，方便操作人员监控和操作机床。

二、数控铣床的工作原理

数控铣床的工作原理是将加工零件的几何信息和工艺信息转化为数字代码，通过输入设备（如键盘、磁盘、网络等）输入数控系统中。数控系统对输入的代码进行处理和运算，将其转化为控制指令，然后分别控制主轴电机的旋转运动和进给伺服电机的直线运动，使刀具按照预定的轨迹和参数对工件进行切削加工。

在加工过程中，数控系统还会实时监测机床的运行状态，如刀具的位置、切削力、温度等，并根据预设的条件进行调整和控制，以保证加工的精度和安全性。例如，当刀具磨损导致切削力增大时，数控系统可以自动调整进给速度或主轴转速，避免刀具损坏和工件加工质量下降。

三、数控铣床的基本操作

1. 开机与回零操作

1）开机前检查

开机前，检查机床的外观是否正常，有无损坏或异物。检查机床的防护门是否关闭良好，各坐标轴的行程范围内是否有障碍物。例如，查看工作台上是否有遗留的工具或工件，若有应及时清理。

检查切削液、润滑油的液位是否在正常范围内。如果液位过低，应及时添加相应的切削液。对于切削液，要根据加工材料和工艺要求选择合适的类型和浓度，如在加工钢材时，可选用水溶性切削液，其浓度一般控制在 5%～10%。

检查刀具是否安装正确且牢固。刀具的安装位置和角度应符合加工要求，对于可转位刀具，要检查刀片的安装是否到位，刀片的切削刃是否锋利。

2）开机顺序

接通机床总电源，按下机床控制面板上的电源开关，此时机床的电气系统开始通电，控制系统进行自检。在自检过程中，操作人员应注意观察显示屏上的信息，查看是否有报警提示。如果有报警，应根据报警内容进行相应的处理，如检查相关的电气连接、传感器等部件。

待机床自检完成且无报警后，启动数控系统，按下数控系统的启动按钮，等待系统初始化完成，进入操作界面。

3）回零操作

回零操作的目的是使机床的各坐标轴回到机床坐标系的原点位置，建立机床坐标系。回零操作通常在机床开机后进行，也可以在加工过程中因特殊情况需要重新建立坐标系时进行。

选择机床控制面板上的回零模式，然后分别按下 X、Y、Z 等坐标轴的回零按钮。机床的坐标轴会以设定的速度向原点方向移动，当坐标轴回到原点时，对应的回零指示灯会亮起。例如，在回零过程中，操作人员应密切观察坐标轴的移动情况，确保其移动平稳且无异常碰撞。如果坐标轴在回零过程中出现超程报警，应按下急停按钮，然后手动将坐标轴移出超程位置，再重新进行回零操作。

2. 手动操作

1）手动进给操作

在手动模式下，可以通过机床控制面板上的手动进给按钮控制坐标轴的移动。按下相应坐标轴的正方向或负方向按钮，坐标轴会按照设定的手动进给速度移动。手动进给速度可以通过进给倍率旋钮进行调整，一般进给倍率有多个档位可供选择，如 0、25%、50%、100%等。例如，在对刀操作或调整刀具位置时，可将进给倍率设置在较低档位，以实现精确的手动控制。

有些数控铣床还配备了手轮，通过旋转手轮可以更加精确地控制坐标轴的微量移动。手轮的刻度通常表示坐标轴的移动量，如每格 0.001mm 或 0.01mm 等。在进行一些精细加工或对刀操作时，使用手轮可以提高操作的精度。

2）主轴手动控制

主轴的手动控制包括主轴的正转、反转和停止。在机床控制面板上，有相应的主轴控制按钮。按下主轴正转按钮，主轴会按照设定的转速顺时针旋转；按下主轴反转按钮，主轴则逆时针旋转。主轴的转速可以通过主轴转速倍率旋钮进行调整，一般转速倍率范围为 50%～120%。例如，在安装刀具或检查刀具旋转情况时，可先将主轴转速倍率设置为较低值，然后启动主轴进行观察。

当需要停止主轴旋转时，按下主轴停止按钮，主轴会逐渐减速直至停止。在主轴停止过程中，操作人员应注意观察主轴的停止状态，确保其完全停止后再进行后续操作，如更换刀具等。

3. 刀具安装与对刀操作

1）刀具安装

选择合适的刀具和刀柄，根据加工要求确定刀具的类型、尺寸和切削参数。例如，在加工平面时，可选用面铣刀；在加工轮廓时，可选用立铣刀等。刀柄的锥度应与机床主轴的锥度相匹配，一般常用的锥度有 BT40、BT50 等。

将刀具安装在刀柄上，对于可转位刀具，要正确安装刀片，并拧紧刀具的夹紧装置。然后将安装好刀具的刀柄安装在机床主轴上，一般通过主轴的拉紧装置将刀柄拉紧。在安装过程中，要确保刀具安装牢固，避免在加工过程中刀具松动或脱落。

2）对刀操作

对刀操作的目的是确定刀具与工件坐标系之间的相对位置关系，以便数控系统能够准确地控制刀具的运动轨迹。常见的对刀方法有试切对刀和对刀仪对刀。

试切对刀方法如下：首先将工件安装在机床工作台上，并进行找正和夹紧。然后选择一把刀具，在手动模式下，使刀具靠近工件的一个侧面，缓慢地进行试切，当刀具切削到工件表面后，记录此时机床坐标系下的坐标值。例如，试切工件的 X 向侧面，记录 X 坐标值 X1，然后将刀具沿 Z 向退刀，再移动刀具到工件的另一个 X 向侧面进行试切，记录 X 坐标值 X2，那么工件在 X 向的中心坐标 X0=(X1+X2)/2。同理，可以对 Y 向和 Z 向进行试切对刀，确定工件的原点在机床坐标系中的位置。最后将对刀得到的坐标值输入数控系统的刀具补偿参数中，完成对刀操作。

对刀仪对刀则是将刀具安装在对刀仪上，通过对刀仪的测量系统精确测量刀具的长度、半径等参数，并将这些参数自动传输到数控系统中，这种方法对刀精度高、速度快，但需要配备专门的对刀仪设备。

4. 程序输入与编辑

1）程序输入

数控铣床的程序可以通过多种方式输入数控系统。一种常见的方式是通过机床控制面板上的键盘直接输入程序代码。操作人员按照零件的加工工艺要求，逐行输入 G 代码、M 代码、坐标值等程序内容。例如，在输入一个简单的平面铣削程序时，要输入刀具的运动轨迹指令（如 G01、G02、G03 等）、切削参数（如 S 主轴转速、F 进给速度等）以及坐标点信息。

还可以通过外部存储设备（如 U 盘）将预先编写好的程序输入数控系统。将 U 盘插入机床的 USB 接口，然后在数控系统的操作界面中选择程序输入功能，从 U 盘中选择要输入的程序文件并进行导入操作。这种方式适用于程序代码较长或需要重复使用的情况。

2）程序编辑

在数控系统中，可以对输入的程序进行编辑修改。例如，可以插入、删除、修改程序中的指令和数据。如果在程序输入过程中发现某一行代码错误，可将光标移动到该行，然后使用删除键删除错误的代码，再输入正确的代码。

还可以对程序进行复制、粘贴等操作，以提高编程效率。例如，在编写多个相似形状的加工程序时，可以先编写一个基本程序，然后通过复制、修改部分代码来生成其他程序。在编辑程序时，要注意程序的逻辑结构和语法规范，避免出现错误导致机床运行异常。

5. 自动加工操作

1）程序校验

在正式进行自动加工之前，要对输入的程序进行校验。校验的目的是检查程序中是否存在语法错误、逻辑错误以及刀具路径是否合理等问题。在数控系统中选择程序校验功能，数控系统会模拟刀具按照程序的指令运动，但并不实际进行切削加工。在模拟过程中，操作人员应仔细观察刀具的运动轨迹是否符合加工要求，显示屏上是否有报警信息提示。例如，如果程序中存在 G 代码格式错误或坐标值计算错误，在校验过程中数控系统会给出相应的报警提示，操作人员应根据提示对程序进行修改。

2）自动加工启动

当程序校验无误后，将机床切换到自动加工模式。在机床控制面板上按下自动加工启动按钮，机床会按照程序的指令自动进行加工。在加工过程中，操作人员应密切关注机床的运行状态，如主轴转速、进给速度、切削力等参数的变化情况，以及刀具的磨损情况。同时，要注意观察切削液的喷射是否正常，以保证加工过程的顺利进行。

3）加工过程监控与调整

数控铣床在自动加工过程中，数控系统会实时监测机床的各种运行参数。操作人员可以通过数控系统的显示屏查看这些参数信息。如果发现加工过程中出现异常情况，如切削力过大、刀具磨损严重、工件表面质量不符合要求等，应及时暂停加工，对相关参数或刀具进行调整。例如，如果切削力过大导致机床振动，可适当降低进给速度或主轴转速；如果刀具磨损严重，应及时更换刀具，并重新进行对刀操作后再继续加工。

6. 关机操作

1）加工结束后的清理

当自动加工完成后，首先要将机床的工作台清理干净，清除工件加工过程中产生的切屑和冷却液。可以使用毛刷、气枪等工具进行清理。对于切屑，要按照规定进行分类收集处理，避免切屑混入冷却液系统导致堵塞或损坏设备。

检查刀具的磨损情况，如果刀具磨损严重，应及时拆卸下来进行更换或刃磨。同时，将刀柄从主轴上取下，放置在指定的刀具架上，并做好刀具的标识和记录工作，以便下次使用时能够快速找到合适的刀具。

2）关机顺序

先将主轴停止旋转，然后按下数控系统的关机按钮，关闭数控系统。等待数控系统完全关闭后，再关闭机床的总电源开关。在关机过程中，要确保机床的各坐标轴处于安全位置，避免因关机不当导致坐标轴碰撞或损坏机床部件。例如，可将工作台移动到机床行程的中间位置，将主轴移动到合适的高度位置等。

通过对数控铣床的结构组成、工作原理以及基本操作的学习，操作人员能够初步掌握数控铣床的使用方法，为进行更复杂的零件加工和深入学习数控加工技术奠定基础。在实际操作过程中，要严格遵守机床的操作规程，注重安全操作和加工质量的控制，不断积累经验，提高数控铣床的操作技能水平。

任务实施

一、零件图样分析

1. 零件形状与尺寸

铝板尺寸为长 200mm、宽 150mm、厚 20mm。

圆形凹槽位于铝板中心，直径为 60mm，深度为 5mm。

方形凸台位于圆形凹槽一侧，边长为 40mm，高度为 10mm，凸台中心距离圆形凹槽中心在 X 向为 80mm，在 Y 向为 0mm。

2. 加工精度要求

圆形凹槽和方形凸台的尺寸公差控制在±0.05mm。

表面粗糙度要求：圆形凹槽内表面 *Ra*3.2μm，方形凸台表面 *Ra*6.3μm。

二、工艺分析

1. 刀具选择

选用直径为 10mm 的硬质合金立铣刀进行圆形凹槽的粗加工和精加工。

选用直径为 8mm 的硬质合金立铣刀进行方形凸台的加工，先进行粗加工，再进行精加工。

2. 切削参数选择

圆形凹槽粗加工：主轴转速 S=1500r/min，进给速度 F=100mm/min，切削深度 a_p=3mm（分两层粗加工）。

圆形凹槽精加工：主轴转速 S=2000r/min，进给速度 F=80mm/min，切削深度 a_p=0.5mm。

方形凸台粗加工：主轴转速 S=1800r/min，进给速度 F=120mm/min，切削深度 a_p=4mm（分两层粗加工）。

方形凸台精加工：主轴转速 S=2500r/min，进给速度 F=100mm/min，切削深度 a_p=0.5mm。

3. 加工顺序

先粗加工圆形凹槽，再精加工圆形凹槽。然后粗加工方形凸台，最后精加工方形凸台。

三、编程代码（以 FANUC 系统为例）

（程序号和初始设置）

O0001;（程序号）

N10 G90 G54 G17 G94 G40;（绝对编程，选择工件坐标系，XY 平面，每分钟进给，取消刀具半径补偿）

（圆形凹槽粗加工）

N20 M03 S1500;（主轴正转，转速 1500r/min，用于圆形凹槽粗加工）

N30 G00 X0 Y0 Z50;（快速移动到工件中心上方 50mm 的安全高度）

N40 Z5;（快速下降到接近工件表面 5mm 的位置）

N50 G01 Z - 3 F100;（以 100mm/min 的进给速度下刀到圆形凹槽粗加工第一层深度 -3mm）

N60 G02 I - 30;（以原点为圆心，半径 30mm 进行整圆铣削）

N70 G01 Z - 5 F100;（下刀到圆形凹槽粗加工第二层深度-5mm）

N80 G02 I - 30;（再次铣削圆形凹槽第二层）

N90 G01 Z5 F200;（以 200mm/min 的速度抬刀到距离工件表面 5mm 的安全高度）

N100 M05;（主轴停止）

（圆形凹槽精加工）

N110 M03 S2000;（主轴正转，转速 2000r/min，用于圆形凹槽精加工）

N120 G00 Z - 4.5;（快速下降到接近圆形凹槽精加工深度）

N130 G01 Z - 5 F80;（以 80mm/min 的速度下刀到圆形凹槽精加工深度-5mm）

N140 G02 I - 30;（精加工圆形凹槽）

N150 G01 Z5 F200;（抬刀到距离工件表面 5mm 的安全高度）

N160 M05;（主轴停止）

（方形凸台粗加工）

N170 M03 S1800;（主轴正转，转速 1800r/min，用于方形凸台粗加工）

N180 G00 X70 Y0 Z50;（快速移动到方形凸台中心（X=70, Y=0）上方 50mm 的安全高度）

N190 Z5;（快速下降到距离工件表面 5mm 的位置）

N200 G01 Z - 4 F120;（下刀到方形凸台粗加工第一层深度，进给速度为 120mm/min）

N210 G91;（切换到相对编程，方便编写方形凸台轮廓程序）

N220 G01 X20;（加工方形凸台 X 正向轮廓）

N230 Y20;（加工方形凸台 Y 正向轮廓）

N240 X - 20;（加工方形凸台 X 负向轮廓）

N250 Y - 20;（加工方形凸台 Y 负向轮廓）

N260 G90;（切换回绝对编程）

```
N270 G01 Z - 8 F120;（下刀到方形凸台粗加工第二层深度）
N280 G91;（切换到相对编程）
N290 G01 X20;（加工方形凸台 X 正向轮廓）
N300 Y20;（加工方形凸台 Y 正向轮廓）
N310 X - 20;（加工方形凸台 X 负向轮廓）
N320 Y - 20;（加工方形凸台 Y 负向轮廓）
N330 G90;（切换回绝对编程）
N340 G01 Z5 F200;（抬刀到距离工件表面 5mm 的安全高度）
N350 M05;（主轴停止）
（方形凸台精加工）
N360 M03 S2500;（主轴正转，转速 2500r/min，用于方形凸台精加工）
N370 G00 Z - 7.5;（快速下降到接近方形凸台精加工深度）
N380 G01 Z - 8 F100;（下刀到方形凸台精加工深度）
N390 G91;（切换到相对编程）
N400 G01 X20;（加工方形凸台 X 正向轮廓）
N410 Y20;（加工方形凸台Y 正向轮廓）
N420 X - 20;（加工方形凸台 X 负向轮廓）
N430 Y - 20;（加工方形凸台 Y 负向轮廓）
N440 G90;（切换回绝对编程）
N450 G01 Z5 F200;（抬刀到安全高度）
N460 M05;（主轴停止）
（程序结束）
N470 G00 Z100;（快速抬刀到较高安全高度）
N480 M30;（程序结束并返回开头）
```

四、程序解释

1. 程序初始化部分

O0001：程序号，用于标识该程序。

G90 表示绝对编程模式；G54 选择预先设置好的工件坐标系；G17 指定加工平面为 XY 平面；G94 设定进给模式为每分钟进给；G40 取消刀具半径补偿。

2. 圆形凹槽加工部分

N20～N100：圆形凹槽粗加工。首先启动主轴正转，转速为 1500r/min，然后快速定位到工件上方安全高度（X0、Y0、Z50），接着下降到接近工件表面（Z5），下刀到粗加工第一层深度（Z-3），使用 G02 指令以原点为圆心，半径 30mm 进行整圆铣削，完成第一层粗加工后，再下刀到第二层深度（Z-5）并再次铣削整圆。最后抬刀到安全高度（Z5）并停转主轴。

N110～N150：圆形凹槽精加工。重新启动主轴，转速提高到 2000r/min，快速下降到接近精加工深度（Z-4.5），然后下刀到精加工深度（Z-5），再次使用 G02 指令精加工圆形凹槽，最后抬刀到安全高度并停转主轴。

3. 方形凸台加工部分

N170～N350：方形凸台粗加工。启动主轴正转，转速为1800r/min，快速定位到方形凸台加工起始位置上方安全高度（X80、Y0、Z50），下降到接近工件表面（Z5），下刀到粗加工第一层深度（Z-4），切换到相对编程模式（G91），按照方形凸台的轮廓依次加工四条边（X20、Y20、X-20、Y-20），完成第一层粗加工后，下刀到第二层深度（Z-8）并再次加工轮廓，最后抬刀到安全高度并停转主轴。

N360～N450：方形凸台精加工。启动主轴正转，转速为2500r/min，快速下降到接近精加工深度（Z-7.5），下刀到精加工深度（Z-8），切换到相对编程模式加工方形凸台轮廓，最后抬刀到安全高度并停转主轴。

4. 程序结束部分

N470～N480：先将刀具快速抬刀到较高安全高度（Z100），然后使用 M30 指令结束程序并使光标返回程序开头。

任务四　加工中心及加工编程

任务目标

1. 知识目标

（1）掌握加工中心的结构与功能，了解加工中心的组成，包括床身、主轴、工作台、刀库、机械手、控制系统等部件的功能与结构，掌握加工中心的坐标系统（X 轴、Y 轴、Z 轴及可能的旋转轴 A 轴、B 轴、C 轴）及其运动方向。

（2）掌握加工中心编程的常用指令（如 G00、G01、G02/G03、G43/G44 等）及其功能，学会使用编程指令进行复杂平面轮廓、三维曲面、孔系等几何形状的加工编程。

（3）能够根据工件材料、加工精度要求等选择合适的切削速度、进给量和切削深度等切削参数，了解加工中心的刀具类型（如立铣刀、球头铣刀、钻头等）及其适用范围。

2. 能力目标

（1）具备加工中心操作能力，能够正确地启动和停止加工中心，进行机床的日常维护与保养，掌握加工中心的操作面板的使用方法，包括程序输入、编辑、程序运行与暂停等操作，能够根据加工程序和工艺要求，准确地安装和调整刀具，进行工件的装夹与定位。

（2）具备编程与调试能力，能够根据给定的零件图样，编写复杂的加工中心加工程序，包括平面轮廓、孔系、曲面等加工内容，学会使用手工编程和 CAD/CAM 软件进行加工中心加工程序的编写。

（3）掌握使用量具对加工后的工件尺寸进行检测的方法，具备对加工表面质量进行初步判断的能力，了解影响加工表面质量的因素，如切削参数、刀具状态等。

3. 思政目标

（1）培养严谨认真、精益求精的工匠精神，引导学生树立对加工质量的高标准追求，在编程与加工操作中注重细节，以一丝不苟的态度对待每一个环节，克服浮躁情绪，追求卓越品质。

（2）强化学生的安全生产与环保意识，通过加工中心操作规范学习，深刻认识安全生产的重要性，培养职业责任感；同时，引导学生关注加工过程中的资源节约与环境保护，树立绿色制造理念。

（3）激发学生的爱国情怀与民族自豪感，结合我国数控加工技术的发展历程和重大成果，让学生了解行业前沿动态，鼓励学生努力学习专业知识，为推动我国高端装备制造业发展贡献力量，增强投身制造强国建设的使命感。

任务描述

根据给定零件图样编写数控加工程序并完成零件加工。零件图样如图 8-4 所示，矩形铝板的尺寸为长 150mm×宽 100mm×高 30mm，以 FANUC 系统为例编写数控代码，在加工中心完成带有型腔、孔的零件的加工。其中型腔位于铝板顶部，长 80mm×宽 60mm×深 10mm，型腔四角为半径 5mm 的圆角。孔位于型腔中心，直径 20mm 的通孔，深度为 20mm。

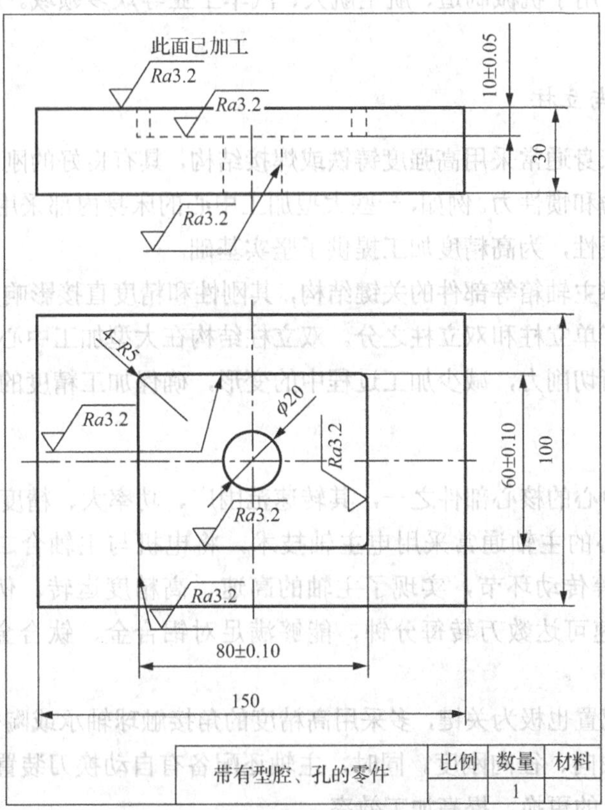

图 8-4 带有型腔、孔的零件图样

加工精度要求：型腔长宽尺寸公差控制在±0.1mm，高度公差控制在±0.05mm。孔的尺寸公差控制在±0.1mm。

表面粗糙度要求：型腔底面和侧面 $Ra3.2\mu m$，孔的内表面 $Ra3.2\mu m$。

任务分析

本任务主要在加工中心加工一个带有型腔、孔系和凸台的零件，通过动手操作，了解加工中心的结构、原理。在实际加工中，需要根据机床性能、刀具实际情况以及工件装夹等因素对切削参数进行适当调整和优化。同时，在加工前要进行刀具半径补偿等相关参数设置，并对程序进行校验和模拟运行，避免出现错误导致工件报废或机床损坏。

相关知识

一、加工中心基本构成

加工中心是一种高度自动化的多功能机床，集成数控铣床、数控镗床、数控钻床等多种机床的功能于一体，能够在一次装夹中完成多种加工工序，如铣削、镗削、钻孔、攻螺纹等，广泛应用于机械制造、航空航天、汽车工业等众多领域。加工中心的基本构成及特点如下。

1. 基础部件与立柱

加工中心的床身通常采用高强度铸铁或焊接结构，具有良好的刚性和稳定性，能够承受较大的切削力和惯性力。例如，一些大型加工中心的床身内部采用合理的筋板布局，有效增强了其抗振性，为高精度加工提供了坚实基础。

立柱作为支撑主轴箱等部件的关键结构，其刚性和精度直接影响加工质量。立柱的结构形式多样，有单立柱和双立柱之分。双立柱结构在大型加工中心中应用较为广泛，它能够更好地平衡切削力，减少加工过程中的变形，确保加工精度的稳定性。

2. 主轴系统

主轴是加工中心的核心部件之一，其转速范围广、功率大、精度高。

现代加工中心的主轴通常采用电主轴技术，将电机与主轴合二为一，取消了传统的皮带、齿轮等传动环节，实现了主轴的高速、高精度运转。例如，某些高速加工中心的主轴转速可达数万转每分钟，能够满足对铝合金、钛合金等难加工材料的高效切削需求。

主轴的轴承配置也极为关键，多采用高精度的角接触球轴承或陶瓷轴承，以保证主轴的回转精度和轴向、径向刚度。同时，主轴还配备有自动换刀装置（ATC），能够在短时间内完成刀具的更换，提高加工效率。

3. 进给系统

进给伺服电机是进给系统的动力源，它接收数控系统的指令，精确控制工作台、滑板等部件在 X、Y、Z 等坐标轴方向的运动。伺服电机具有响应速度快、定位精度高的特点，能够实现高速、高精度的进给运动。

滚珠丝杠螺母副与直线导轨是进给系统的重要传动和导向部件。滚珠丝杠采用优质合金钢制造，具有高精度的螺纹，与螺母之间通过滚珠滚动摩擦，传动效率高、摩擦力小、精度保持性好。直线导轨则为工作台等部件提供了高精度、低摩擦的导向，保证了运动的平稳性和准确性。例如，在一些高精度加工中心中，会采用 C3 级甚至更高精度等级的滚珠丝杠和高精度的直线导轨，以满足微米级的加工精度要求。

4. 自动换刀系统

自动换刀系统由刀库、机械手等部件组成。刀库的类型多样，常见的有圆盘式刀库、链式刀库等。圆盘式刀库结构紧凑，换刀速度快，适用于刀具数量较少的加工中心；链式刀库则可容纳较多数量的刀具，常用于大型加工中心或需要频繁更换刀具的加工任务。

机械手负责从刀库中抓取刀具并将其准确地安装到主轴上，以及将主轴上使用完毕的刀具放回刀库。自动换刀过程由数控系统控制，能够在极短的时间内完成，大幅减少了加工过程中的辅助时间，提高了生产效率。例如，一些先进的加工中心换刀时间可控制在 1～2s 以内。

5. 数控系统与操作面板

数控系统是加工中心的“大脑”，它由硬件和软件组成。硬件包括中央处理器（CPU）、存储器、输入输出接口等。数控系统的软件包含系统软件和应用软件。系统软件负责管理和控制整个机床的运行，如坐标轴的控制、插补运算、刀具补偿等；应用软件则根据不同的加工任务进行编程和操作，如零件加工程序的编写、加工参数的设置等。常见的加工中心数控系统有 FANUC、SIEMENS、MITSUBISHI 等，它们都具有强大的功能和丰富的编程指令集，能够满足各种复杂零件的加工需求。

操作面板是人机交互的界面，操作人员通过操作面板向数控系统输入指令、设置参数、启动和停止机床等。操作面板上通常有各种按键、旋钮和显示屏。显示屏可以显示机床的运行状态、加工参数、报警信息等，方便操作人员监控和操作机床。例如，操作人员可以通过操作面板设置主轴转速、进给速度、刀具补偿参数等，还可以查看机床的坐标轴位置、程序运行进度等信息。

二、加工中心的工作原理

加工中心的工作原理是基于数控技术，将零件的加工工艺过程、工艺参数等信息以数字代码的形式编写成加工程序，然后通过输入设备（如键盘、磁盘、网络等）输入到数控系统中。数控系统对输入的程序进行处理和运算，将其转化为控制指令，分别控制主轴电机的旋转运动、进给伺服电机的直线运动以及自动换刀系统的换刀动作等。在加工过程中，主轴带动刀具旋转，进给系统控制刀具相对于工件的位置和运动速度，按照预定的加工轨迹对工件进行切削加工。同时，数控系统还会实时监测机床的运行状态，如刀具的位置、切削力、温度等，并根据预设的条件进行调整和控制，以保证加工的精度和安全性。例如，当刀具磨损导致切削力增大时，数控系统可以自动调整进给速度或主轴转速，以避免刀具损坏和工件加工质量下降；当加工过程中出现刀具破损等异常情况时，数控系统能够及时检测到并发出报警信号，同时控制机床停止运行，以防止事故的进一步扩大。

三、加工中心的基本操作

1. 开机与回零操作

1）开机前检查

在开机前，必须对加工中心进行全面检查。首先查看机床的外观是否有损坏或异物，检查防护门是否关闭紧密且灵活可靠。例如，观察机床的工作台、导轨等部位是否有杂物堆积，若有应及时清理，以免影响机床的正常运行和加工精度。

检查切削液、润滑油的液位是否在正常范围内。切削液的液位不足可能导致加工过程中冷却不充分，影响刀具寿命和工件表面质量；润滑油液位过低则可能使机床的运动部件磨损加剧。对于切削液，还需根据加工材料和工艺要求选择合适的类型和浓度，如在加工钢材时，常选用水溶性切削液，浓度一般控制在5%～10%。

检查刀具是否安装正确且牢固，刀具的安装位置和角度应符合加工要求。对于可转位刀具，要检查刀片的安装是否到位，刀片的切削刃是否锋利。同时，检查刀库中的刀具是否排列整齐，刀具编号是否与数控系统中的刀具表一致。

检查压缩空气系统的压力是否正常，一般要求压缩空气压力为0.4～0.6MPa。压缩空气用于机床的气动元件动作、刀具的吹气清洁等，如果压力不足，可能导致气动元件工作不正常，影响机床的自动换刀等操作。

2）开机顺序

接通机床总电源，按下机床控制面板上的电源开关，此时机床的电气系统开始通电，控制系统进行自检。在自检过程中，操作人员应密切关注显示屏上的信息，查看是否有报警提示。如果出现报警，应根据报警内容进行相应的处理，如检查相关的电气连接、传感器等部件。例如，如果出现主轴电机过载报警，可能是主轴电机的散热风扇故障或电机内部短路等原因，需要进一步排查和修复。

待机床自检完成且无报警后，启动数控系统。不同品牌和型号的加工中心，启动数控系统的操作方法可能略有不同。一般是按下数控系统的启动按钮，等待系统初始化完成，进入操作界面。

3）回零操作

回零操作是使机床的各坐标轴回到机床坐标系的原点位置，建立机床坐标系。回零操作通常在机床开机后进行，也可在加工过程中因特殊情况需要重新建立坐标系时进行。

选择机床控制面板上的回零模式，然后分别按下 X、Y、Z 等坐标轴的回零按钮。机床的坐标轴会以设定的速度向原点方向移动，当坐标轴回到原点时，对应的回零指示灯会亮起。在回零过程中，操作人员要密切观察坐标轴的移动情况，确保其移动平稳且无异常碰撞。如果坐标轴在回零过程中出现超程报警，应按下急停按钮，然后手动将坐标轴移出超程位置，再重新进行回零操作。例如，若 X 轴回零过程中出现超程报警，可通过手摇脉冲发生器（手轮）将 X 轴缓慢向相反方向移动，直至脱离超程位置，然后再次进行 X 轴回零操作。

2. 手动操作

1）手动进给操作

在手动模式下，可通过机床控制面板上的手动进给按钮控制坐标轴的移动。按下相应坐标轴的正方向或负方向按钮，坐标轴会按照设定的手动进给速度移动。手动进给速度可通过进给倍率旋钮进行调整，一般进给倍率有多个档位可供选择，如 0、25%、50%、100%等。例如，在对刀操作或调整刀具位置时，可将进给倍率设置在较低档位，如 25%或 50%，以实现精确的手动控制。

有些加工中心还配备了手轮，通过旋转手轮可以更加精确地控制坐标轴的微量移动。手轮的刻度通常表示坐标轴的移动量，如每格 0.001mm 或 0.01mm 等。在进行一些精细加工或对刀操作时，使用手轮可提高操作的精度。例如，在对刀时，可通过手轮微调刀具位置，使其与工件的接触点更加准确，从而提高对刀的精度。

2）主轴手动控制

主轴的手动控制包括主轴的正转、反转和停止。在机床控制面板上，有相应的主轴控制按钮。按下主轴正转按钮，主轴会按照设定的转速顺时针旋转；按下主轴反转按钮，主轴则逆时针旋转。主轴的转速可以通过主轴转速倍率旋钮进行调整，一般转速倍率范围为 50%～120%等。例如，在安装刀具或检查刀具旋转情况时，可先将主轴转速倍率设置在较低值，如 50%，然后启动主轴进行观察，确保刀具安装正确且无异常后，再根据加工要求调整主轴转速倍率。

当需要停止主轴时，按下主轴停止按钮，主轴会逐渐减速直至停止。在主轴停止过程中，操作人员应注意观察主轴的停止状态，确保其完全停止后再进行后续操作，如更换刀具等。

3. 刀具安装与对刀操作

1）刀具安装

根据加工任务选择合适的刀具和刀柄，确定刀具的类型、尺寸和切削参数。例如，在铣削平面时，可选用面铣刀；在钻孔时，选用麻花钻；在镗孔时，选用镗刀等。刀柄的锥度应与机床主轴的锥度相匹配，常见的锥度有BT40、BT50等。

将刀具安装在刀柄上，对于可转位刀具，要正确安装刀片，并拧紧刀具的夹紧装置。然后将安装好刀具的刀柄安装在机床主轴上，一般通过主轴的拉紧装置将刀柄拉紧。在安装过程中，要确保刀具安装牢固，避免在加工过程中刀具松动或脱落。例如，使用专用的扳手按照规定的扭矩拧紧刀柄的夹紧螺母，保证刀具与刀柄的连接可靠。

2）对刀操作

对刀操作的目的是确定刀具与工件坐标系之间的相对位置关系，以便数控系统能够准确地控制刀具的运动轨迹。常见的对刀方法有试切对刀、对刀仪对刀等。

试切对刀方法如下：首先将工件安装在机床工作台上，并进行找正和夹紧。然后选择一把刀具，在手动模式下，使刀具靠近工件的一个侧面，缓慢地进行试切，当刀具切削到工件表面后，记录此时机床坐标系下的坐标值。例如，试切工件的X向侧面，记录X坐标值X1，然后将刀具沿Z向退刀，再移动刀具到工件的另一个X向侧面进行试切，记录X坐标值X2，那么工件在X方向的中心坐标X0=(X1+X2)/2。同理，可以对Y向和Z向进行试切对刀，确定工件的原点在机床坐标系中的位置。最后将对刀得到的坐标值输入到数控系统的刀具补偿参数中，完成对刀操作。

对刀仪对刀则是将刀具安装在对刀仪上，通过对刀仪的测量系统精确测量刀具的长度、半径等参数，并将这些参数自动传输到数控系统中。这种方法对刀精度高、速度快，但需要配备专门的对刀仪设备。例如，在一些高精度加工中心中，常采用对刀仪对刀，以保证加工精度的稳定性和一致性。

4. 程序输入与编辑

1）程序输入

加工中心的程序可以通过多种方式输入到数控系统中。一种常见的方式是通过机床控制面板上的键盘直接输入程序代码。操作人员按照零件的加工工艺要求，逐行输入G代码、M代码、坐标值等程序内容。例如，在输入一个复杂的零件加工程序时，要输入刀具的运动轨迹指令（如G01、G02、G03等）、切削参数（如S主轴转速、F进给速度等）以及坐标点信息，同时还要考虑加工工序的先后顺序和刀具的切换等因素。

还可以通过外部存储设备（如U盘）将预先编写好的程序输入到数控系统中。将U盘插入机床的USB接口，然后在数控系统的操作界面中选择程序输入功能，从U盘选择要输入的程序文件并进行导入操作。这种方式适用于程序代码较长或需要重复使用的情况。例如，在批量生产相同零件时，可将编写好的加工程序存储在U盘中，方便在不同加工中心上使用。

2）程序编辑

在数控系统中，可以对输入的程序进行编辑修改。例如，可以插入、删除、修改程序中的指令和数据。如果在程序输入过程中发现某一行代码错误，可将光标移动到该行，然后使用删除键删除错误的代码，再输入正确的代码。

还可以对程序进行复制、粘贴等操作，以提高编程效率。例如，在编写多个相似形状的加工程序时，可以先编写一个基本程序，然后通过复制、修改部分代码来生成其他程序。在编辑程序时，要注意程序的逻辑结构和语法规范，避免出现错误导致机床运行异常。例如，要确保 G 代码的使用正确，如 G00 快速定位指令不能用于切削加工，否则可能会损坏刀具和工件。

5. 自动加工操作

1）程序校验

在正式进行自动加工之前，要对输入的程序进行校验。校验的目的是检查程序中是否存在语法错误、逻辑错误以及刀具路径是否合理等问题。在数控系统中选择程序校验功能，数控系统会模拟刀具按照程序的指令运动，但并不实际进行切削加工。在模拟过程中，操作人员应仔细观察刀具的运动轨迹是否符合加工要求，显示屏上是否有报警信息提示。例如，如果程序中存在 G 代码格式错误或坐标值计算错误，在校验过程中数控系统会给出相应的报警提示，操作人员应根据提示对程序进行修改。

2）自动加工启动

当程序校验无误后，将机床切换到自动加工模式。在机床控制面板上按下自动加工启动按钮，机床会按照程序的指令自动进行加工。在加工过程中，操作人员应密切关注机床的运行状态，如主轴转速、进给速度、切削力等参数的变化情况，以及刀具的磨损情况。同时，要注意观察切削液的喷射是否正常，以保证加工过程的顺利进行。例如，若发现切削液流量不足，应及时检查切削液泵是否正常工作或管道是否堵塞，并进行相应的处理。

3）加工过程监控与调整

加工中心在自动加工过程中，数控系统会实时监测机床的各种运行参数。操作人员可以通过数控系统的显示屏查看这些参数信息。如果发现加工过程中出现异常情况，如切削力过大、刀具磨损严重、工件表面质量不符合要求等，应及时暂停加工，对相关参数或刀具进行调整。例如，如果切削力过大导致机床振动，可适当降低进给速度或主轴转速；如果刀具磨损严重，应及时更换刀具，并重新进行对刀操作后再继续加工。此外，还可以根据加工情况对切削液的浓度、流量等进行调整，以优化加工效果。

6. 关机操作

1）加工结束后的清理

当自动加工完成后，首先要将机床的工作台清理干净，清除工件加工过程中产生的切屑和冷却液。可以使用毛刷、气枪等工具进行清理。对于切屑，要按照车间的规定进行分类收集处理，避免切屑混入冷却液系统导致堵塞或损坏设备。

检查刀具的磨损情况，如果刀具磨损严重，应及时拆卸下来进行更换或刃磨。同时，将刀柄从主轴上取下，放置在指定的刀具架上，并做好刀具的标识和记录工作，以便下次使用时能够快速找到合适的刀具。

清理机床的防护门、导轨等部位的冷却液和切屑残留，保持机床外观的清洁。检查机床的各运动部件是否有异常，如导轨是否顺畅、丝杠是否有卡顿等现象，若发现问题应及时记录并报告维修人员。

2）关机顺序

先将主轴停止旋转，然后按下数控系统的关机按钮，关闭数控系统。等待数控系统完全关闭后，再关闭机床的总电源开关。在关机过程中，要确保机床的各坐标轴处于安全位置，避免因关机不当导致坐标轴碰撞或损坏机床部件。

任务实施

一、零件图纸分析

1. 零件形状与尺寸

零件整体为长方体，长 150mm、宽 100mm、高 30mm。顶部有一个矩形型腔，长 80mm、宽 60mm、深 10mm，型腔四角为半径 5mm 的圆角。在型腔中心有一个直径 20mm 的通孔，深度为 25mm。零件一侧有一个圆柱凸台，直径 30mm、高 15mm，凸台中心距离零件边缘在 X 向为 30mm，在 Y 向为 25mm。

2. 加工精度要求

型腔和凸台的尺寸公差控制在 ± 0.05mm。孔的尺寸公差控制在 ± 0.03mm。表面粗糙度要求：型腔底面和侧面 *Ra*3.2μm，凸台表面 *Ra*6.3μm，孔的内表面 *Ra*1.6μm。

二、工艺分析

1. 刀具选择

选用直径 12mm 的硬质合金立铣刀进行型腔的粗加工和精加工。

选用直径 20mm 的麻花钻进行通孔的加工。

选用直径 30mm 的硬质合金立铣刀进行圆柱凸台的加工，先粗加工后精加工。

2. 切削参数选择

型腔粗加工：主轴转速 S=1800r/min，进给速度 F=150mm/min，切削深度 a_p=4mm（分三层粗加工）。

型腔精加工：主轴转速 S=2500r/min，进给速度 F=120mm/min，切削深度 a_p=0.5mm。

通孔加工：主轴转速 S=800r/min，进给速度 F=60mm/min。

凸台粗加工：主轴转速 S=1600r/min，进给速度 F=130mm/min，切削深度 a_p=5mm（分三层粗加工）。

凸台精加工：主轴转速 S=2200r/min，进给速度 F=100mm/min，切削深度 a_p=0.5mm。

3. 加工顺序

先粗加工型腔，再精加工型腔；然后加工通孔；接着粗加工凸台，最后精加工凸台。

三、编程代码（以 FANUC 系统为例）

（程序号和初始设置）

O0001；（程序号）

N10 G90 G54 G17 G94 G40；（绝对编程，选择工件坐标系，XY 平面，每分钟进给，取消刀具半径补偿）

（型腔粗加工）

N20 M03 S1800；（主轴正转，转速 1800r/min，用于型腔粗加工）

N30 G00 X - 40 Y - 30 Z50；（快速定位到型腔加工起始位置上方安全高度）

N40 Z5；（快速下降到接近工件表面）

N50 G01 Z - 4 F150；（下刀到型腔粗加工第一层深度）

N60 G01 Y30；（铣削型腔 X 负向一侧）

N70 G03 X - 30 Y40 R10；（铣削型腔圆角）

N80 G01 X30；（铣削型腔 X 正向一侧）

N90 G03 X40 Y30 R10；（铣削型腔圆角）

N100 G01 Y - 30；（铣削型腔 X 正向另一侧）

N110 G03 X30 Y - 40 R10；（铣削型腔圆角）

N120 G01 X - 30；（铣削型腔 X 负向另一侧）

N130 G03 X - 40 Y - 30 R10；（铣削型腔圆角）

N140 G01 Z - 8 F150；（下刀到型腔粗加工第二层深度）

（重复型腔轮廓铣削）

N150 G01 Y30；（铣削型腔 X 负向一侧）

N160 G03 X - 30 Y40 R10；（铣削型腔圆角）

N170 G01 X30；（铣削型腔 X 正向一侧）

N180 G03 X40 Y30 R10；（铣削型腔圆角）

N190 G01 Y - 30；（铣削型腔 X 正向另一侧）

N200 G03 X30 Y - 40 R10；（铣削型腔圆角）

N210 G01 X - 30；（铣削型腔 X 负向另一侧）

N220 G03 X - 40 Y - 30 R10；（铣削型腔圆角）

N230 G01 Z - 10 F150；（下刀到型腔粗加工第三层深度）

（重复型腔轮廓铣削）

N240 G01 Y30；（铣削型腔 X 负向一侧）

N250 G03 X - 30 Y40 R10；（铣削型腔圆角）

N260 G01 X30；（铣削型腔 X 正向一侧）

N270 G03 X40 Y30 R10；（铣削型腔圆角）

N280 G01 Y - 30；（铣削型腔 X 正向另一侧）

N290 G03 X30 Y - 40 R10；（铣削型腔圆角）

N300 G01 X - 30；（铣削型腔 X 负向另一侧）

```
N310 G03 X - 40 Y - 30 R10;（铣削型腔圆角）
N320 G01 Z5 F200;（抬刀到安全高度）
N330 M05;（主轴停止）
（型腔精加工）
N340 M03 S2500;（主轴正转，转速 2500r/min，用于型腔精加工）
N350 G00 Z - 9.5;（快速下降到接近型腔精加工深度）
N360 G01 Z - 10 F120;（下刀到型腔精加工深度）
N370 G41 D01 X - 40 Y - 30;（建立刀具半径左补偿，D01 为刀具半径补偿号）
N380 G01 Y30;（铣削型腔 X 负向一侧）
N390 G03 X - 30 Y40 R10;（铣削型腔圆角）
N400 G01 X30;（铣削型腔 X 正向一侧）
N410 G03 X40 Y30 R10;（铣削型腔圆角）
N420 G01 Y - 30;（铣削型腔 X 正向另一侧）
N430 G03 X30 Y - 40 R10;（铣削型腔圆角）
N440 G01 X - 30;（铣削型腔 X 负向另一侧）
N450 G03 X - 40 Y - 30 R10;（铣削型腔圆角）
N460 G40 G01 X - 40 Y - 30;（取消刀具半径补偿）
N470 G01 Z5 F200;（抬刀到安全高度）
N480 M05;（主轴停止）
（通孔加工）
N490 M03 S800;（主轴正转，转速 800r/min，用于通孔加工）
N500 G00 X0 Y0 Z50;（快速定位到孔中心上方安全高度）
N510 Z5;（快速下降到接近工件表面）
N520 G81 Z - 25 R3 F60;（钻孔循环指令，钻通孔）
N530 G80;（取消钻孔循环）
N540 G00 Z50;（抬刀到安全高度）
N550 M05;（主轴停止）
（程序结束）
N560 G00 Z100;（快速抬刀到较高安全高度）
N570 M30;（程序结束并返回开头）
```

四、程序解释

1. 程序初始化部分

O0001：程序号，用于标识该程序。

G90 表示绝对编程模式；G54 选择预先设置好的工件坐标系；G17 指定加工平面为 XY 平面；G94 设定进给模式为每分钟进给；G40 取消刀具半径补偿。

2. 型腔加工部分

N20-N320：型腔粗加工。启动主轴正转，转速为 1800r/min，快速定位到型腔加工起始位置上方安全高度（X-40、Y-30、Z50），下降到接近工件表面（Z5），分三层进行型腔粗加工，每层深度分别为 4mm、4mm、2mm，通过直线插补和圆弧插补指令铣削型腔轮廓。最后抬刀到安全高度（Z5）并停转主轴。

N340～N470：型腔精加工。重新启动主轴，转速提高到 2500r/min，快速下降到接近精加工深度（Z-9.5），下刀到精加工深度（Z-10），建立刀具半径左补偿（G41、D01），按照型腔轮廓进行精加工，最后取消刀具半径补偿并抬刀到安全高度。

3. 通孔加工部分

N490～N540：通孔加工。启动主轴正转，转速为 800r/min，快速定位到孔中心上方安全高度（X0、Y0、Z50），下降到接近工件表面（Z5），使用 G81 钻孔循环指令钻通孔，深度为 25mm，安全高度为 3mm。最后取消钻孔循环并抬刀到安全高度。

4. 程序结束部分

N560～N570：先将刀具快速抬刀到较高安全高度（Z100），然后使用 M30 指令结束程序并使光标返回程序开头。

项目九　先进制造技术

本项目围绕“先进制造技术”四大核心模块展开实践教学，柔性制造系统（flexible manufacturing system，FMS）：通过规范化的开机调试、加工协同与异常处理流程，训练自动化生产线协同操作能力，结合国产技术案例，深化工匠精神与自主创新意识。工业机器人：依托 Robot Studio 进行虚拟仿真，从工具坐标系标定到 U 型轨迹编程，培养精密示教与故障诊断技能，强化跨学科整合思维。智能车间与智慧工厂：以数字孪生技术为核心，构建虚实映射的产线模型，通过自动导引车（automated guided vehicle，AGV）的调度方法，优化物流效率，进行制造执行系统（manufacturing execution system，MES）的联调与数据监控，培育可持续发展理念，提升系统性工程素养。3D 打印制造：掌握 3D 打印从设计建模→参数优化→后处理全流程技能，融合个性化定制实践与材料特性认知，倡导绿色制造与精益求精的职业态度。

本项目旨在通过场景化实训，深度融合技术实操与思政教育，助力学生掌握智能制造核心技能，践行科技报国使命。

任务一　柔性制造系统

任务目标

1. 知识目标

（1）了解柔性制造系统的定义、基本组成（如加工单元、物流系统、控制中心）及其典型应用场景。

（2）理解 FMS 与传统生产线的区别（如灵活性、自动化程度、换产效率）。

2. 能力目标

（1）独立完成 FMS 的启动/关机流程，并进行简单的模式切换（如手动/自动）。

（2）在指导下完成物料装夹、刀具更换等基础操作。

（3）根据任务单，协调加工单元与物流系统，完成一个简单工件的生产（如从原料上料到成品出库）。

（4）通过人机界面（human-machine interface，HMI）监控生产状态，识别常见报警信号（如物料短缺、设备堵塞）。

3. 思政目标

（1）培养学生严谨细致、精益求精的工作态度，理解“大国工匠”精神在高端制造中的重要性。

（2）结合我国柔性制造技术发展案例（如国产数控系统突破），增强学生对“卡脖子”技术攻坚的使命感，激发自主创新意识。

任务描述

本任务通过规范操作流程与团队协作，帮助学生掌握柔性制造系统（FMS）（图 9-1）的基础运行逻辑，重点培养其安全意识和工程实践能力，具体包括工作准备（安全规范学习、设备检查）、任务执行（系统启动、加工监控、异常处理）和总结反思（5S 管理、数据分析）三个环节。任务紧密贴合智能制造场景需求，旨在提升学生的职业素养。

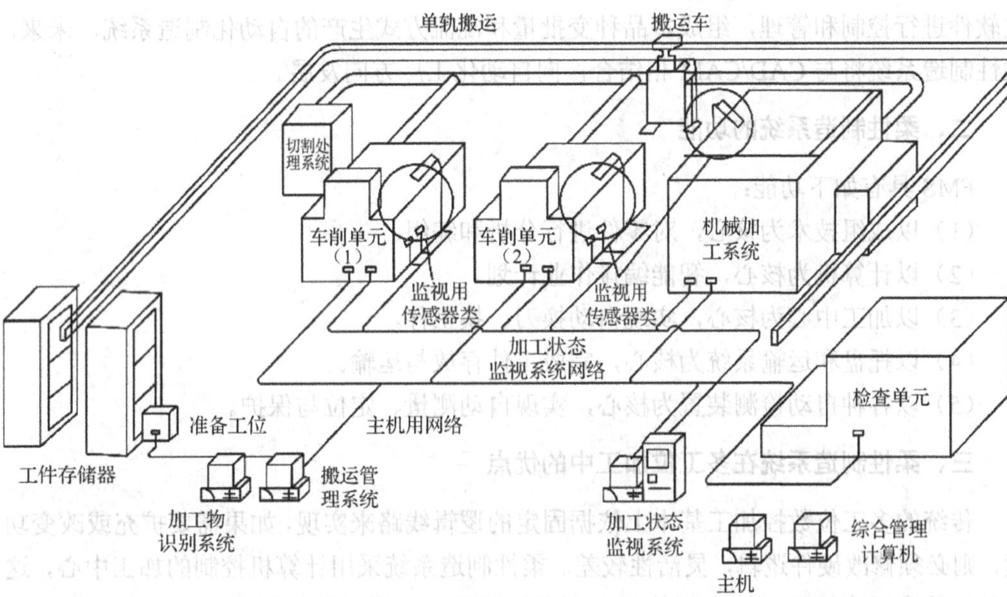

图 9-1　柔性制造系统示意图

任务分析

工作准备：强调安全规范学习、设备状态核查及角色分工，确保操作合规性。

任务执行：围绕系统启动、加工监控、异常响应展开，训练学生对自动化流程的掌控力。

总结反思：通过 5S 管理与数据记录，强化责任意识，引导分析问题根源（如设备故障、参数偏差），为后续改进提供依据。

相关知识

FMS作为先进制造技术的代表，是衡量一个国家制造业水平的重要标志。近年来，我国在FMS领域取得了显著成就，为实现“制造强国”目标奠定了坚实基础。例如，沈阳机床集团自主研发的i5智能数控系统，实现了数控机床的智能化、网络化，打破国外企业对高端数控系统的垄断；海尔集团采用FMS技术建设互联工厂，实现生产过程的自动化、数字化和智能化，成为全球智能制造标杆。这些无一不彰显了中国制造的崛起和创新力量的澎湃。

一、柔性制造系统简介

FMS是由统一的信息控制系统、物料储运系统和一组数控加工设备组成的，能适应加工对象变换的自动化机械制造系统。在成组技术的基础上，以多台（种）数控机床或数组柔性制造单元为核心，通过自动化物料流系统将其连接，统一由主控计算机和相关软件进行控制和管理，组成多品种变批量和混流方式生产的自动化制造系统。未来，柔性制造系统将与CAD/CAM相结合，向自动化工厂方向发展。

二、柔性制造系统的功能

FMS具有如下功能：

（1）以成组技术为核心，对零件进行分析和编组。

（2）以计算机为核心，智能编排作业计划。

（3）以加工中心为核心，实现自动换刀、换工件。

（4）以托盘和运输系统为核心，完成工件存放与运输。

（5）以各种自动检测装置为核心，实现自动测量、定位与保护。

三、柔性制造系统在多工位加工中的优点

传统的多工位数控加工基本上依据固定的逻辑线路来实现，如果需要扩充或改变功能，则必须修改硬件逻辑，灵活性较差。柔性制造系统采用计算机控制的加工中心，这种数控装置适应性强，能在硬件基本不变的情况下，通过修改软件来改变或扩充其功能。如果用多台加工中心组成柔性制造系统，则可以按任意顺序自动完成多种工件的多工位加工。

四、加工设备

FMS的加工设备主要采用加工中心和数控车床，加工中心用于加工箱体类和板类零件，数控车床用于加工轴类和盘类零件。中/大批量、少品种生产中，常采用可更换主轴箱的加工中心，以提高生产率。储存和搬运系统负责搬运毛坯、工件、刀具、夹具、检具和切屑等物料；储存方式包括平面布置的托盘库和道式立体仓库。

毛坯一般先由工人装入托盘夹具并储存在自动仓库的特定区域内，然后由自动搬运

系统按照物料管理计算机的指令送到指定的工位。固定轨道式台车和传送滚道适用于按工艺顺序排列设备的FMS，自动引导车（AVG）搬送物料的顺序不受设备排列位置限制，具有较大灵活性。

五、自动化物料流输送系统

自动化物料流输送系统包括储存、输送和搬运三个子系统，其功能如下：以任意顺序自动存取工件和刀具；自动按可变的自由节拍连接柔性制造系统中的各个生产装置；自动实现输送装置和加工设备之间的连接。FMS 中的工件输送系统与其他制造系统中的工件输送系统有很大区别，它不是按固定节拍将工件从某一工位输送到下一工位，而是既不按固定节拍又不按固定顺序输送工件，甚至有时是将几种工件混杂在一起输送。通常设置储料库，以调节各个工位上所需加工时间的差异。FMS 按机床与搬运系统的相互关系可分为直线型、循环型、网络型和单元型。加工工件品种少、柔性要求低的制造系统多采用直线型布局，虽然加工顺序不能改变，但是管理容易。循环型 FMS 适用于加工工件品种少、生产批量大、加工顺序固定的场合，其优点是管理容易、效率高，但柔性较低，扩展性有限。网络型 FMS 适用于加工工件品种多、生产批量小、加工顺序灵活的场合，其优点是柔性高、易于扩展，但调度复杂，系统复杂性高，成本较高。单元型具有较大柔性，易于扩展，但调度作业的程序设计比较复杂。

任务实施

一、工作准备

1. 安全与规范学习

学习FMS安全操作规程（如急停按钮使用、设备联动安全区域），熟悉个人防护要求（穿戴工装、安全鞋，禁止佩戴饰品）。

2. 设备与工具检查

确认FMS各单元状态（加工中心、搬运机器人、输送带等是否正常），检查物料与刀具（核对工件毛坯尺寸、刀具型号及安装牢固性）。

3. 技术资料准备

阅读FMS操作手册，了解基本流程（如启动顺序、模式切换），获取加工任务单（含工件图样、工艺路线、加工参数）。

4. 分组与角色分配

每组3～4人，分工明确（如操作员、物料员、记录员）。

二、工作步骤

1. FMS系统启动与初始化

开机顺序：开启总电源→启动控制计算机→激活加工单元与物流系统。

观察系统自检状态，确认无报警信号。

模式选择：切换至“手动模式”，逐项检查设备动作（如机械臂回零、输送带空载运行）。

2. 工件加工任务执行

物料装夹：在指定工位安装工件毛坯，确保夹具夹紧力适中（使用力矩扳手校验）。

程序加载：从控制终端调用加工程序，核对程序编号与任务单一致性。

自动加工：切换至“自动模式”，启动任务，实时监控加工状态（关注切削液流量、刀具磨损报警）。

物流协作：观察AVG或机械臂如何将工件转运至下一工序，记录转运时间。

3. 异常处理与记录

模拟故障（教师预设）：如触发“刀具断裂”报警，按规程停机，报告教师并协助更换备用刀具。

数据记录：填写实习日志（含加工时间、异常现象、解决措施）。

4. 系统关闭与整理

（1）停机流程：完成所有任务后，切换至“手动模式”→各设备归位→关闭控制计算机→切断总电源。

（2）现场5S管理：清理切屑、归位工具，填写设备使用登记表。

三、注意事项

（1）安全第一：严禁擅自修改参数或绕过安全联锁装置。

（2）团队协作：操作员与物料员须全程保持沟通（如装卸料时喊“确认”）。

（3）问题导向：鼓励记录异常并分析原因（如“工件尺寸超差因夹具松动”）。

任务二　工业机器人

任务目标

1. 知识目标

（1）了解工业机器人的基本组成（机械结构、控制系统、末端执行器）。

（2）掌握工业机器人的安全操作规范（如急停按钮使用、工作区域限制）。

（3）熟悉机器人基础编程指令（如点位运动、直线插补）。

2. 能力目标

（1）能够运用工业机器人的基本结构、运动特点、工作原理和编程方法，完成简单的示教编程和任务执行，如搬运、焊接等。

（2）能够识别工业机器人运行过程中的常见故障，并对常见故障进行诊断和处理。

3. 思政目标

（1）通过精密操作（如重复定位精度调试），培养严谨细致的工作态度。

（2）通过项目实践，拓宽视野和跨学科知识整合能力，培养实践操作过程中的安全意识，激发创新思维。

任务描述

在当今全球制造业竞争中，工业机器人作为先进制造技术的关键载体，对国家经济发展和产业升级至关重要。

工业机器人的前景广阔，市场需求旺盛，在各个领域都发挥着重要作用。例如，在疫情防控中，消毒机器人、配送机器人、测温机器人等广泛应用，不仅显著减轻了医护人员的工作负担，还大幅降低了交叉感染的风险，为公共卫生安全提供了有力支持。随着技术的不断进步和应用场景的拓展，工业机器人将在更多领域展现其价值，推动产业升级和社会发展。

本任务旨在利用专业的工业机器人仿真软件（如 Robot Studio），创建虚拟工作场景，搭建机器人模型并设置运动轨迹，使机器人完成预定的动作。同时，也可手动操作，设定坐标系，利用示教器编辑程序，使机器人完成预定动作，如轨迹动作或搬运动作。

任务分析

选用机器人，以 Robot Studio 软件作为仿真建模平台，使机器人完成轨迹动作和搬运动作。

相关知识

一、工业机器人简介

工业机器人是面向工业领域的多关节机械手或多自由度的机器人，是靠自身动力和控制能力来实现各种功能的一种机器。它可以接受操作人员的指挥，也可以按照预先编写的程序运行，现代的工业机器人还可以根据人工智能技术制订的原则纲领行动。

工业机器人与自动化成套装备是生产过程的关键设备，广泛应用于汽车、工程机械、轨道交通、低压电器、电力、IC 装备、军工、金融、医药、冶金及印刷出版等行业，是制造业发展的重要方向。工业机器人在工业生产中能够代替人类完成某些单调、频繁、重复的长时间作业，以及危险、恶劣环境下的任务，如冲压、铸造、热处理、焊接、涂装、塑料制品成型、机械加工和简单装配等工序，以及在原子能工业中有害物料的搬运和操作。

二、工业机器人实训平台的组成

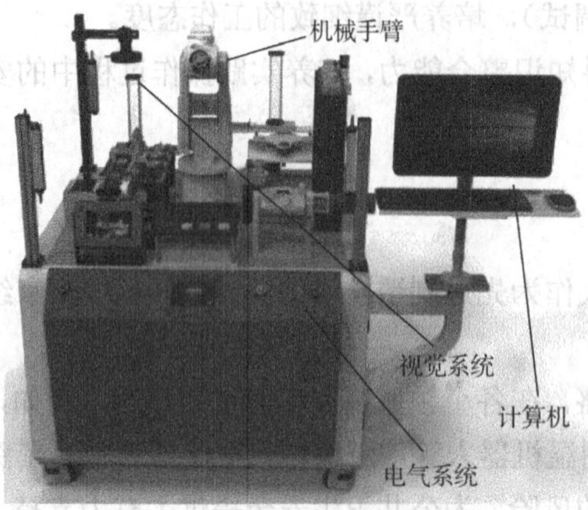

图 9-2 工业机器人实训平台的组成

工业机器人实训平台一般由机器人（机械手臂）、视觉系统、电气系统、计算机四个基本部分组成（图 9-2）。大多数工业机器人有 3～6 个运动自由度，其中腕部通常有 1～3 个运动自由度。视觉系统主要用于目标识别、定位、检测和引导，使机器人具备智能化作业能力；电气系统是机器人实训平台的控制核心，负责信号处理、动力分配与安全保护。

三、工业机器人的分类

工业机器人按臂部的运动形式可分为四种：直角坐标型的臂部可沿三个直角坐标移动；圆柱坐标型的臂部可做升降、回转和伸缩动作；球坐标型的臂部能回转、俯仰和伸缩；关节型的臂部有多个转动关节。

工业机器人按执行机构运动的控制机能，又可分为点位型和连续轨迹型。点位型只控制执行机构由一点到另一点的准确定位，适用于机床上下料、点焊和一般搬运、装卸等作业；连续轨迹型可控制执行机构按照给定轨迹运动，适用于连续焊接和涂装等作业。

工业机器人按照程序输入方式，有编程输入型和示教输入型两类。编程输入型是将计算机上已编写的作业程序文件，通过串口或者网络等通信方式传送到机器人控制柜。示教输入型的示教方法有两种：一种是由操作者用手动控制器（示教器），将指令信号传递给驱动系统，使执行机构按照要求的动作顺序和运动轨迹操作演示一遍；另一种是由操作者直接领动执行机构，按照要求的动作顺序和运动轨迹操作演示一遍。在示教过程的同时，工作程序的信息即自动存入程序存储器中，在机器人自动工作时，控制系统再从程序存储器中读取相应信息，将指令信号传递给驱动机构，使执行机构再现示教的各种动作。示教输入程序的工业机器人称为示教再现型工业机器人。具有触觉、力觉和视觉的工业机器人，能在较为复杂的环境下工作；若具有识别功能或更进一步增加自适应、自学习功能，即成为智能型工业机器人，它能按照人给的“指令”，自选或自编程序去适应环境，并自动完成更为复杂的工作。

四、ABB 机器人

ABB 是全球领先的工业机器人技术供应商，提供从机器人本体、软件、外围设备、模块化制造单元、系统集成到客户服务的完整产品组合。ABB 机器人主要包括直角坐标机器人、平面关节型机器人、并联机器人（图 9-3）、串联机器人（图 9-4）等类型。

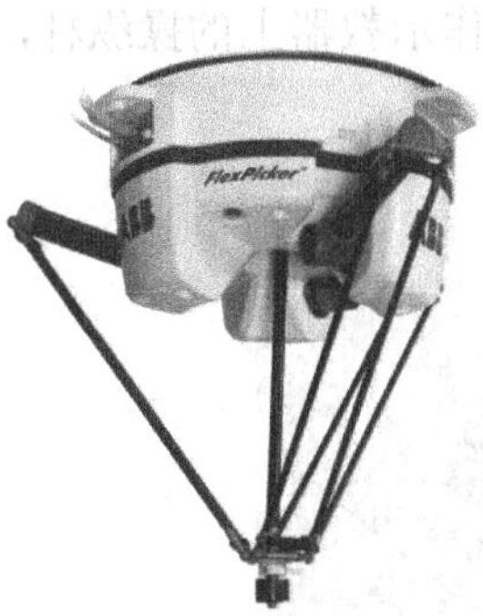

图 9-3　并联机器人

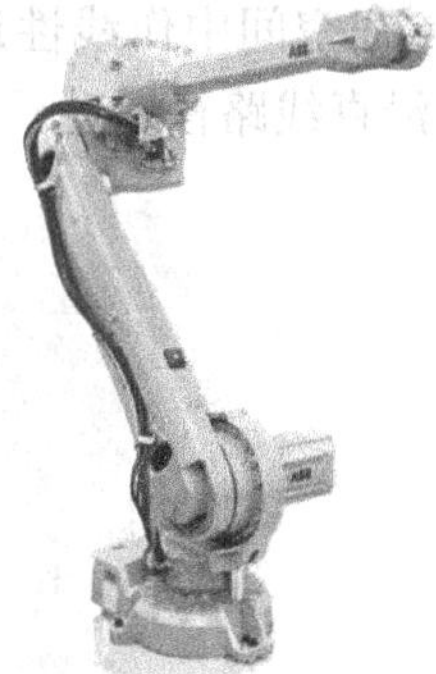

图 9-4　串联机器人

五、示教器

示教器全称为“示教编程器”，是一种应用于机器人控制的手持式装置（图 9-5）。在机器人的运动控制系统中，示教器通过通信电缆连接控制柜或者运动控制器，通过设置运动参数与编写机器人的运动路径，即可让机器人按照编写好的工艺文件进行工作，并可对机器人的运动进行实时监控、调整、安全急停等操作。还可配置成手动操纵模式，实时操作机器人移动。

六、ABB 机器人手动操作

1）单轴运动的手动操纵

一般地，ABB 机器人由六个伺服电机分别驱动机器人的六个关节轴（图 9-6），每次手动操纵一个关节轴的运动，称为单轴运动。

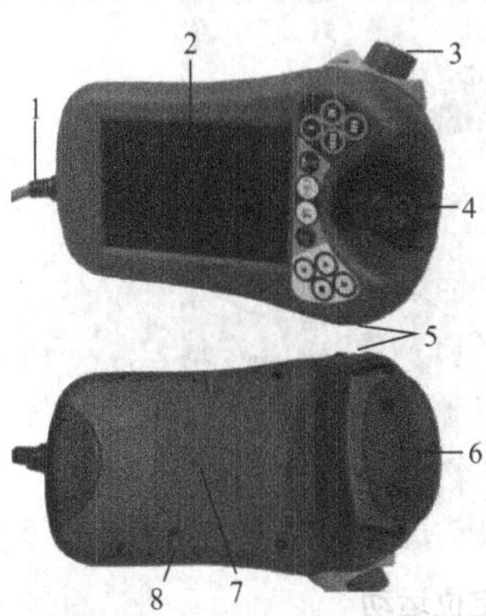

1—链接电缆；2—触摸屏；3—急停开关；4—手动操纵摇杆；
5—USB 端口；6—使能器按钮；7—示教器复位按钮；8—触摸屏用笔。

图 9-5　示教器

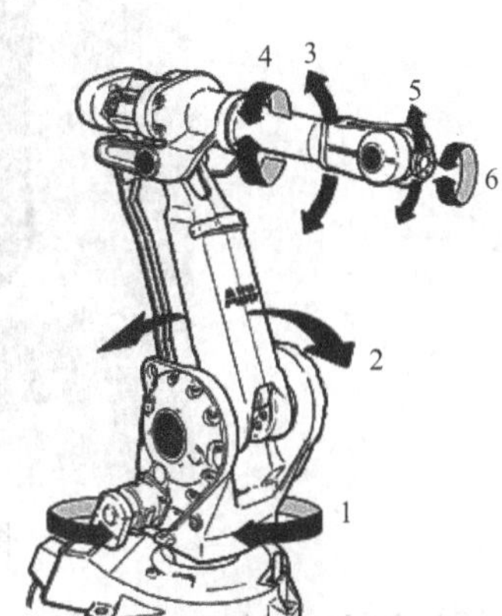

图 9-6　ABB 机器人的六个关节轴

可以将机器人的操纵杆比作汽车的节气门，操纵杆的操纵幅度与机器人的运动速度相关。操纵幅度较小，则机器人运动速度较慢；操纵幅度较大，则机器人运动速度较快。

2）线性运动的手动操纵

机器人的线性运动是指安装在机器人第六轴法兰盘上的工具中心点（tool center

point，TCP）在空间中作线性运动（图 9-7）。通过操作示教器上的操纵杆，可以控制工具的 TCP 沿直线路径运动。

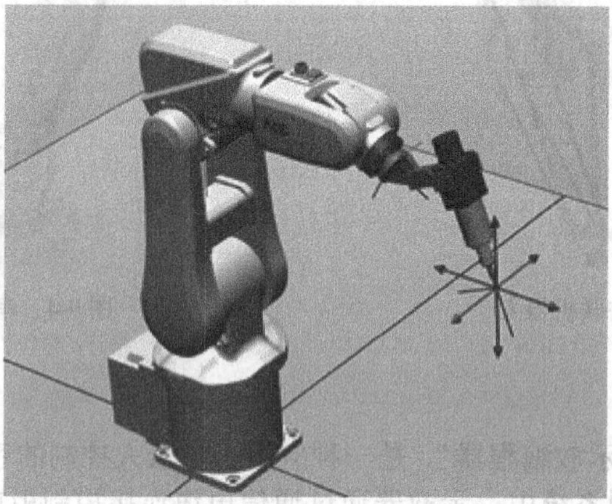

图 9-7 机器人的线性运动

3）重定位运动的手动操纵

机器人的重定位运动是指机器人第六轴法兰盘上的 TCP 在空间中绕着坐标轴旋转的运动，也可以理解为机器人绕着 TCP 作姿态调整的运动（图 9-8）。操作示教器上的操纵杆，机器人绕着 TCP 作姿态调整的运动。

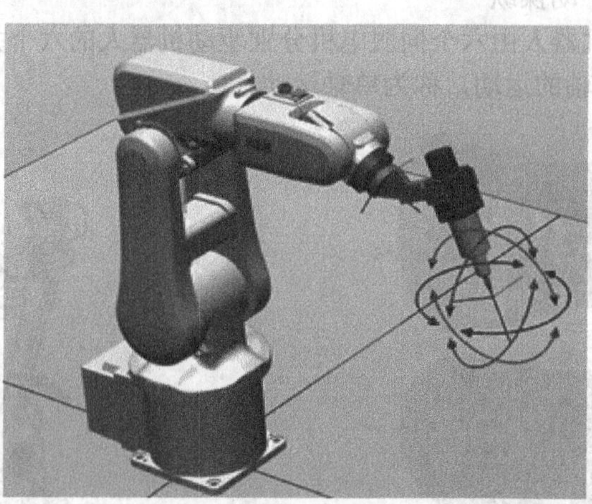

图 9-8 机器人的重定位运动

任务实施

一、工作准备

1. 安全与规范学习

学习工业机器人安全操作规程（如急停按钮位置、安全防护区域），熟悉个人防护装备要求（佩戴安全帽、防护眼镜，身着紧身工装）。

2. 设备与工具检查

检查机器人本体及控制柜状态，确认末端执行器（夹具/吸盘）安装牢固，准备示教器及配套工具。

3. 技术资料准备

阅读机器人操作手册（重点章节：手动操作、程序编辑）。

二、工作步骤

1. 任务准备

（1）正确安装 RobotStudio 虚拟仿真软件。

（2）在 RobotStudio 中新建一个虚拟工业机器人。双击 ABB 机械臂轨迹切割操作程序 PathStn.exe，打开轨迹工作站视图文件，运行工作站（图 9-9），查看本工作站运行情况。

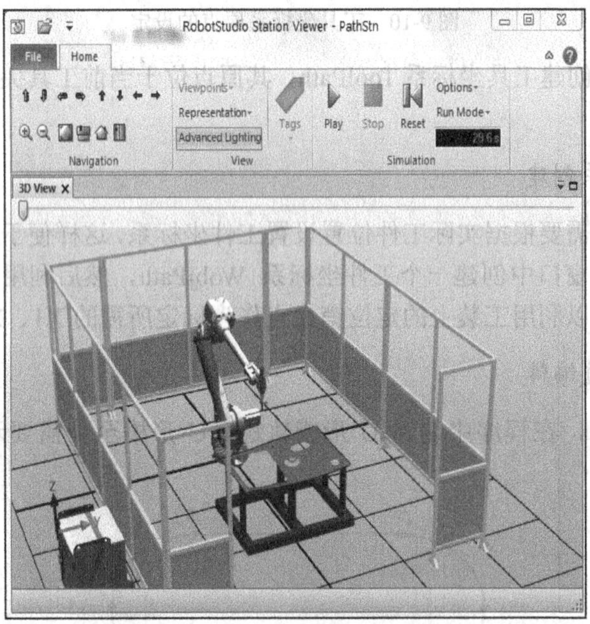

图 9-9 虚拟工作站

（3）双击 PathStn_Source.rspag 解压包，解压该轨迹工作站。

2. 创建 IO 信号

在本工作站中，需要用到的 IO 信号较少，只需创建一个数字输出信号，作为工具动作信号，如涂胶应用中用于控制胶枪的开启和开闭，激光切割应用中用于激光的开启与关闭。

3. 工具坐标系创建

在轨迹应用中，通常使用带有尖端的工具，一般情况下将工具坐标系原点及 TCP 设在工具尖端，如在本工作站中使用的工具如图 9-10 所示。

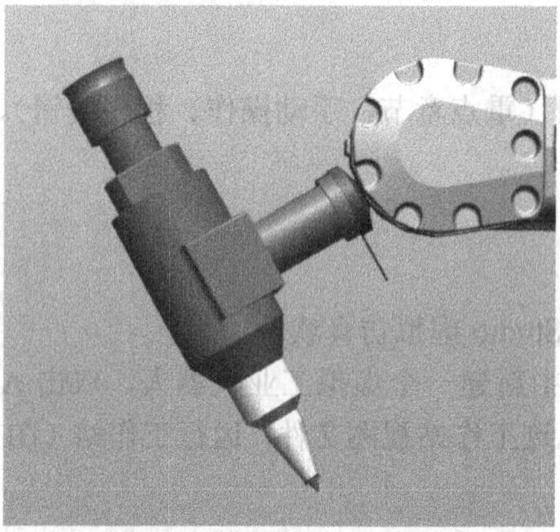

图 9-10 工具坐标系原点的设定

因此，本任务创建工具坐标系 ToolPath，其原点位于当前工具尖端，其 Z 方向为工具末端延伸方向。

4. 工件坐标系创建

轨迹应用一般需要根据实际工件位置设置工件坐标系，这样便于后续的操作和编程处理。在手动操作窗口中创建一个工件坐标系 WobjPath，然后利用用户三点法进行标定。在本任务中可以利用工装上的定位销尖点作为标定所需的 X1、X2、Y1。

5. U 形槽轨迹编辑

新建例行程序，在程序中编辑 U 形槽轨迹，U 形槽至少需要示教六个点位，如图 9-11 所示。

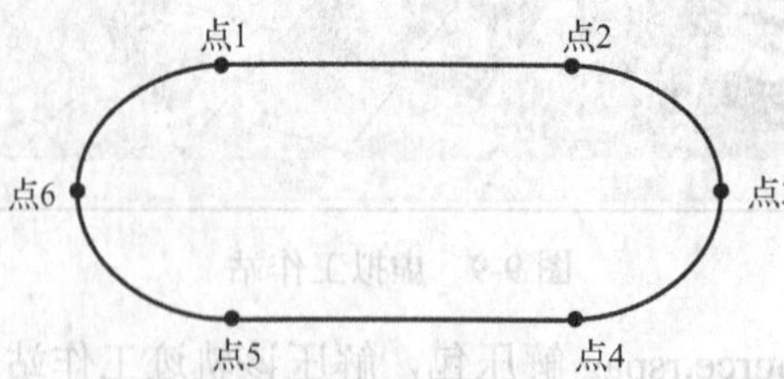

图 9-11 U 形槽轨迹点

在手动操纵界面确认当前激活的工具坐标系和工件坐标系，依次添加运动指令，首先使机器人直线运动至点 1 位置，之后直线运动至点 2，圆弧运动经过点 3 到达点 4，之后直线运动至点 5，最后圆弧运动经过点 6 返回点 1，完成整个 U 形槽轨迹。分别添加 MoveL、MoveC、MoveJ 等指令，实现机器人 U 形槽轨迹的运动。

6. 主程序编辑及调试

编辑完各例行程序之后，创建主程序，主程序使用特定的字符串 main，是整个程序的统一入口，一套完成的程序有且只有一个主程序。主程序开始部分，先让机器人运动至工作原位即 HOME 点，HOME 点一般需要根据工作站布局来进行设置。机器人从 HOME 点开始运动，完成工件轨迹处理后返回至 HOME 点，等待下一个工件的加工。一般使用关节运动 MoveJ 和转角路径 fine 运动至 HOME 点。

完成编辑之后，进行整体调试，程序运行有两种模式，单周和连续。单周即为程序运行完一次之后自动停止运行，连续即为程序运行完一次之后自动从头开始运行，即循环运行。需要根据当前工作站实际工艺需要来选择运行模式。在本任务中，机器人运行一次程序后即完成了当前工件的轨迹处理，机器人需要停止运行，等待更换工件后再次启动，所以在本任务中可以使用单周模式。

单击调试按钮，将 PP 移至 Main；之后单击启动开始调试，观察机器人运动是否满足要求。

在真实工作站中，需要在控制柜面板上通过钥匙将机器人切换至左侧的自动模式；在虚拟工作站中，则在虚拟示教器摇杆旁的按钮弹出框中单击左侧的自动模式。

任务三　智能车间和智慧工厂

任务目标

1. 知识目标

（1）了解智能车间与智慧工厂的基本概念（如自动化、数字化、物联网技术的初步应用）。

（2）认识典型设备（如 AGV、智能仓储系统）和系统［如 MES、数据采集与监控（supervisory control and data acquisition，SCADA）］的基础功能。

2. 能力目标

（1）能通过人机界面（HMI）完成简单任务（如订单录入、设备启停）。

（2）能操作 AGV 完成物料定点运输。

（3）能读取生产线实时数据（如产量、良率），并填写基础记录表。

3. 思政目标

（1）理解智慧工厂在节能减排中的作用，树立可持续发展意识。

（2）通过规范操作（如数据输入准确性、设备维护记录），培养严谨细致的工匠精神。

任务描述

海尔集团是全球领先的美好生活解决方案服务商，其互联工厂是智能车间和智慧工厂的典型代表。海尔互联工厂通过物联网、大数据、人工智能等技术，实现了生产过程的自动化、数字化和智能化，成为全球智能制造标杆。

海尔互联工厂的成功案例，不仅展现了中国制造业从“制造大国”向“制造强国”迈进的坚定步伐，更以创新驱动为核心，通过物联网、大数据和人工智能等技术的深度融合，实现了生产模式的革命性变革。同时，其对产品质量的精益求精和极致追求，深刻诠释了新时代工匠精神的内涵，为中国制造业的高质量发展树立了标杆。

本任务旨在通过结合数字孪生技术，运用相关建模软件创建智能车间、智能工厂的物理设备、生产线、车间布局等的三维虚拟模型，并进行模型的优化与整合，实现生产过程的智能化、高效化、绿色化，提高企业整体竞争力与生产效益，以适应快速变化的市场需求，并引领制造业转型升级。图 9-12 所示为重卡生产车间数字孪生可视化模型的搭建。

图 9-12　重卡生产车间数字孪生可视化模型

任务分析

深刻理解智能车间（smart workshop，SW）、智慧工厂（smart factory，SF）的概念、体系架构、关键技术（如工业物联网、大数据、人工智能、自动化控制等）及其相互关系；掌握数字孪生技术的原理、组成要素（物理实体、虚拟模型、数据连接、应用服务）、建模方法与技术工具软件［如 CAD、建筑信息模型（building information model，BIM）、Unity 等］；熟悉数字孪生在智能工厂中的典型应用场景，搭建数字孪生可视化平台。

相关知识

一、智能车间简介

智能车间是一种融合多种软硬件技术的先进制造管理系统。它通过全面采集和传输企业生产中的人、机、料、环等制造要素数据，利用物联网感知技术实现精细化监控，并借助数据分析和人工智能算法支持生产管理的科学决策，从而打造新一代高效、智能的制造环境。

智能车间能够对生产、仓库的检验、入出库、调拨移库、库存盘点等各个作业环节的数据进行自动化的无线数据采集和更新，保证仓库管理各个环节数据输入的快速性和准确性，确保企业及时准确地掌握库存的真实数据，合理保持和控制企业库存。

随着“中国制造 2025”和“工业 4.0”的推进，制造业正从传统的人工、半自动、全自动模式向智能制造转型升级，持续提升智能化水平，打造具备高度适应性、资源高效利用以及可视化管控的智能车间。

二、智能车间功能模块

智能车间功能模块包括生产设备智能化，全面智能生产；生产设备网络化，大数据分析生产决策；生产过程可视化；车间环境智能管控。

三、智能工厂简介

智慧工厂是现代工厂信息化发展的新阶段，它在数字化工厂的基础上，通过物联网和设备监控技术加强信息管理和服务，实现产销流程的透明化、生产过程可控性的提升、减少人工的干预、精准采集生产线数据，以及优化生产计划与进度安排。同时，结合绿色智能技术和智能系统等新兴手段，构建高效节能的、绿色环保的、环境舒适的工厂环境。

智慧工厂以产品全生命周期的相关数据为基础，在计算机虚拟环境中对整个生产过程进行仿真、评估和优化，并进一步扩展到整个产品生命周期的新型生产组织方式。它解决了产品设计和产品制造之间的脱节问题，实现了设计、制造、装配、物流、售后服务等功能的集成，降低了从设计到生产制造之间的不确定性，在虚拟环境下将生产制造过程压缩和提前，并得以评估与检验，从而缩短了产品设计到生产的转化时间，提高产品的可靠性与合格率。

四、智能工厂功能模块

（1）智能仓储：自动备料上料。

（2）智能车间：自动生产、组装、包装。

（3）智能品质管控：自动品质管控。

（4）集成其他系统：与企业资源计划（enterprise resource planning，ERP）系统、MES 集成。

（5）追溯管理：对材料、生产环节、品质管控和售后服务等各个环节的追溯。

任务实施

一、工作准备

1. 安全与规范学习

学习智能车间安全规程（如 AGV 运行区域禁入、设备联动报警处理），熟悉个人防护要求（穿戴防静电工装、安全鞋，禁止携带金属饰品）。

2. 设备与系统检查

检查智能设备状态（AGV 电量、机械臂零点位置、传感器灵敏度），确认网络通信正常（如 MES 与数控机床的联机状态）。

3. 技术资料准备

阅读智能车间操作手册（重点：订单下发、设备联调流程）。

二、工作步骤

1. 项目分组与选题

将学生分成若干小组，每组 4～6 人。各小组根据自身兴趣与专业特长，选择一个智能工厂数字孪生应用项目课题，如“基于数字孪生的汽车发动机智能生产线设计与优化”“智能仓储物流系统的数字孪生建模与仿真分析”等。要求各小组制订详细的项目计划，明确项目目标、任务分工、时间进度安排及预期成果等内容，并提交项目计划书。

2. 智能工厂调研与分析

各小组针对所选项目课题，查找智能工厂相关资料或进行企业实地调研。了解智慧工厂的生产工艺、设备组成、车间布局、物流流程及管理模式等实际情况，收集与项目相关的各种数据资料，包括设备参数、生产计划、质量数据、物流信息等。运用所学的工业工程、系统分析等知识与方法，对智慧工厂进行系统分析与建模，绘制工厂的工艺流程图、设备布局图、物流路线图等，并建立智慧工厂的信息模型，为后续虚拟模型的构建提供基础数据与框架。

3. 数字孪生模型构建

根据智慧工厂的调研分析结果，各小组运用三维建模软件（如 CAD、Creo、SolidWorks 等）构建智能工厂的物理设备、生产线、车间等的三维虚拟模型。

在建模过程中，要注重模型的精度与细节，确保虚拟模型能够真实反映智慧工厂的实际情况。同时，利用虚拟现实/增强现实开发平台（如 Unity、Unreal Engine 等）对三维虚拟模型进行整合与优化，添加材质、光照、动画等效果，提高模型的可视化程度与交互性。此外，根据数字孪生的数据连接要求，建立虚拟模型与智慧工厂之间的数据接口与通信协议，实现数据的实时交互与同步。图 9-13 所示为智慧工厂总装车间数字孪生模型的搭建。

图 9-13　智慧工厂总装车间数字孪生模型

4. 智能生产线搭建与可编程序逻辑控制器控制

（1）硬件组装。使用模块化传送带、机械臂（如 UR5）、传感器［光电开关、射频识别（radio frequency identification，RFID）］搭建小型产线。

（2）可编程序逻辑控制器（programmable logic controller，PLC）编程。编写 PLC 程序实现以下功能：工件识别（通过 RFID 读取产品信息）、传送带启停控制（根据传感器信号）、机械臂抓取与放置（坐标定位）。

（3）任务调度。使用调度软件（如 MiR Fleet）分配 AGV 运输任务，模拟物料跨车间流转。

（4）调试与优化。通过 HMI 监控生产线状态，调整节拍时间。

5. 智能产线启动

依次开启：总电源→控制柜→工业机器人→AGV 系统。登录 MES，确认当日生产任务，执行设备自检程序，观察状态指示灯。

6. 基础生产任务执行

（1）订单下发与排产。通过 HMI 输入订单号，查看 MES 自动生成的加工序列。确认数控机床加工程序与物料匹配（扫码枪核对 RFID 标签）。

（2）AGV 物料配送。操作 AGV 调度系统，发送取料指令至智能仓储区。观察 AGV 路径规划（避障、交通管制），记录配送时间。

（3）设备协同加工。启动数控机床加工任务，监控实时数据（主轴转速、切削力）。通过数据采集与监控系统软件界面查看生产线整体状态（设备利用率、良品率）。

任务四 3D打印制造

任务目标

1. 知识目标

（1）了解3D打印技术的基本原理。

（2）认识常见3D打印工艺类型，如熔丝沉积成形（fused deposition modeling，FDM）、陶瓷膏体光固化成形（stereolithography apparatus，SLA）等。

（3）掌握3D打印设备的基本结构组成（喷头、平台、控制系统等）。

（4）熟悉3D打印材料的基本特性，如聚乳酸（poly lactic acid，PLA）、丙烯腈-丁二烯-苯乙烯（acrylonitrile-butadiene-styrene，ABS）共聚物等常用材料。

2. 能力目标

（1）运用三维建模软件，使用基本建模工具完成简单零件的三维模型设计。

（2）运用3D打印设备，使用切片软件和打印参数设置完成简单零件的打印任务。

（3）运用3D打印设备的结构和工作原理，使用设备操作手册完成设备的初步调试和维护。

3. 思政目标

（1）通过模型精度控制，培养精益求精的工匠精神。

（2）通过合理使用打印材料，树立节约环保理念。

任务描述

3D打印制造技术，作为一项颠覆传统制造模式的革命性技术，正引领全球制造业的变革浪潮。近年来，我国在3D打印领域取得了举世瞩目的成就，从高性能金属粉末的自主研发，到大尺寸金属打印设备的成功研制，再到航空航天、医疗器械等领域的广泛应用，实现了技术突破与应用拓展的双重飞跃，为制造业的转型升级注入了强大动力。

本任务通过利用Pro/E、Creo、SolidWorks、UG等三维设计软件设计零件三维数字模型，根据3D打印机的类型和打印原理，选择合适的3D打印机，调整模型，设置打印参数，完成零件的3D打印。

任务分析

随着科技的发展，许多产品朝着个性化、定制化方向发展，3D打印技术可以实现定制化生产，具有较大的市场潜力。本任务设计个性化的三维数字模型，打印三维实体，并进行后处理。

打印过程中，注意 3D 打印机喷头温度高，工作时不能用手触摸。喷头有凝料时，要用专用工具清除。

相关知识

一、3D 打印简介

3D 打印制造是指通过可以“打印”出真实物体的“3D 打印机”，采用分层加工、叠加成形的方式逐层增加材料来生成所需要的 3D 实体。图 9-14 所示为 3D 打印零件示例，其属于“增材制造”工艺方法及快速原型制造技术。由于 3D 打印称呼更加通俗易懂、简洁而被人们所熟识，因此目前常用“3D 打印”，而非“增材制造”或“快速原型制造”来表述在机械制造领域制造零件这种工艺模式。

图 9-14　3D 打印零件示例

二、3D 打印的优点

传统机械制造一般使用车、铣、磨等去除毛坯多余部分，从多到少得到零部件，再以装配等方法组合成最终产品，材料浪费大、工时长。通过 3D 打印机可将一个部件上的几个零件同时制造出来，并免除装配；简化产品制造程序，缩短研制周期，节约材料和降低成本。

三、3D 打印的分类

3D 打印分为桌面级和工业级两大类。桌面级 3D 打印机摆放在桌面上，体积小巧，大小接近于一台计算机。它主要采用 FDM 技术，使用 ABS、PLA 等高分子材料作为耗材，广泛应用于工业设计、教育及一些大众消费品的快速原型制造。

四、3D 打印的应用

工业级 3D 打印主要有如下两个方面的应用。

（1）制造铸型，采用喷墨印刷成型原理，根据产品三维模型设计出铸造用砂型。通过反复、高速喷射特制胶水黏接型砂，在短时间内制造出复杂形状的铸型，再通过浇注生产出金属实体产品。该方法无须制造模样，特别适用于新产品研制和小批量生产。

（2）金属结构件直接制造，采用激光选区烧结成型原理直接烧结出金属零件，特别是在航空工业领域，用于制造飞机上批量小、高性能、难加工、内外形状复杂的金属构件，如大型薄壁件、复杂结构部件、钛合金零件等。该方法具有材料利用率高、生产时间短、成本低等优点。

五、桌面级 3D 打印机结构

桌面级 3D 打印机的结构如图 9-15 所示。其打印原理为熔融沉积成型（FDM）。成型材料采用 ABS，成型平台尺寸为 140mm×140mm×135mm（高），成型层厚可在 0.15～0.4mm 范围内调节。支持的 CAD 模型文件格式为 STL，打印机质量为 5kg。

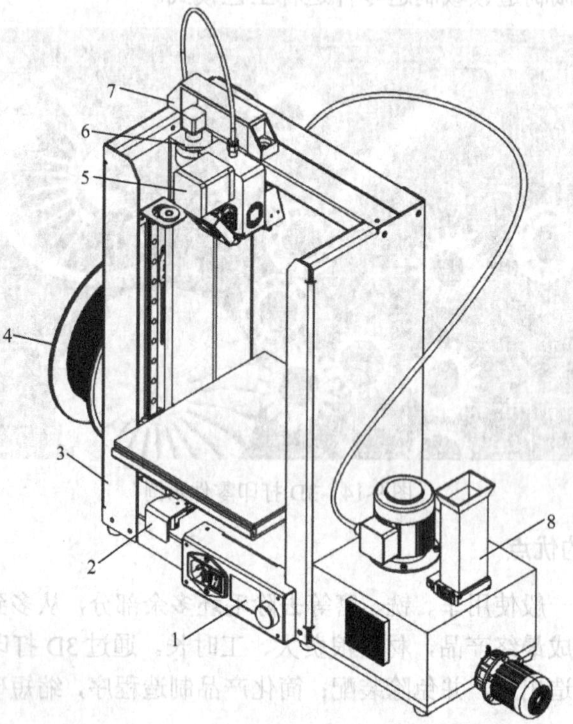

1—控制器；2—移动平台；3—打印机壳体；4—FDM 物料辊；5—FDM 打印喷头；
6—SLS 打印喷头；7—双轴移动机构；8—SLS 物料存储机构。

图 9-15 桌面级 3D 打印机的结构

任务实施

一、工作准备

1. 安全与规范学习

学习 3D 打印机安全操作规程（高温部件防护、紧急停机操作），了解材料安全使用规范（PLA/ABS 材料储存要求）。

2. 设备与材料检查

检查打印机状态（喷头通畅性、平台调平情况），准备打印耗材（确认材料类型、直径规格），准备辅助工具（铲刀、镊子、砂纸等）。

二、工作步骤

1. 设计阶段

（1）在 Pro/E、Creo、SolidWorks、UG 等三维设计软件中设计零件三维数字模型（所画图样应是完整、封闭的实体）。

（2）保存为 3D 打印所需的 STL 文件格式（STL 文件格式适用于 3D 打印时分层处理的需要，一般 CAD 软件都有此功能）。

2. 打印阶段

（1）启动 3D 打印机程序进入操作界面，载入待打印的 STL 格式的 3D 模型。

（2）调整模型。可通过菜单栏上的旋转、移动、缩放等命令对模型进行调整。

（3）调整喷嘴与工作台位置，打印平台预热。

（4）设置打印参数。设置层片厚度，一般在 0.15～0.4mm 可调，填充、支承设置等。厚度小、打印精度高时打印时间长；厚度大、打印精度低时打印时间短。

（5）预估打印。根据打印零件设定的尺寸大小、厚度和支承设置等，可预测打印时间。

（6）开始打印。预估打印确定后，喷头开始加热，温度达到要求，约 260℃后开始打印。开始打印后 ABS 丝材从高温喷头中均匀挤出，同时喷头与平台配合移动和升降，由低到高、由面到体，逐渐堆积成为模型实体。

3. 后处理阶段

（1）对实物进行打磨抛光。

（2）上色涂装。选择合适的颜料，涂至合适位置。

参考文献

陈学永，2024. 工程实训指导书（金工实习）[M]. 北京：机械工业出版社.
汪洪峰，刘胜荣，2020. 金工实训教程[M]. 合肥：安徽大学出版社.
王天煜，吕海鸥，2020. 工程实训指导书（金工实习）[M]. 大连：大连理工大学出版社.
魏永涛，刘兴芝，2013. 金工实训教程[M]. 北京：清华大学出版社.
吴传宇，2024. 工程实训指导书（金工实习）[M]. 北京：机械工业出版社.